第一推动丛书: 物理系列
The Physics Series

爱因斯坦的骰子和薛定谔的猫
Einstein's Dice and
Schrödinger's Cat

〔美〕保罗·哈尔彭 著　徐彬 陈楠 译
Paul Halpern

U0210178

湖南科学技术出版社

图书在版编目（CIP）数据

爱因斯坦的骰子和薛定谔的猫 / [美] 保罗·哈尔彭著；徐彬，陈楠译. — 长沙：湖南科学技术出版社，2021.3（2023.3重印）
（第一推动丛书. 物理系列）
ISBN 978-7-5710-0677-8
书名原文：*EINSTEIN'S DICE AND SCHRÖDINGER'S CAT*

Ⅰ. ①爱⋯ Ⅱ. ①保⋯ ②徐⋯ ③陈⋯ Ⅲ. ①量子力学−研究 Ⅳ. ① O413.1

中国版本图书馆 CIP 数据核字（2020）第 138864 号

EINSTEIN'S DICE AND SCHRÖDINGER'S CAT
Copyright ©2015 by Paul Halpern

湖南科学技术出版社独家获得本书简体中文版中国大陆出版发行权
著作权合同登记号：18-2015-122

第一推动丛书·物理系列
AIYINSITAN DE TOUZI HE XUEDINGE DE MAO
爱因斯坦的骰子和薛定谔的猫

著者	邮购联系
[美] 保罗·哈尔彭	本社直销科 0731-84375808
译者	印刷
徐彬　陈楠	长沙鸿和印务有限公司
出版人	厂址
潘晓山	长沙市望城区普瑞西路858号
策划编辑	邮编
吴炜　孙桂均　李蓓　杨波	410200
责任编辑	版次
吴炜　李蓓　杨波	2021 年 3 月第 1 版
营销编辑	印次
吴诗	2023 年 3 月第 2 次印刷
出版发行	开本
湖南科学技术出版社	880mm×1230mm　1/32
社址	印张
长沙市芙蓉中路一段416号	11
泊富国际金融中心	字数
网址	240 千字
http://www.hnstp.com	书号
湖南科学技术出版社	ISBN 978-7-5710-0677-8
天猫旗舰店网址	定价
http://hnkjcbs.tmall.com	59.00 元

THE
FIRST
MOVER

总序

《第一推动丛书》编委会

　　科学，特别是自然科学，最重要的目标之一，就是追寻科学本身的原动力，或曰追寻其第一推动。同时，科学的这种追求精神本身，又成为社会发展和人类进步的一种最基本的推动。

　　科学总是寻求发现和了解客观世界的新现象，研究和掌握新规律，总是在不懈地追求真理。科学是认真的、严谨的、实事求是的，同时，科学又是创造的。科学的最基本态度之一就是疑问，科学的最基本精神之一就是批判。

　　的确，科学活动，特别是自然科学活动，比起其他的人类活动来，其最基本的特征就是不断进步。哪怕在其他方面倒退的时候，科学却总是进步着，即使是缓慢而艰难的进步。这表明，自然科学活动中包含着人类的最进步因素。

　　正是在这个意义上，科学堪称为人类进步的"第一推动"。

　　科学教育，特别是自然科学的教育，是提高人们素质的重要因素，是现代教育的一个核心。科学教育不仅使人获得生活和工作所需的知识和技能，更重要的是使人获得科学思想、科学精神、科学态度以及科学方法的熏陶和培养，使人获得非生物本能的智慧，获得非与生俱来的灵魂。可以这样说，没有科学的"教育"，只是培养信仰，而不是教育。没有受过科学教育的人，只能称为受过训练，而非受过教育。

　　正是在这个意义上，科学堪称为使人进化为现代人的"第一推动"。

近百年来，无数仁人志士意识到，强国富民再造中国离不开科学技术，他们为摆脱愚昧与无知做了艰苦卓绝的奋斗。中国的科学先贤们代代相传，不遗余力地为中国的进步献身于科学启蒙运动，以图完成国人的强国梦。然而，可以说，这个目标远未达到。今日的中国需要新的科学启蒙，需要现代科学教育。只有全社会的人具备较高的科学素质，以科学的精神和思想、科学的态度和方法作为探讨和解决各类问题的共同基础和出发点，社会才能更好地向前发展和进步。因此，中国的进步离不开科学，是毋庸置疑的。

正是在这个意义上，似乎可以说，科学已被公认是中国进步所必不可少的推动。

然而，这并不意味着，科学的精神也同样地被公认和接受。虽然，科学已渗透到社会的各个领域和层面，科学的价值和地位也更高了，但是，毋庸讳言，在一定的范围内或某些特定时候，人们只是承认"科学是有用的"，只停留在对科学所带来的结果的接受和承认，而不是对科学的原动力 —— 科学的精神的接受和承认。此种现象的存在也是不能忽视的。

科学的精神之一，是它自身就是自身的"第一推动"。也就是说，科学活动在原则上不隶属于服务于神学，不隶属于服务于儒学，科学活动在原则上也不隶属于服务于任何哲学。科学是超越宗教差别的，超越民族差别的，超越党派差别的，超越文化和地域差别的，科学是普适的、独立的，它自身就是自身的主宰。

　　湖南科学技术出版社精选了一批关于科学思想和科学精神的世界名著，请有关学者译成中文出版，其目的就是为了传播科学精神和科学思想，特别是自然科学的精神和思想，从而起到倡导科学精神，推动科技发展，对全民进行新的科学启蒙和科学教育的作用，为中国的进步做一点推动。丛书定名为"第一推动"，当然并非说其中每一册都是第一推动，但是可以肯定，蕴含在每一册中的科学的内容、观点、思想和精神，都会使你或多或少地更接近第一推动，或多或少地发现自身如何成为自身的主宰。

再版序
一个坠落苹果的两面：
极端智慧与极致想象

龚曙光

2017年9月8日凌晨于抱朴庐

连我们自己也很惊讶，《第一推动丛书》已经出了25年。

或许，因为全神贯注于每一本书的编辑和出版细节，反倒忽视了这套丛书的出版历程，忽视了自己头上的黑发渐染霜雪，忽视了团队编辑的老退新替，忽视好些早年的读者，已经成长为多个领域的栋梁。

对于一套丛书的出版而言，25年的确是一段不短的历程；对于科学研究的进程而言，四分之一个世纪更是一部跨越式的历史。古人"洞中方七日，世上已千秋"的时间感，用来形容人类科学探求的日新月异，倒也恰当和准确。回头看看我们逐年出版的这些科普著作，许多当年的假设已经被证实，也有一些结论被证伪；许多当年的理论已经被孵化，也有一些发明被淘汰……

无论这些著作阐释的学科和学说，属于以上所说的哪种状况，都本质地呈现了科学探索的旨趣与真相：科学永远是一个求真的过程，所谓的真理，都只是这一过程中的阶段性成果。论证被想象讪笑，结论被假设挑衅，人类以其最优越的物种秉赋 —— 智慧，让锐利无比的理性之刃，和绚烂无比的想象之花相克相生，相辅相成。在形形色色的生活中，似乎没有哪一个领域如同科学探索一样，既是一次次伟大的理性历险，又是一次次极致的感性审美。科学家们穷其毕生所奉献的，不仅仅是我们无法发现的科学结论，还是我们无法展开的绚丽想象。在我们难以感知的极小与极大世界中，没有他们的这些伟大历险和极致审美的科普著作，我们不但永远无法洞悉我们赖以生存的世界的各种奥秘，无法领略我们难以抵达世界的各种美丽，更无法认知人类在找到真理和遭遇美景时的心路历程。在这个意义上，科普是人类极端智慧和极致审美的结晶，是物种独有的精神文本，是人类任何其他创造 —— 神学、哲学、文学和艺术无法替代的文明载体。

在神学家给出"我是谁"的结论后，整个人类，不仅仅是科学家，包括处于庸常生活中的我们，都企图突破宗教教义的铁窗，自由探求世界的本质。于是，时间、物质和本源，成为人类共同的终极探寻之地，成为人类突破慵懒、挣脱琐碎、拒绝因袭的历险之旅。这一旅程中，引领着我们艰难而快乐前行的，是那一代又一代最伟大的科学家。他们是极端的智者和极致的幻想家，是真理的先知和审美的天使。

我曾有幸采访《时间简史》的作者史蒂芬·霍金，他痛苦地斜躺在轮椅上，用特制的语音器和我交谈。聆听着由他按击出的极其单调的金属般的音符，我确信，那个只留下萎缩的躯干和游丝一般生命气息的智者就是先知，就是上帝遣派给人类的孤独使者。倘若不是亲眼所见，你根本无法相信，那些深奥到极致而又浅白到极致，简练到极致而又美丽到极致的天书，竟是他蜷缩在轮椅上，用唯一能够动弹的手指，一个语音一个语音按击出来的。如果不是为了引导人类，你想象不出他人生此行还能有其他的目的。

无怪《时间简史》如此畅销！自出版始，每年都在中文图书的畅销榜上。其实何止《时间简史》，霍金的其他著作，《第一推动丛书》所遴选的其他作者著作，25 年来都在热销。据此我们相信，这些著作不仅属于某一代人，甚至不仅属于 20 世纪。只要人类仍在为时间、物质乃至本源的命题所困扰，只要人类仍在为求真与审美的本能所驱动，丛书中的著作，便是永不过时的启蒙读本，永不熄灭的引领之光。

虽然著作中的某些假说会被否定，某些理论会被超越，但科学家们探求真理的精神，思考宇宙的智慧，感悟时空的审美，必将与日月同辉，成为人类进化中永不腐朽的历史界碑。

因而在25年这一时间节点上，我们合集再版这套丛书，便不只是为了纪念出版行为本身，更多的则是为了彰显这些著作的不朽，为了向新的时代和新的读者告白：21世纪不仅需要科学的功利，而且需要科学的审美。

当然，我们深知，并非所有的发现都为人类带来福祉，并非所有的创造都为世界带来安宁。在科学仍在为政治集团和经济集团所利用，甚至垄断的时代，初衷与结果悖反、无辜与有罪并存的科学公案屡见不鲜。对于科学可能带来的负能量，只能由了解科技的公民用群体的意愿抑制和抵消：选择推进人类进化的科学方向，选择造福人类生存的科学发现，是每个现代公民对自己，也是对物种应当肩负的一份责任、应该表达的一种诉求！在这一理解上，我们将科普阅读不仅视为一种个人爱好，而且视为一种公共使命！

牛顿站在苹果树下，在苹果坠落的那一刹那，他的顿悟一定不只包含了对于地心引力的推断，而且包含了对于苹果与地球、地球与行星、行星与未知宇宙奇妙关系的想象。我相信，那不仅仅是一次枯燥之极的理性推演，而且是一次瑰丽之极的感性审美……

如果说，求真与审美，是这套丛书难以评估的价值，那么，极端的智慧与极致的想象，则是这套丛书无法穷尽的魅力！

引言
亦敌亦友

偶像和竞争者

这是两位辉煌的物理学家的故事，1947年的媒体战争曾破坏过他们几十年的友谊，以及科学合作和发现的脆弱本性。

二人产生龃龉时，各自都已是诺贝尔奖获得者，且已人到中年，已经过了研究的高峰期。然而国际新闻界对两个人的故事讲得都不相同。这是一个大家都熟悉的情节：一位久经沙场仍然强大的老兵，面对一个正在崛起的渴望夺取奖杯的竞争者。阿尔伯特·爱因斯坦（Albert Einstein）声誉卓著——他的每一个声明都会有媒体报道；相比之下，很少有读者熟悉奥地利物理学家埃尔温·薛定谔的研究成果。

关注爱因斯坦职业生涯的人都知道，他在统一场论上已经进行了数十年的研究。他希望延续19世纪英国物理学家詹姆斯·克拉克·麦克斯韦（James Clerk Maxwell）的工作，通过一个简单的方程组把自然界的力结合在一起。麦克斯韦提出了对于电力和磁力的统一解释，称为电磁场，并将电磁波和光波等同视之。爱因斯坦自己提出的广义相对论将引力描述为时空的几何结构。该理论得到了验证，他声名大振。不过，他不想停止不前。他的梦想是将麦克斯韦的结果纳入广义相对论的扩展形式，从而使电磁与引力统一起来。

每隔几年，爱因斯坦都会宣布一个统一论，引来众人关注，但是却又会静悄悄地失败，并被另一个理论所替代。从20世纪20年代末开始，他的主要目标之一是针对尼尔斯·玻尔、维尔纳·海森伯、马克斯·玻恩等人建立的概率量子理论，提出一种确定性的替代理论。虽然他意识到量子理论在实验上是成功的，但他认为量子理论是不完整的。在他的心里，他觉得"上帝不掷骰子"，这是对这个问题的一种理想的机械主义创世论的表述。他所说的"上帝"，是指17世纪荷兰哲学家巴鲁赫·斯宾诺莎（Baruch Spinoza）所描述的神：可能存在的最好的自然秩序的象征。斯宾诺莎认为，上帝与自然同义，他是不变的，永恒的，不给机会留任何余地。爱因斯坦赞同斯宾诺莎的看法，试图寻求控制自然机制的不变规则。他坚定不移地要证明，世界是绝对确定的。

20世纪40年代，在纳粹吞并奥地利之后，薛定谔流亡爱尔兰，他也赞同爱因斯坦对量子力学的正统解释的鄙视，把他看作是一个自然的合作者。类似地，爱因斯坦也觉得薛定谔的观点跟自己的很相符。在二人相互交换了对力的统一的想法之后，薛定谔突然宣布取得了成功，这引起了世人的关注，也让他和爱因斯坦的友谊出现了裂痕。

大家可能听说过"薛定谔的猫"——这是他提出的著名的涉及猫科动物的思维实验。但是，在二人产生龃龉的那段时间，物理界以外，还很少有人听说过他所说的这个有关猫的寓言。新闻界把他描绘成一个居住在都柏林的雄心勃勃的科学家，而且他可能已经击败了伟大的爱因斯坦。

最早宣布这一消息的是《爱尔兰新闻》，从该报纸的报道中，国际社会得知了薛定谔所发出的挑战。薛定谔给媒体发去了一个长篇新闻稿，描述了他新提出的"万物理论"，而且毫不谦虚地将自己的成果与希腊圣人德谟克利特（发明"原子"这个词的人）、罗马诗人卢克莱修、法国哲学家笛卡尔、斯宾诺莎和爱因斯坦的成果等量齐观。

薛定谔说："科学家宣传自己的发现并不是一件很恰当的事。但是既然新闻界希望了解，我就把新闻稿给他们了。"[1]

《纽约时报》将这一宣布描述为特立独行者的神秘方法与缺乏进步的现有权威之间的战斗。"薛定谔如何取得了进展，我们不得而知。"报道中说。[2]

在很短的一个时期内，在探究解释宇宙中的一切的理论这件事上，一个原来名不见经传的维也纳物理学家，似乎击败了伟大的爱因斯坦。也许是时候来更好地了解一下薛定谔。

可怕的难题

今天，大多数听到"薛定谔"这个名字的人都会立即想到一只猫、一个盒子和一个悖论。他著名的思想实验，是1935年发表的论文的一部分，论文题目是"量子力学的现状"，也是科学史上设计的最可怕的思想实验之一。首次听到这个思想实验的内容，肯定会让人内心发紧，不过在了解到这只是一个假设性的实验，可能从未在任何一只实际的猫科动物上尝试过之后，人们又会大松一口气。

薛定谔在1935年提出了这个思想实验，相关描述出现在他的一篇论文中，文章研究了量子物理学中量子纠缠的后果。纠缠这一术语是由薛定谔创造的，指的是当两个或更多个粒子的条件由单一的叠加量子态表示时，如果一个粒子发生变化，则其他粒子立即受到影响。

通过与爱因斯坦的对话，薛定谔的猫这一难题，把量子物理学所隐含的内容推到了极限：生或死的问题。该实验让我们想象一只猫，其命运与粒子状态纠缠在一起。这只猫被放在存有放射性物质的盒子里，里面还有一个盖革计数器和一瓶密封的毒药。盒子是盖着的，而定时器则精确地设置为合适的间隔，使放射性物质有50％的概率通过释放粒子而产生衰变。研究人员设置好里面的仪器，如果盖革计数器记录到单个衰变粒子，盛有毒药的容器就会被打破，毒药释放出来，猫就会死去。但是，如果没有衰变发生，猫就会幸免。

根据量子测量理论，正如薛定谔指出的那样，猫死亡或活着的状态将与盖革计数器的读数 —— 衰减或不衰减的状态 —— 相互纠缠，直到盒子被打开。因此，猫将处于或生或死的量子叠加态，直到定时器启动，研究人员打开盒子，猫和计数器的量子状态"塌缩"，变成两种可能性中的一种。

从20世纪30年代末到60年代初这段时间里，除了有时作为讲课时的趣事之外，该思想实验很少被提及。例如，哥伦比亚大学教授和诺贝尔奖获得者T.D. 李曾跟学生讲过这个故事，以说明量子塌缩的奇怪性质。[3] 1963年，普林斯顿的物理学家尤金·魏格纳（Eugene Wigner）在他的一篇关于量子测量的论文中提到了该思想实验，现在被称为"魏格纳的朋友"悖论。

著名哈佛哲学家希拉里·普特南（Hilary Putnam）从物理学家同事那里了解到了这个难题，也是物理界以外第一批分析并讨论薛定谔的猫思想实验的学者之一。[4] 他在他经典的1965年的"哲学家眼中的量子力学"一文中描述了它的含义，该文章是一本书中的一个章节。同一年，《科学美国人》的书评提到了该论文，这一术语进入了科普领域。在接下来的几十年中，它被当作模糊性的象征进入文化领域，被许多小说、散文和诗句引用。

虽然那时候公众开始熟悉猫的悖论，但是对于提出它的那位物理学家还不是很清楚。自20世纪20年代以来，爱因斯坦就成了一个偶像，是聪明绝顶的科学家的象征，但人们并不熟悉薛定谔的生平事迹。这里面真是有些讽刺意味，因为人们张口闭口"薛定谔的猫"——包括其中的"模糊"的含义——说的就是他。

充满矛盾的人

薛定谔的猫的模糊性也完全符合其创作者充满矛盾的生活。这位戴着眼镜，有些书呆子气的教授，也具有多种对立观点的量子叠加状态。他的生活中阴阳叠加的特性开始于他年轻的时候。他从不同的家庭成员那里分别学会了德语和英语。他与许多国家有联系，而他对自己的祖国奥地利始终保持至高无上的爱；他既不喜欢民族主义也不喜欢国际主义，希望完全躲开政治。

他热爱新鲜空气和运动，但同时又是个"大烟枪"，让别人淹没在自己吐出的烟雾里。在正式的学术会议上，他会穿得像背包客那样步入会场。他称自己是一个无神论者，却经常谈论神的动机。在他一生中，曾有一段时间，他和他的妻子，以及他第一个孩子的母亲同时住在一起。他的博士研究是实验和理论物理学的混合体。在他职业生涯的早年，曾有一段很短的时间考虑转向哲学，不过很快就掉转头回到了科学上。后来，他还在奥地利、德国和瑞士的众多大学之间来回奔波。

曾经与他合作的物理学家沃尔特·蒂林（Walter Thirring）描述说："他就像一直被追逐着：他的天才把他从一个问题追到另一个问题，20世纪的政治权力斗争把他从一个国家追到另一个国家。他是一个充满矛盾的人。"[5]

在他职业生涯的某个时刻，他强烈地认为，应该抛弃因果关系论，接纳纯粹的随机性。几年后，在建立了确定性的薛定谔方程之后，他又改了主意。他认为也许有因果法则。后来，物理学家马克斯·玻恩重新从概率的角度解释了他的方程。薛定谔在反驳了这一重新解释后，他又回到了概率的概念。在生命的后期，他的哲学轮盘赌再次转回因果关系的方向。

1933年，薛定谔因为纳粹的统治，英勇地放弃了在柏林受人尊敬的教职。他是自主选择离开的成就最卓著的非犹太物理学家。在牛津大学工作一段时间后，他决定回到奥地利，成为格拉茨大学的教授。但是，奇怪的是，在纳粹德国吞并奥地利之后，他试图与纳粹政府达成协议，以保住自己的工作。在公开发表的悔过书中，他为早先的反对行为道歉，宣布忠诚于征服奥地利的纳粹德国政权。尽管他曲意迎合，最后还是不得不离开奥地利，在新成立的都柏林高级研究院担任了重要职位。到了中立国的土地上之后，他就宣布收回他原来发表的自我忏悔。

"希特勒在德国上台后，他表现出了作为一名公民的勇气，令人赞叹，而且放弃了德国最受人尊敬的物理学教授的教职，"瑟林说，"可是当纳粹重新掌控了他时，他被迫违心地赞同施行恐怖统治的政权，这一表现令人为其扼腕叹息。"[6]

量子研究的战友

爱因斯坦曾经是薛定谔在柏林期间的一位同事和密友，一直都支持薛定谔，而且乐于与他谈论他们在物理和哲学上的共同兴趣。他们共同对抗一个恶棍：纯粹的随机性，这是自然秩序的对立面。

在斯宾诺莎和叔本华的著作中，统一的原则是意志的力量，将自然界中的所有东西联系在一起。爱因斯坦和薛定谔都曾熟读这两位哲学家及其他哲学家的作品，两人都不喜欢将模糊性和主观性纳入宇宙的任何基本描述中。虽然两人在量子力学的发展中都发挥了重要作用，但是他俩都认为这个理论是不完整的。虽然他们认识到了量子力学理论在实验方面的成功，但是他们认为，进一步进行理论研究，会揭示一个永恒的、客观的现实。

他们的联盟因为玻恩对薛定谔波动方程的重新诠释而得以巩固。薛定谔提出该方程的本意，是对有形物质波的连续行为提出模型，表示出电子进出原子的状态。麦克斯韦构造了确定性的方程，将光描述为在空间传播的电磁波。与之类似，薛定谔希望自己的方程能详细描述物质波的稳定流动。因此，他希望能解释电子的所有物理性质。

玻恩破坏了薛定谔描述的确定特性，用概率波代替了物质波。概率波不需要直接测量其物理性质，而需要通过对概率波值进行数学运算来计算出来。这样，他把薛定谔的方程与海森伯的不确定性原理融合在了一起。海森伯提出，"我们无法同时精确地测量某些成对的物理量，如位置和动量（质量乘以速度）"。他在他著名的不确定性原理中写入了这样的量子模糊性：一个研究者测量一个粒子的位置越是精确，他对其动量所知就越少 —— 反之亦然。

薛定谔急切地想提出描述电子和其他粒子的实质的模型，而不仅仅是它们的可能性，他批评海森伯、玻恩的方法存在不可捉摸的因素。他同样也避开了玻尔的量子学说，即所谓的"互补性"，该学说认为量子或是显示波动性质，或是显示粒子性质，这取决于实验者选择使用何种测量仪器。他反驳说，自然应该是可视的，不是一个带有隐匿的工作机制的神秘的黑匣子。

　　由于玻恩、海森伯和玻尔的观念在物理界被广泛接受，最后相融形成了所谓的"哥本哈根诠释"，也就是正统的量子观，爱因斯坦和薛定谔自然成了盟友。两个人在晚年都希望找到一种统一场论，填补量子物理学中的空隙，把自然力结合到一起。通过扩展广义相对论来包括所有的自然力，这样的理论将会以纯几何取代物质 —— 实现毕达哥拉斯学派所说的"一切都是数"的梦想。

阿尔伯特·爱因斯坦晚年的肖像
感谢新罕布什尔大学，洛特·雅各比收藏，以及 AIP Emilio Segre 视觉档案馆提供，由杰拉尔德·霍尔顿（Gerald Holton）捐赠

　　薛定谔的确应该感激爱因斯坦。爱因斯坦1913年的一个讲座，激发了他探求物理学基本问题的兴趣。爱因斯坦1925年发表的一篇论文引用了法国物理学家路易·德布罗意的物质波概念，启发了薛定

谔，让他建立了控制这种波的行为的方程式。这个方程为薛定谔赢得了诺贝尔奖，而提名人中就有爱因斯坦。爱因斯坦还支持他被聘任为柏林大学教授，并且成为普鲁士科学院院士。爱因斯坦热情邀请薛定谔到他定居的卡普特度假屋，并通过书信继续为他提供指导。由爱因斯坦和他的助手鲍里斯·波多尔斯基（Boris Podolsky）和内森·罗森（Nathan Rosen）提出的EPR思想实验解释了量子纠缠的模糊的方面，此外爱因斯坦还提到了一个关于火药的量子悖论思维实验，这些启发了薛定谔，让他提出了猫的悖论。最后，薛定谔在寻求统一的过程中提出的想法，实际上是爱因斯坦提出的建议的变形版本。他们经常书信联络，讨论调整广义相对论的方法，使其在数学上具有足够的灵活性，以涵盖引力以外的其他力。

失败

20世纪40年代和50年代初期，薛定谔是都柏林高等研究学院的首席物理学家。该学院是直接仿照普林斯顿高级研究所建立的。爱因斯坦自20世纪30年代中期以来，一直在普林斯顿担任相同的角色。爱尔兰的新闻报道经常拿二人作比较，将薛定谔视为爱尔兰的爱因斯坦。

薛定谔利用一切机会提及他与爱因斯坦的关系，甚至为了个人的目的，向人们展示他们的私人通信。例如，在1943年，爱因斯坦在一封写给薛定谔的私信中写道：在20年代，一个统一论模式已经成为他"希望的坟墓"。薛定谔利用了这个说法，让人们觉得，他成功了，而爱因斯坦失败了。他当众向爱尔兰皇家学院读了这封信，吹嘘说，他通过自己的计算把爱因斯坦的希望从坟墓里挖了出来。《爱尔

中年的埃尔温·薛定谔在户外休憩
沃尔夫冈·普方德乐, 奥地利因斯布鲁克, 由AIP Emilio Segre视觉档案馆提供

兰时报》报道了该讲座, 而且采用的标题很有误导性, 写成了"爱因斯坦向薛定谔致敬"。[7]

起初, 爱因斯坦总是很大度地无视薛定谔的自吹自擂。然而, 薛定谔1947年1月做了个讲座, 宣称在寻找万物理论的竞争中获胜, 同时媒体对他大肆吹嘘, 这让爱因斯坦忍无可忍。薛定谔对新闻界大胆声称, 他已经达到了爱因斯坦几十年来一直努力的目标(建立新的理论, 取代广义相对论)。对此, 爱因斯坦不得不做出反应。

他的确做出了反应。爱因斯坦尖锐的回答, 反映了他对薛定谔过头的说法有着深切的不满。他的新闻稿由他的助理恩斯特·斯特劳斯(Ernst Straus)翻译成英文。在里面他回应说:

　　薛定谔教授的最新尝试……能根据其数学性质进行
判断，但不能从"真实"的角度来看待，或是认为其与经
验事实相符。而即使从这个角度（数学）来看，它也没有
什么特别的优势——恰恰相反。[8]

　　《爱尔兰新闻》报道了这一争吵，并且转载了爱因斯坦的全稿，
认为"以任何形式向公众展示这种初步的尝试……都是不合适的。
尤其是当这样做造成了一种印象，让人们认为对于物理现实已经得到
了确定的发现时，情况就更糟了"。[9]

　　幽默家布赖恩·奥诺兰（Brian O'Nolan）在《爱尔兰时报》上写道，
"Myles na gCopaleen"对爱因斯坦的回应冷嘲热讽，称他傲慢而脱离实
际。"爱因斯坦对于词语的用法和含义知道些什么？"他写道，"很少，
我应该说……例如，他所说的'真实'和'经验事实'指的是什么？他
试图在别人的地盘上玩弄词语技巧，的确是让人不大感冒。"[10]

　　两位老朋友——反对量子力学正统诠释的战友——从来没有预
料到他们会在国际新闻界打起来。多年以前，当他们开始就统一场论
进行书信联系时，肯定也没有这样的意图。然而，薛定谔对爱尔兰皇
家学院的大胆声称，对于记者来说是不可抗拒的热点消息，因为只要
是与爱因斯坦有关的故事，他们都很关注。

　　推动冲突的一个动力，是薛定谔需要取悦他的主人，爱尔兰总理
德瓦莱拉，他亲自安排了薛定谔逃离纳粹前往都柏林，并聘任他为研
究所的首席物理学家。德瓦莱拉对薛定谔的成就一直都很感兴趣，希

望他能为新独立的爱尔兰共和国带来荣耀。作为前数学教授，德瓦莱拉非常崇拜爱尔兰数学家威廉·罗文·汉密尔顿。1943年，他还精心布置，在汉密尔顿发现四元数一百周年之时，在全爱尔兰举行庆祝活动。薛定谔的大量研究都用到了汉密尔顿的方法。因此，如果有个更为全面的理论，将爱因斯坦的相对论取而代之，还有什么比这个更能纪念爱尔兰解放，以及引领爱尔兰科学之光的汉密尔顿呢？薛定谔的过头的声明完全符合他的赞助人的期望。《爱尔兰新闻》由德瓦莱拉拥有和控制，他要确保让世界都知道，诞生了汉密尔顿、叶芝、乔伊斯和萧伯纳的土地，也可以诞生"万物理论"。

不用说，正如爱因斯坦正确指出的那样，薛定谔根本没有接近于建立一个解释一切的理论。他只是发现了广义相对论的许多数学变化之一，在技术上为其他力腾出了空间。然而，在这个解能够找到相匹配的物理实在之前，这只能被看作是一个抽象的数学练习，而不是真正的自然描述。虽然有无数的方法来扩展广义相对论，但迄今为止还没有发现一种理论，能跟基本粒子的实际表现以及它们的量子特性相吻合。

不过，在炒作科研突破方面，爱因斯坦也不是完全无辜的。他会定期提出自己的统一论模型，对新闻界夸大其重要性。比如，1929年，他宣布，他发现了一种统一自然力的理论，而且超越了广义相对论。由于他没有发现（并且也不会找到）他的方程式在物理上实在的解，他这样宣布显得极为仓促。然而，当薛定谔做了本质上同样的事情的时候，他提出了批评。

薛定谔的妻子安妮后来向物理学家彼得·弗洛伊德透露，薛定谔和爱因斯坦都曾考虑过起诉对方剽窃自己的思想。但当他们在考虑采取法律补救措施的时候，对这两个人都很了解的物理学家沃尔夫冈·泡利（Wolfgang Pauli）警告了他们可能会产生的后果。他劝他们说，在报纸上搞一通诉讼，会令双方都尴尬。这会很快堕落成一场闹剧，玷污他们的声誉。他们之间恶言相向，薛定谔甚至曾经对正在都柏林访问的物理学家约翰·莫菲特说："我的方法远远好过阿尔伯特的！我来跟你解释一下，莫菲特，阿尔伯特是个老傻瓜。"[11]

弗洛伊德推测了这两位日渐年迈的物理学家为何要寻求万物理论。"我们可以在两个层面上回答这个问题，"他说，"在一个层面上，这个研究非常崇高 …… 他们在物理学上非常成功。当他们看到自己的权威下降，他们就想毕其功于一役：找到终极理论，结束物理学 …… 在另一个层面上，也许这两个人只是以同样的不懈的好奇心推动着他们在青年时代取得的很大的成功。他们想获得这个困扰了他们一生的难题的解决方案；他们想在有生之年瞥见这个应许之地。"[12]

对统一论的争论

许多物理学家在自己的职业生涯中，集中研究的是关于自然界特定方面的非常具体的问题。他们看到的是树木，而不是森林。爱因斯坦和薛定谔的目标则更广阔。两人基于自己所读过的哲学，都相信自然有一个宏伟的蓝图。他们年轻时的学术经历让他们有了重要的发现 —— 爱因斯坦的相对论和薛定谔的波动方程，这些发现揭示了答案的一部分。受到这种部分解决方案的诱惑，他们希望找到能够解释一切的理论，来完成他们毕生的目标。

但是，就像宗教上的派别之争一样，对于前景的微小差异也可能导致重大冲突。薛定谔操之过急，以为他奇迹般地发现了爱因斯坦不知何故忽略了的线索。他的错误的顿悟，再加上他的学术地位给他带来的要表现得更优异的压力，让他在获得足够的证据证实自己的理论之前，就按捺不住要往前冲。

他们的冲突是有代价的。从那时起，他们的宇宙统一梦想受到了个人冲突的影响。他们都浪费了自己生命中的一段时间，这段时间里，他们本可以在友好对话中，全面地讨论宇宙中可能的运作机制。意外打破了他们用决定性取代随机性的决心。对于能够完整地解释其运作机制的理论，宇宙在等待了数十亿年的时间之后，还必须继续耐心地等下去，但是两位伟大的思想家，却失去了转瞬即逝的机会。

目录

第1章
宇宙的机制

> 这些转瞬即逝的真相，
>
> 这些难以捕捉的感想。
>
> 定是通过思想活动转化成
>
> 永恒的存在。
>
> 随后，唤起你的思想领悟，
>
> 对科学的幻想，
>
> 直至所见所闻与所想融合
>
> 成为丰富多彩的真理。
>
> —— 节选自詹姆斯·克拉克·麦克斯韦
>
> 《致微分算符首席音乐家：廷德尔颂歌》

自然力

相对论和量子力学出现之前，物理学界最伟大的两位统一论者分别是艾萨克·牛顿和詹姆斯·克拉克·麦克斯韦。牛顿力学定律阐明了物体之间的相互作用是如何支配物体的变化运动的。万有引力定律总结了其中一种相互作用：天体（如行星）受万有引力的影响，沿着特定的路径（如椭圆轨道）运行。牛顿天才般地指明，地球上各种各样的现象，如箭的运动轨迹，可以用一个普遍的图景来解释。

牛顿物理学是完全确定性的。假如，在某个时刻，你知道宇宙中所有物体的位置和速度，以及所有作用在物体上的力，你就可以从理论上精确地预言所有物体以后的行为。19世纪，许多思想家受牛顿定律的启发，认为能够阻止科学家精确预测太阳底下万物的，只有现实的局限，比方说需要收集的数据数量大得令人望而生畏，难以实现。

在严肃的决定论者看来，随机性其实是一种复杂情况的产物，它涉及大量分量以及纷乱的环境因素。例如，投掷硬币这个经典的"随机"行为。假设一位科学家非常勤勉，预测出影响硬币的所有气流，同时知道硬币被抛掷时的精确速度和角度，这位科学家基本上就可以预测硬币的旋转和轨迹。即便这样，一些坚定的确定论者仍不满足，他们会说，假如科学家的背景信息足够明确，凭借以往经验，抛硬币人的思想同样也可以预测出来。依此类推，研究者可以推测出抛掷人的大脑模式、神经信号以及抛掷时的肌肉收缩，预测结果就更清晰可见了。简言之，持此论者认为整个宇宙的运行就像一个完美的机械钟表，不具有任何的随机性。

的确，从天文学角度来讲，比如说在太阳系范围内，牛顿定律的精确性令人叹为观止。牛顿定律完美再现了德国天文学家约翰尼斯·开普勒的定律，描述了行星如何绕太阳公转。人类能够预测天体事件，比如日食、行星会合以及让发射的航天器精准瞄准遥远目标等，这些都是对牛顿力学如钟表般预测性的有力证明，尤其是引力的应用。

　　麦克斯韦方程将另外两种自然力结合在一起，构建了电磁学。19世纪之前，科学家一直认为电力和磁力是各自独立的。英国物理学家迈克尔·法拉第和助手经实验证明二者有着密切关联。麦克斯韦通过简单的数学关系，将电力和磁力结合起来。他用四个方程式精确演示出：变化运动的电荷和电流能够产生能量振动，而产生的能量振动以电磁波的形式在空间中辐射传播。这些关系式是数学简洁有力的典型表现 —— 简洁到可印在 T 恤衫上，有力到可描述各种各样的电磁现象。通过整合电力和磁力，麦克斯韦开创了力学统一的观念。

　　今天，人们知道自然界的四种基本力分别是引力、电磁力、强核力（强力）和弱核力（弱力），并认为其他力，比如摩擦力，都是从这四种基本力衍生出来的。每种力的作用范围不同，强度也不同。引力最弱，将距离遥远的大型天体牵引在一起。而电磁力则强大得多，影响带电物体。虽然它的范围很广，但它的影响在现实中却减弱了，毕竟宇宙中的万物几乎都是不带电的。而作用在原子尺度的强相互作用，将特定类型的亚原子粒子（由夸克组成，如质子和中子）凝聚在一起。同样，弱相互作用也影响原子核，引起特定类型的放射性衰变。麦克斯韦的整合启发了后来的思想家，比如爱因斯坦和薛定谔，二人都试图实现一个更宏大的统一。

　　麦克斯韦证明，与常规波动不同，电磁波可以不借助物质媒介传播。1865年，他计算出了电磁波在真空中的传播速度，发现电磁波的速度与光速相等，由此断定电磁波与光波（包括肉眼看不见的光波，如无线电波）完全是一回事儿。

与牛顿物理学一样，麦克斯韦的物理学也是有完全确定性的。通过发射天线发射出一个电荷，就可以预测出接收天线接收到的信号。广播电台依赖的正是这种可靠性。

但遗憾的是，麦克斯韦的统一论无法与牛顿的统一论完全匹配。比如，观察者处于移动状态研究光速，两大理论给出的预言就是不一致的。根据麦克斯韦方程得出的结论是：光速恒定不变。而牛顿定律的结论是：光的相对速度取决于观察者的运动速度。然而，这两个答案看起来都很合理。无巧不成书，麦克斯韦去世的那一年，解决这个谜团的人出生了。

指南针与行星舞

1879年3月14日，在德国乌尔姆市，电气工程师赫尔曼·爱因斯坦的妻子玻琳·爱因斯坦（娘家姓科赫）生下了第一个孩子：阿尔伯特。但小男孩在那个古雅的斯瓦比亚城市并没有待多久。当时受麦克斯韦影响的人不少，赫尔曼也在其列，很快他就带领全家人搬迁至热闹喧嚣的慕尼黑，在那儿与人合伙做电气生意。阿尔伯特的妹妹玛雅就在那里出生。

阿尔伯特很早就接触了磁力。五岁那年，有一天他生病卧床，爸爸送给他一个指南针。小男孩摆弄着这个亮晶晶的小仪器，它奇特的性质令他惊讶不已。不知怎的，指针总能神奇地回到起点，那里用字母"N"标示出来。他急于想找出产生这个奇怪现象的原因。

虽然爱因斯坦没有弟弟，但有朝一日他会结识一位奥地利同行，被他视为兄弟。1887年8月12日，在埃德博格的维也纳区，埃尔温·薛定谔出生了。他是独子，父亲鲁道夫·薛定谔起初学的是化学，母亲名叫乔尔妗（“乔吉”）·鲍尔·薛定谔，外公是成就卓著的英国裔奥地利化学家亚历山大·鲍尔（鲁道夫的教授）。

鲁道夫继承了生产油毡和油布的家族企业，盈利颇丰。然而，他真正的兴趣是科学和艺术，尤其是植物学和油画。他给埃尔温灌输了一种理念：一个饱学之士应该有多元化的追求，应该热爱文化。

艾米丽是埃尔温的小姨，昵称是明妮。小时候，埃尔温与小姨非常亲近。从很早开始，小姨明妮就是他的知己，也是他生活问题的顾问。他对万事万物都感到好奇，并把自己的想法告诉小姨，而她则真诚地全部记录下来——那时埃尔温还不识字。

在明妮的印象中，埃尔温尤其热爱天文学。大约4岁的时候，他喜欢玩模拟行星运动的游戏。小埃尔温围着明妮转圈，他当月球，她当地球。然后两个人把电灯当作太阳，绕着“太阳”慢慢地走。围着小姨转圈圈，二人绕着发光的电灯转，这些可以让他直接感知月球运动的精巧复杂。

爱因斯坦童年时期对指南针的痴迷和薛定谔的“行星舞”成为二人今后对电磁力和引力感兴趣的前兆，而这两个基本力正是在那时被人们认识到的。两位少年深受当时盛行的自然观的影响，即认为宇宙运行的机制像钟表一样精确。在今后的生活中，二人将追随麦克斯韦的脚步，如饥似渴地探求一种更宏大的统一论，将两种力都包含其中，而且同样属于一种机械论。

二人各自沿着切实的路线开始自己的研究事业 —— 追随父辈，寻求科学在日常生活中的应用，但随着生活的继续，又转向更高层次的追求。假以时日，二人各自都会对解开宇宙的奥秘逐渐痴迷 —— 试着去认识宇宙的基本法则。二人在洞察力和计算方面，均具有超高的天分，而这正是理论物理学所需要的。

二人均想循着牛顿和麦克斯韦的足迹，系统地计算出新的、描述自然世界的方程。的确，20 世纪最重要的一些物理学方程即将诞生在他们手中，并以他们的名字命名。在分析和理解假说时，尤其在研究事业的后期，二人均在很大程度上寻求哲学的帮助 —— 引用诸如斯宾诺莎、叔本华和马赫等思想家的观点。例如，斯宾诺莎认为，上帝是不可变的自然秩序，受此启发，他们发现了一系列简单、不变的控制现实存在的法则。叔本华认为，世界是由一个单一的、叫作"意志"的驱动性的法则形成的，二人受此启发，要寻找出那个宏大的统一机制。马赫认为，科学应该是有形的，二人受此激励，反对诸如看不见的、非局部的量子联系等隐藏过程，赞同显而易见的、因果关系的机制。

为了找出最简单的数学公式，全面描绘出自然的特定方面，无数个日日夜夜，月月年年，二人痴迷于其中，而这个过程，需要类似宗教的狂热。最终得出的方程便是他们的圣杯，他们的卡巴拉[1]，他们的贤

---

1. 卡巴拉：kabbalah，建立在对《圣经·旧约》的神秘解读基础上的古犹太神秘哲学。——译者注

者之石。判断一个方程是否简练、出色，通常源于对宇宙秩序的深层理解。虽然从传统意义上说，爱因斯坦和薛定谔都不是宗教信徒（爱因斯坦是犹太人，薛定谔是路德教徒和天主教徒的后代，但均未曾宣誓过信仰，也不参加宗教仪式），二人对宇宙的组织法则都有着同样的好奇心，也好奇于如何用数学公式表达出来。二人都酷爱数学，但并非专门热爱数学本身，而是因为数学作为工具，有助于他们理解自然法则。

对于数学的终生兴趣是从何处产生的？有时，答案就像几何入门中的简练图表和逻辑证据一样显而易见。

奇怪的平行线

1891年，12岁的爱因斯坦拿到了一本几何书。他如饥似渴地读起来，同年，他进入卢特波尔德高级中学（Luitpold Gymnasium），开始了中学生涯。在他的脑海里，那份惊喜可以与指南针媲美——引领他进入舒适的有序之门，远胜于日常生活中经历的那种杂乱无章。据他后来描述，有一篇文章，甚至算不上是一篇文章，对他来说却似《圣经》般的存在。该文章说，以坚定的、无可争议的命题为基础的证据表明：与马车的咔啦声、香肠售卖车的摇晃声、慕尼黑啤酒节的喧闹声恰恰相反，现实世界存在一个安静的、毫不动摇的真理。

他回忆说："这种明晰和确定性给我留下了难以言说的印象。"[1]

书中的一些推断对他来说似乎很明显。很早的时候，他就学习了直角三角形的毕达哥拉斯定理：两条直角边的平方之和等于第三条边即斜边的平方。书中说，如果你要改变其中一个锐角（小于90度的角），锐角所对应的边长也必须改变。这些对他来说显而易见，用不着证明。

　　然而，其他的几何命题却并非是不证自明的。爱因斯坦很喜欢入门书中对定理的数学证明，那些定理乍一看似乎并不明显，但经证明后的确是真理——如三角形的三条高（每个角对应边画出的垂线）必定相交于一点。书中的证据基本上是以不证自明的命题（叫作公理和公设）为基础的，对于这点，他并不介意。他毫不犹疑地接受少数公理，急于"自投罗网"，等待他的，是一大堆已被证明的推测。

　　书中描述的平面几何可以上溯到2000多年前古希腊数学家欧几里得的成果。欧几里得的《几何原本》将几何知识系统归纳为几十个已经证明的定理和推论，而它们是从六个公理和五个公设中经过系统推理得来的。虽然每个公理和公设都是不证自明的真理，比如部分小于整体；若两个事物均与第三者相等，则三者均等。但是，与角相关的第五公设似乎并不是显而易见就是正确的。

　　"如果两条 …… 直线与第三条直线相交，这样一来，同一侧两个内角之和小于两个直角之和（180度），那么两条直线会在有限延长后相交。"[2]

　　换言之，画三条直线，前两条与第三条相交，且形成的两个角都小于90度。如果把两条直线无限延长，则前两条线必定相交，形成一个三角形。举例来说，假设一个角是89度，另一个角也是89度，则必定会有第三个角（角度数为2度），就在前两条线相交的地方——

形成一个非常狭长的三角形。

　　数学家们推测，欧几里得之所以把第五公设放在末尾，是因为他曾试着用其他公理和公设证明第五公设，但都失败了。的确，欧几里得加入第五公设之前，曾用其他公设推理出了完整的28条定理。这就好比，在一个音乐会上，一名专业键盘手敲出了28首乐曲，后来发现有必要借一把原声吉他，才能得到第29首乐曲合适的音符，是一个道理。有时，手边的乐器不够完成一首乐曲，就必须借助另一种乐器进行即兴创作。

　　后来，欧几里得第五公设成了人们熟知的"平行公设"，这主要是苏格兰数学家约翰·普莱费尔（John Playfair）的功劳。普莱费尔发展出了第五公设的另一个版本，虽然在逻辑上不完全等同于原版，但在证明定理时，起到了相同的作用。普莱费尔的版本说，每一条直线及直线外的一个点，都有一条直线穿过该点与原直线平行。

　　几个世纪以来，数学家们付出了很多努力利用其他公设证明第五公设——要么是欧几里得的版本，要么是普莱费尔的修订版。就连久负盛名的波斯诗人、哲学家奥马·海亚姆（Omar Khayyam）都曾试过将第五公设证明为定理，但最终无济于事。[1]最终数学界做出结论，第五公设是完全独立的，并放弃了证明它的想法。

　　童年时期的爱因斯坦在精读这本几何书的时候，对于围绕平行

---

1. Omar Khayyam（1048—1122），又译"奥玛开阳""欧玛尔·海亚姆""获默·伽亚漠"等，波斯哲理诗人，还是数学家、天文学家、医学家和哲学家，著有《鲁拜集》。——译者注

公设的这些争议并不了解。而且，几个世纪以来，人们一直认为欧几里得几何学是神圣不可侵犯的，他也受此影响。那些定理和证据看起来就像巴伐利亚的阿尔卑斯山一样，是固定不变、超越时空而又崇高庄严的。

然而，在哥廷根的神圣大学城内，数学家们正在进行大胆的实验，重新改写几何学。那座圆石砌成的、脑力劳动者的至圣所，已经变成了一块"飞地"[1]，里面的人正在彻底地重新思考数学，将其称作非欧几里得几何学（简称非欧几何）。新奇的几何方法之于传统几何，就像色彩迷幻的彼得·马克斯海报之于伦勃朗，这两种对比有很多相似之处。爱因斯坦彼时学习的是陈旧的、平面上的点、线、图形的规则，而像费利克斯·克莱因（原来在莱比锡城，后被招揽至哥廷根）一样的聪明数学家，则正在改进一个更加灵活的数学"剧本"，包括弯曲表面与扭曲表面的关系。克莱因瓶是克莱因最具头脑风暴性的创造，它类似于一个花瓶，内表面与外表面通过一个更高维度上的扭曲连接在一起。像这类畸形的知识在几何入门读本里是找不到的，欧几里得的铜墙铁律将这些可怕的东西统统拒之门外。但是，克莱因证明了欧几里得几何和非欧几何是同等有效的。至19世纪90年代，他那开创性的想象力打开了一度古板保守的几何俱乐部的大门，向科学怪人和古板之士敞开。

然而，非欧几何不是人人能懂的。与它的前任一样，它自有一套规程。非欧几何的实质是用新奇的判断取代平行公设，而其他公设则

---

1. 飞地：某国或某市境内隶属外国或外市，具有不同宗教、文化或民族的领土。——译者注

保持不变。非欧几何学认为既然平行公设是独立的，那么在一定程度上就是可以变通的，应该向激进的全新方法敞开大门。

数学家卡尔·弗里德里希·高斯是首位建议建立非欧几何的人，但却不是首个就此主题公开发表论述的人。高斯的版本中（之后被打上了克莱因"双曲几何"的标签），取代平行公设的是：通过直线外的任意一点，存在无数条穿过该点的直线与原直线平行。想象一下，在一张细长的桌子上方，紧紧捏住一把纸扇的末端。假设这张细长的桌子代表一条直线，你的手则代表直线外的一点，那么扇骨就相当于一条条穿过点的直线，这些直线与原直线不会相交。呈扇形散开的平行线与双曲线的支线类似，术语"双曲"即由此得来。

高斯提到了双曲面中的三角形的一个古怪的特点：三个内角之和小于 180 度。对比之下，欧几里得三角形的内角之和是 180 度，这一点精确无误，比如等腰直角三角形两个锐角度数为 45 度，最后一个角就一定是 90 度。艺术家 M.C. 埃舍尔的想象力非常丰富，他把这个区别融入创作之中，在双曲模型中创作出了奇特扭曲的、小于 180 度的三角形。

要想象出双曲几何的形状，其中一个方法是抛开平面，想象在一个马鞍形的表面上画出点、线、图形。如你不喜欢骑术，更喜欢美食，那么想象弯曲的炸土豆片也可以。马鞍形的表面很自然地将临近的两条直线弯曲着远离了。虽然它们都"想"成为直线，但多组平行直线则因弯曲着离开彼此，避开彼此也就变得更容易了。这使得穿过某个点会有无数条直线与未穿过该点的直线平行。另外，马鞍形挤压了三角形的内角，造成内角和小于180度。

另一个非欧几何的变异版本中，最初是由高斯的学生波恩哈德·黎曼于1854年提出、1867年发表的，之后被克莱因定名的"椭圆几何"，其中平行公设被一条规则取代，这条规则完全排除了平行的可能性。画一条直线，穿过该直线之外的任意一点，与该直线平行的直线是不存在的。换句话说，穿过该点的所有直线都将在宇宙的某个地方与原直线相交。黎曼证实，球面上的直线具有这样的特点。

你若想不出这样奇怪的平行线，想象一下地球。所有经线都在地球的北极或南极相交。假设有一个旅行者下定决心，从多伦多城区出发，沿着主街一路向北，雇乘狗拉雪橇、破冰船，一直走到北极，而她的姐妹从莫斯科也这样一路向北，虽然二人的路线最初看起来是平行的，但姐妹二人最终免不了要碰面。

奇怪的是，这样一条关于平行的禁忌竟然会通过另一种方式改变三角形的本质。在椭圆几何中，三角形的内角之和大于180度。的确，我们能画出一个三个角均为直角的三角形，三个角的度数加起来有270度。比如，零度经线和90度经线与赤道相交，形成一个三角形，三条线互相垂直。

黎曼研究出了非常复杂精密的数学设备，用以分析曲面，后来被人称为"黎曼流形"。黎曼展示出，用现代被称作"黎曼曲面张量"的概念，如何全方位地将弯曲空间与平直空间的差异确定下来。张量是一个数学实体，在协变转换中以特定的方式改变。他指出空间弯曲主

要有三种方式 —— 正曲率、负曲率和零曲率。与之相对的分别是：椭圆几何、双曲几何和欧几里得几何（平面几何）。

对于数学专业以外的人来说，非欧几何看起来非常抽象，是违反直觉的。总之，平行的一般意义是指两条永不相交的直线。假如你停车的时候，试着与一辆车并排停靠，却不小心撞到了那辆车，你一定不会拿非欧几何说事儿，请求警察叔叔的豁免。大部分孩童在学校里学的是平面三角形，内角和为180度。为什么要改变几何的基本规则而让它变得更复杂呢？

随着爱因斯坦的思想日渐成熟，但在这些问题还未足够成熟，使他能够发展出广义相对论之前，他还是要为这些问题而疑惑。那本几何入门在他的早年教育中至关重要，给他深深地打上了欧几里得传统几何的烙印。他有个亲戚，是个学医的学生，叫马克斯·塔尔梅（Max Talmey，原名塔尔迈），经常找他玩儿，爱因斯坦会与他交流自己的想法。小小年纪的爱因斯坦，在数学、自然和其他学科上，见解很深，令塔尔梅很是震惊。

爱因斯坦直到上大学之后才学到非欧几何方面的知识。受童年时期几何书根深蒂固的影响，最初他并不待见非欧几何，认为它对科学并不重要。没过多久，多亏了大学朋友马塞尔·格罗斯曼（Marcel Grossmann）的影响，他才开始意识到非欧几何的重要性。爱因斯坦把非欧几何引入理论物理学，而这即将以非同寻常的方式改变这个领域。[3] 当年那个手捧几何书爱不释手的12岁少年，无论如何也想不到，自己有一天会重写物理学的法则，并使那本书的内容变得陈旧。

运动的原子

19世纪90年代后期，维也纳是政治和科学激烈争论的大本营。当时薛定谔正值学生时期，先是聘请私人家教，之后在1898年进入久负盛名的文理高中（Akademisches Gymnasium）就读，两个关键人物路德维希·玻尔兹曼（Ludwig Boltzmann）和恩斯特·马赫（Ernst Mach）即将出场，帮助塑造他的知识生涯，二人均参与了当时关于原子真相的激烈争论。

1894年，玻尔兹曼被任命为维也纳大学理论物理学科的主任，作为统计力学（当时名为气体动力学说）的创始人之一，他已经名声赫赫。统计力学是将微小粒子的运动与温度、体积及压力变化等大规模的热力学效应结合的物理学领域。为应用他的技术，他需要假定每一种气体都是由大量极小的物体构成的，即原子和分子。

玻尔兹曼的成就使物理学中的热力学炙手可热，吸引了许多年轻的研究员到维也纳与他并肩工作。物理学家莉泽·迈特纳、菲利普·弗兰克和保罗·埃伦费斯特能踏上成功的事业之路，都得益于他们的博士生导师玻尔兹曼的指导。薛定谔也受到了玻尔兹曼的启发，想着等以后上了大学，与玻尔兹曼一起做研究工作。

尽管有这些成就，恩斯特·马赫的到来却打破了玻尔兹曼的平静。1895年，马赫加入了维也纳大学，受聘为"归纳科学哲学"部的主任。马赫指出，玻尔兹曼缺乏足够的实验证据，他选择了与原子论和玻尔兹曼理论对立的原则立场。他争论说，热力学应该基于现有感知和直接测量，如热流动。他从哲学框架中提取出实证主义，反对抽象知识，坚持所有命题都需实证支撑的观点。原子论与宗教信仰摆在一起，他更倾向于站在他所看到的科学严谨、直接感官证据这一边。

马赫写道："如果原子世界中信仰如此重要，那我就与物理学家的思考方式断绝关系，我不想成为这样地道的物理学家，我宣布放弃所有对科学的尊重——简单来说：我婉拒满是信仰的团体。我更想要思想的自由。"[4]

马赫不仅将他带刺的逻辑指向了玻尔兹曼，即便对于最受人尊崇的物理学家，一旦发现谁的立场与感官证据分离，他也会将矛头指向谁。他大胆地批判了牛顿力学中的一条基本原则：通过与名为"绝对空间"的抽象参考系的关系判断惯性（静止或匀速）状态的概念。彼时，牛顿享有近乎至圣的地位，尤其是在英国。但牛顿的惯性概念是建立在抽象基础上的，而这正是马赫怀疑的那一类科学。

马赫在对牛顿惯性定义的争议中提到了旋转水桶的思维实验，它是牛顿为了证明需要绝对空间时臆造出来的。下面是他的主要论点：想象一下，将一个水桶装上水，装到近乎桶沿的位置，拴上绳子，吊在树上。然后小心翼翼地转动水桶，直到绳子拧不动为止。抓牢水桶，静等桶内的水平静下来，水面平静后放开水桶。水桶开始旋转。从上往下看桶内，你会发现水也搅动起来——水面变成了一个逐渐变深的凹陷。那是因为惯性使得水要流出来。但由于无法流出桶外，外围就升高了。再观察桶的内部，忽略外部，你或许会好奇为什么水会形成凹面。相对于水桶来说，水应该是静止不动的啊。只有参照外部参考系（牛顿称其为绝对空间），凹面才能讲得通。牛顿断言，水相对于绝对空间的旋转导致表面被重塑了。

马赫提出了异议，指出并不存在实验性证据证明存在所谓的绝对空间。更有可能的是，存在一个不明的拉力作用于水，比方说来自遥远恒星的聚合影响。就如月球的牵引导致潮汐一样，或许多个恒星组合起来的质量从一定程度上导致了惯性。后来爱因斯坦将这个想法命名为"马赫原理"。在研究相对论的过程中，这个原理给了他启发。

马赫对牛顿的批判刺激了对力学的重新思考——最终也将有助于爱因斯坦研究相对论。然而他对玻尔兹曼原子论的攻击，造成的后果非常惨痛。由于玻尔兹曼情绪容易激动，加之身体健康状况也每况愈下，1906年在的里亚斯特与家人度假时，他上吊自杀了。

大学生活

命运就是如此残酷，几个月后，薛定谔就要到维也纳大学开始他1906/1907年冬季的学业了，然而，玻尔兹曼却自杀了。薛定谔在文理高中毕业，他最爱的两门课是数学和物理，毕业成绩优等。在学业上，他的实力可以选择任何专业，但他却对如何用公式描述物理世界非常痴迷。他非常想在大学进修理论物理学，在他心里，玻尔兹曼会是一位极为出色的导师。不幸的是，他入学的时候，学校正处于昏暗时期，物理学科的上方乌云笼罩。

薛定谔回忆道："古老的维也纳大学，沉浸在失去路德维希·玻尔兹曼的哀伤之中……让我对那个伟大思想家的思想有了直接的了解。可以说他的思想世界是我在科学上的初恋。从没有人让我如此着迷，将来也不会有了。"[5]

玻尔兹曼在基础问题上的勇敢探求影响了薛定谔。玻尔兹曼不惧使用原子作为建筑构件来建构掌控整个宇宙热行为的法则。受他的启发，薛定谔后来也雄心勃勃地想建立一个囊括所有自然力的基础理论。

学校里能够取代玻尔兹曼理论物理学主任之位的是他之前的学生、出色的理论家弗里德里希（弗里兹）·哈森内尔。哈森内尔研究移动物质发射出的电磁辐射，已经小有名气，而且在爱因斯坦发现其著名的方程式之前，发现了能量与质量（尽管错了）之间的关系。[6]他待人友好，很受学生欢迎。虽然薛定谔不能跟玻尔兹曼学习热理论和统计力学，但他有幸可以跟玻尔兹曼的高徒学习这两门课，以及其他课程，比如光学原理。人人都夸赞哈森内尔是一名出色的教师。受哈森内尔的教学和玻尔兹曼成就的启发，薛定谔希望在理论物理学领域开拓出一条属于自己的道路。

作为一个学生，薛定谔很快名声大振。汉斯·瑟林是他物理系的同学，后来成了他一生的朋友，他在一次数学研讨会上回忆道，当时一位金发的青年走进教室，然后听见另一个毕业于文理高中、认识他的人带着敬畏的语气说："噢，这可是薛定谔哦！"[7]

薛定谔对理论兴趣浓厚，但在大学里做的研究主要是实验操作，导师是弗朗茨·埃克斯纳（Franz Exner）。薛定谔后来在埃克斯纳的指导下获得博士学位。埃克斯纳对电的许多现象感兴趣，包括电在大气中的产生和在特定化学过程中的产生。他还探索光和色的科学，研究放射性。薛定谔的博士论文题目是"湿空气中绝缘体表面的电传导"（"On the conduction of electricity on the surface of insulators in moist air"）。这是一篇非常实用的论文，讨论的是水分的电场效应中，物理测量所使用的绝缘装置的问题。这位未来的理论家的事业，最开始是先把手弄得脏兮兮的。在一间狭小的实验室里，将电极与琥珀、石蜡和其他绝缘材料的样本连接起来，测量通过其中的电流。1910年他获得了博士学位，1914年因研究与原子行为和磁力有关的理论问题，获得特许任教资格（Habilitation，最高的学术级别，可以从事教学）。

但薛定谔和爱因斯坦开始探索引力和电磁力的统一，是许多年之后的事。但说来也奇怪，1910年，病中的马赫写了一封信，最后转到了薛定谔的手里，这封信即将改变一切。虽然马赫已经退休了，但他依然积极地探求自然的深层次问题。他开始思考引力和电力定律的平方反比的通用性，思考这些力是否可以统一起来，并且咨询大学里的哪个人能解开他的疑惑。德国物理学家保罗·戈伯的理论颇具争议性，马赫尤其想找个学识渊博的人对他的理论做个评定。马赫的问题传到了薛定谔的手里，而他发现戈伯的论文很难读懂。尽管如此，这份交流可以说是薛定谔和他心中的一位智慧英雄马赫的间接接触，也是开始理论工作的一个前奏。而且，能被选中回应马赫的问题，这也代表了薛定谔在维也纳大学获得了高度的认可。就在二十五六岁的时候，薛定谔开始成名。

追逐光的脚步

　　虽然薛定谔的大学生活因不能师从玻尔兹曼而遮上了阴影，但他还是发现了很多研究的意义并取得了成绩。他不同凡响，鹤立鸡群。相较之下，爱因斯坦的大学生活也笼罩着一股失望，但原因不同 —— 他真正感兴趣的是深入研究理论问题，却没有机会。于是，本应该认真对待的课程，他却不上心，尤其是数学课，他觉得这与他的学术探求没什么关系。但是，他处的人际关系后来证明对他的学术成长至关重要。

　　从高中到大学、从大学到学术研究，与薛定谔比起来，爱因斯坦走的路要崎岖得多。1894 年，爱因斯坦的父亲没能与慕尼黑市签订电器合同，公司破产，遂决定全家迁居意大利米兰，到那里去找工作。当时爱因斯坦还在卢波尔德高级中学读书，需要跟家人分开，继续待在慕尼黑。几个月后，爱因斯坦决定还是离开德国，于是征得许可提前参加了大学入学考试。他选择报考的大学是瑞士苏黎世联邦工学院，简称为 ETH（Eidgenössische Technische Hochschule）。

　　也就是在那个时候，16 岁的爱因斯坦的脑海中有了一个不寻常的图景 —— 想象自己追逐一束光波，并努力追上它。他想，如果能以光速前进，那他就能够看到光波在其位置上的振动了。毕竟，假如你与自行车同速奔跑，那么自行车看起来就是静止不动的。按照牛顿的说法，匀速前进和静止不动都属于惯性参考系，适用相同的运动定律。这样说来，如果两个物体同速运行，两者对对方来说都应该是静止的。然而，麦克斯韦电磁学方程组无须参考系，不管观察者究竟是运动的还是静止的。根据那些定律，光在太空中的传播速度理应一直不变。爱因斯坦意识到，牛顿和麦克斯韦的预言很明显互相矛盾。两者只有一个是正确的，但究竟是哪一个呢？

光速在真空中是恒定的，甚或是光可以穿过纯粹的虚空，这样的观点在爱因斯坦对这个问题展开冥想的时代尚未被普遍接受。当时的许多物理学家认为，光的传播是通过一种看不见的物质，这种物质名为"以太"。因此，地球相对于以太的运动应该可以探测到。然而，1887年，美国物理学家阿尔伯特·迈克尔逊（Albert Michelson）和爱德华·莫雷（Edward Morley）做了一个著名实验，探测以太的存在，却没有成功。为了证实光的行为符合牛顿力学定律，爱尔兰物理学家爱德华·菲茨杰拉德和荷兰物理学家亨里克·洛伦兹各自都独立提出了"快速移动的物体沿其运动方向体积压缩"的观点。这简称"洛伦兹 - 菲茨杰拉德压缩"，这种效应会压缩迈克尔逊 - 莫雷的实验仪器，使得光速看起来总是恒定的。那时候爱因斯坦对迈克尔逊 - 莫雷实验并不了解，他在未考虑以太的情况下独立思考了这个问题。他有种无法言说的预感，甚至在读到马赫的文章之前就有了：牛顿物理学存在缺陷，需要做一个彻底的大手术。

与他后来"世界头等天才"的名声形成鲜明对比的是，爱因斯坦第一次参加苏黎世联邦工学院的入学考试落榜了。这次失败也可能是民间传说中他在中学时数学经常不及格这一说法的源头。实际上，他上中学的时候，最弱的学科是法语作文，经常错误连篇。后来，为了提高法语水平，他去了瑞士阿劳市的一所中学学了一年。他还做出了一个惊人之举，宣布放弃德国国籍，割断了与过去的所有联系。离开父母独自生活，而且，他那时候还没有国籍，的确是个特立独行的少年。所幸，第二次他通过了入学考试。苏黎世联邦工学院史无前例地录取了这位年仅 17 岁的青年。

　　进入苏黎世联邦工学院之后，爱因斯坦即发现，这里的物理学太陈旧了 —— 还集中在诸如力学、热传递、光学等传统的科目上。马赫对牛顿的质疑还未在此引起反响。而麦克斯韦的电磁学理论也很少能谈到。爱因斯坦依然在琢磨他的光速问题，但在大学课程表中却找不到解决的途径。

　　爱因斯坦在苏黎世联邦工学院学习期间，物理学界正在经历一个非同寻常的时期。这一时期，马赫和玻尔兹曼对原子的争论正如火如荼，1897 年，剑桥大学的物理学家 J.J. 汤姆孙提供了一份实验证据，证明有一种基本粒子远远小于原子。起初，对于世间还会有比不可分割之物还要小的存在，他的同事持怀疑态度。汤姆孙把这种带负电荷的粒子取名为"微粒"，但菲茨杰拉德采纳了他舅舅（爱尔兰科学家乔治·斯托尼）的建议，将其取名为"电子"（electron），这个名字得以传世。在巴黎，亨莱·贝克勒尔与他带的两个博士生玛丽·居里和她的丈夫皮埃尔·居里，一起探究放射性铀的属性，发现了放射性。1898 年，居里夫妇找到了另一种放射性物质 —— 镭。所有这些发现都指向了原子的复杂性 —— 这个课题后来吸引了爱因斯坦、薛定谔和许多同时代的物理学家。然而，苏黎世联邦工学院却鼓励学生们坚持学习已经经受时间检验的实用物理学。爱因斯坦渴求对自然现象进行开创性的解释，看来投错了师门。

但他有幸结识了一帮朋友，支持彼此的研究，跟他们在一起，他的思想能迸出火花。在他的"共鸣板"中有这么一个人——同样热爱音乐，在大学校外结识的——瑞士籍意大利工程师米凯尔·贝索。贝索给爱因斯坦推荐了马赫的论文，这对爱因斯坦的事业产生了深远影响。二人后来结下了终生友谊。

他的另一个挚友是马塞尔·格罗斯曼，是个数学奇才。每次翘数学课，爱因斯坦都指望参考他做的精彩笔记，而且这经常发生。后来，格罗斯曼留在苏黎世联邦工学院任数学教授，并帮助爱因斯坦搭建了广义相对论背后的数学框架。

其实，爱因斯坦在苏黎世联邦工学院的导师个个都很有威望，他本应该认真听数学课才对。赫尔曼·闵可夫斯基就是其中一位，后来帮助爱因斯坦重塑狭义相对论的结构，使其更加精致，更加实用。闵可夫斯基出生在立陶宛，受教于著名的哥尼斯堡大学。他是苏黎世联邦工学院中为数不多的、能为理论物理学起到关键作用的教高等数学的人。但很讽刺的是，虽然后来二人的命运连在一起，但那时候他对这个心思不集中的学生没什么好感，爱因斯坦的旷课次数太多，闵可夫斯基都记了下来，叫他"懒汉"。

而爱因斯坦后来为数学缺课问题辩解道：

　　那时候我还年轻，物理学基本原理中的更高深的知识需要最复杂的数学方法验证，对于这点还没有看清楚。后来，经过多年独立的科学研究之后才逐渐明白这个道理。[8]

从理想层面来说，爱因斯坦真应该把更多的精力放在数学上，将来理论物理学是用得到的。不过，他本人有充分的借口翘课。大学第二年，他爱上了班上唯一的女同学——年轻的塞尔维亚姑娘米列瓦·马里奇。二人将炙热的爱恋全都抒发在情书和爱情诗歌里，爱因斯坦去世后很久这些档案才向世人公开。爱因斯坦的这段感情带有波希米亚的风情，因为他与她想要寻求一份建立在以真正平等、自由恋爱和对彼此的学业与理想充分支持的基础上的感情。爱因斯坦的妈妈想让他找一个门当户对、价值观和种族背景相当的姑娘，所以她极力反对这段恋情。无论如何反对，二人炙热的情感坚持了下来——家庭的阻碍反而让二人掀起了反抗的激情。

在苏黎世联邦工学院的第三年，爱因斯坦修了好几门物理方面的课，但没有给老师留下深刻印象。其中有一门课叫作"物理实验入门"，由于他到课次数太少，他的讲师吉恩·佩尔内教授不光训他，还给了他刚刚及格的分数。另一门课是热学，授课人是海因里希·弗里德里希·韦伯教授，他不重视玻尔兹曼的最新研究和其他成果。爱因斯坦决定自学玻尔兹曼。当年课表中有一点很诱人，有机会到韦伯的"电工学实验室"工作，在那里能见识最先进的设备。虽然他很真诚地想给韦伯留下好印象，但这位实用主义的科学家对这位邋遢又抱着空想主义的青年鲜有耐心。

希望渺茫，爱因斯坦想对韦伯转达他想解决光速问题的兴趣。他请求借用韦伯的实验室来测量光在以太中的运动，那时他并不知道迈克尔逊和莫雷几年前就已经做过了这样的实验。韦伯对麦克斯韦的电磁学理论和其他最新进展毫无兴趣，所以不出所料，韦伯对此持怀疑态度，不支持他重蹈覆辙。由于不按书面说明操作实验设备，爱因斯坦弄伤了自己的手，这更是让他不受待见。随着他在苏黎世联邦工学院的学业接近尾声，他的表现让全体老师都对他丧失信心。完成期末考试、收到可做数学和物理老师的文凭后，他想在苏黎世联邦工学院谋得助理研究员的职务，但失败了。令他震惊和沮丧的是，没有一个教授，无论数学还是物理学教授想收留他。

爱因斯坦痛苦地回忆道："突然之间，所有人都抛弃了我，站在人生的十字路口，我不知所措。"[9]

更让人郁闷的是，他发现他的同班同学，包括密友格罗斯曼在内，几乎都留在了苏黎世联邦工学院攻读研究生。米列瓦除外，因为期末考试她没及格，需要重考。没有教授支持他，他无路可走。只有一连串的奇迹能够拯救他的事业。

通往奇迹之路

世纪交替的钟声响起，物理学领域也出现了分水岭。老一辈的物理学家，裹着牛顿的斗篷暖洋洋的，几乎看到了物理学领域的终点，只需整理一些零散的研究就好了。而年轻一辈的物理学家则披上实验室的工作服，亲身探索放射性和电磁效应，面对无法解释的新奇现象——从看不见的 X 射线到发光的镭，他们可不像老一辈专家那么悠然自得。

1900 年 4 月 27 日，英国科学家开尔文勋爵（威廉・汤姆孙）发表了题为《笼罩在热和光的动力学理论上空的乌云》的演说，阐述了他认为阻碍物理学进步的两大难题。这两朵"乌云"一旦散去，物理学就会有灿烂的未来。开尔文勋爵没有意识到，他指出的这两个问题，即将在物理学领域掀起革命性的变革。

开尔文指出的第一朵"乌云"是光在太空的运动问题 —— 集中在为何迈克尔逊－莫雷探测以太的实验会失败的问题上。虽然洛伦兹和其他物理学家尝试给出过解释，但问题仍然悬而未决。开尔文渴望一个更满意的解释。

第二朵"乌云"是黑体辐射的问题。理论模型与已知的实验结果并不一致。似乎假定的一些东西出了问题。

黑体可以完全吸收光。想象一个箱子，外表涂上黑亮的漆，所有照射到上面的光都被吸收进去。黑体还能发射光，以不同的波长释放出辐射。其中一些波长与可见色对应，范围从短波的紫色到长波的红色。其他的波长代表看不见的光，包括短于紫色波长的紫外线和长于红色波长的红外线。现在我们知道了电磁波谱的波长范围是从波长极短的 γ 射线到波长较长的无线电。

19世纪的科学家就注意到，不同波长的辐射分布是由释放光线的物体的温度决定的。物体温度越高，向外辐射的峰值的波长就越靠近波长短的一端。我们可以通过燃烧物观察这一点：温度高的火发出蓝色火焰，而温度低些的则发出橙色或红色火焰。人类和多数生物的体温低，释放出的光线主要在红外光区。

瑞利勋爵（约翰·威廉·斯特拉特）是剑桥大学麦克斯韦成就卓著的继承者，他谨慎地将波理论和统计力学应用到黑体辐射的研究上。通过计算多少个特定波长的峰值能够容纳在一个波段中，他研究出了一个分布公式，发现较短的波长占优势。他的逻辑讲得通：一个箱子中，短物体要比长物体装得多。1900年他发表了自己的分析。

瑞利模型的问题在于它预测出每次黑体释放光，会有一大波波长短、高频率的辐射出现。根据这一分析，物体不应该发出橙色、红色或蓝色的光，而是应该总是出现不可见的火焰。这等于说，把一个黑色咖啡杯加热后放在桌子上，它会释放出能够灼伤肌肤的紫外线，甚至是更可怕的X射线，而不是温暖柔和的红外线。埃伦费斯特（Ehrenfest）后来将其命名为"紫外灾难"。

让人意想不到的是，对于这么一个看上去十分棘手的问题，有人很快就找到了解答，这实在是物理学中罕见的情形。就在同一年晚些时候，德国物理学家马克斯·普朗克提出，能量是以一个个小的能量包传输的，称作"量子"。能量包都是频率乘以一个微小数字，即著名的普朗克常数的整数倍数。普朗克并不是专门为了解决瑞利的计算问题而提出的量子学说，而是为了解答黑体如何辐射的一般疑问。通过将光的能量限制在有限值的包中，数值与频率成正比，普朗克发现他可以让频率的分布偏移到更适度的频率和波长。那是因为，与较低频率（长波）相比，较高频率（短波）会"消耗"更多能量。

这类似于拿一堆不同面值的硬币（包括25分和1分的硬币）装满存钱罐。由于25分的硬币要比1分的大，所以存钱罐装的25分的较少，

1分的会装得更多。因此，一般情况下人们会估计存钱罐中1分的钱会多一些。然而，如果这些硬币都具有较高的收藏价值，其中1分的比25分的更稀有且昂贵，那么1分的就会少一些。此种情形下，1分的价格更高，这样会对其较小的体积起到某种平衡作用，最终导致存钱罐中1分的和25分的硬币分布会更均衡一些。同理，在普朗克的模型中，能量消耗较高的高频率量子会平衡它们的较小波长，造成了与物理现实吻合的更平衡的分布。

按普朗克的意思，离散量子只是一种数学工具，而非物理上的限制条件。然而，假以时日，量子的概念将成为引起物理学全面重塑的关键。而借助在奇迹之年 —— 1905年在光电效应方面的进展，爱因斯坦得以在这一物理学的演进中扮演重要角色。

在奇迹之年之前，爱因斯坦一直在艰苦地做着科学研究。有一段时间，他经济上非常拮据，但依然努力去完成这些开创性的计算。马克斯·塔尔梅回忆道："他居住的环境说明了他生活拮据。他住在一间狭小而简陋的房间里……辛苦谋生。"[10]

由于没有获得一个学术职位，爱因斯坦最初只能依靠做家教养活自己和米列瓦，后来在伯尔尼的一家专利局做"三级技术员"—— 格罗斯曼的父亲与主管相识，这份工作是在他的帮助下得到的。爱因斯坦一方面负责审核新发明的图纸，决定是否可用且为原创，一方面又挤出时间探求物理学的深层次问题。由于工作效率高，很快他发现每天只花几个小时的时间就可以完成工作任务，剩下的时间就可以做自己的研究。

爱因斯坦之所以不得不留在专利局工作，一方面是因为米列瓦怀孕了，给他带来了经济上的压力。虽然他一直对她承诺一切都会好起来的，但那段时间她并不幸福。第二次毕业考试她又失败了，自己从事科学事业的想法完全成了泡影。阿尔伯特承诺支持她，却一头扎入自己的工作中。

1901年，米列瓦独自一人回到了她的老家诺维萨德市。她住在娘家，1902年1月生下了他们的第一个孩子，女儿丽莎儿。丽莎儿的一生查无资料，历史学家推测她被一个塞尔维亚的家庭收养，少年时期就夭折了。爱因斯坦很可能从未见过他唯一的女儿，而女儿的存在，他对父母、家人和朋友从未提起过。直到他去世后，历史学家打开了一个盛满信件的盒子，此事才大白于天下。

后来米列瓦回到伯尔尼，两个人于1903年1月结婚。就在当年，他们搬到了位于伯尔尼主街杂货街上的公寓，那里距离著名的钟塔很近。二人又有了两个孩子，都是男孩儿：汉斯·阿尔伯特（生于1904年）和爱德华（生于1910年）。米列瓦放弃了自己的物理事业，转而支持他，照顾孩子和一家人的生活起居。她的梦想没有实现，而二人的婚姻也紧张起来，她对单调乏味的生活满心沮丧。在生活的跷跷板上，她在下沉，而他在高升。

爱因斯坦刚到伯尔尼，就结识了一堆朋友，这段时间没有家庭琐事的累赘，工作也没什么压力，一有时间他就去找朋友们探讨哲学。他们仿效古希腊人，给自己一伙人取名为"奥林匹亚科学院"。创始人是莫里斯·索洛文，是一个来自罗马尼亚的学生，他杂学旁收，兴趣广泛。爱因斯坦曾贴过家教广告，起初他回应了这份广告，两人随后很快结成了朋友。群体中还有一位稳定的成员，数学家康拉德·哈比希特。他们定期见面，讨论马赫、庞加莱、斯宾诺莎和其他许多人的学术著作。这里热烈的辩论有助于爱因斯坦思想成型，他即将对人类的知识产生关键性的贡献。

带着重返学术生涯的希望，1905年初，爱因斯坦完成了一篇提交给苏黎世大学的博士论文。他提出了计算溶液中粒子大小的公式，方法是测量液体黏度（流动阻力）。但是，这份实用性颇强的研究，与他就要燃起的思想大爆发一点关系都没有。

那年春天，爱因斯坦瞄准了目标。他直面经典物理学，点燃引线，投出了手雷。他向著名学术期刊《物理学杂志》（*Annalen der Physik*）提交了四篇论文。一篇是他博士论文的译文。另外三篇论文分别论述光电效应、布朗运动和狭义相对论，即将撼动物理科学的基石。

爱因斯坦关于光电效应的论文夯实了普朗克的量子理论，使其变得可感知、可测量。论文研究的是如果一个研究者将一束光打在金属上，提供了足够的能量释放出一个电子，会发生什么。如果光只是纯粹的波，那么根据理论，它的能量主要和亮度有联系。那么，相比于暴露于黯淡的紫外线来说，这块金属处于手电筒明亮的红光下，会传递更多的能量。而且由于亮度可以连续地提高或降低，所以如果亮度是光的能量的主要因素的话，那么光的能量就可以处于任何数值。而当光的能量弹出一个电子，那么电子就会以与亮度成比例的速度飞离金属；光越亮，电子的速度越快。

　　然而，爱因斯坦迈出了革命性的一步，提出在某些情况下，光表现为粒子，后来他为光粒子取名为"光子"。每个光子都是一个独立的能量包，与光的频率成正比。这样一来，高频率的光源所释放出的光子的能量要比低频率光源释放的电子的能量高。比如，蓝光的每个光子传递的能量比红光的多。结果就是，相比低频率光束，用高频率的光束打在金属上，释放出电子的概率更大，电子的移动速度也更快。释放出的电子的速度与打在金属上的光的频率非常吻合——而这个结果在全世界的物理实验室中不知已复现了多少遍。

　　通过推导出光电效应——证明电子的释放和吸收光是以离散量子的形式进行的——爱因斯坦给原子学提供了一个重要的线索。不到十年后，丹麦物理学家尼尔斯·玻尔在研究原子模型时，这些见解起了至关重要的作用。玻尔证明，吸入一个光子，电子就会跃升至较高的能量状态，相反，释放一个光子，电子就会下降至较低的状态。

　　如果说光电效应是他那一年的主要贡献的话，那么爱因斯坦肯定也会因此成名。的确，1921年他获得诺贝尔物理学奖就是因为他取得的这项成就。但是这个成果只是他科学顿悟的宏大交响乐的前奏。

　　1905年爱因斯坦发表的另一篇重要论文是关于布朗运动的，布朗运动以苏格兰植物学家罗伯特·布朗的名字命名，论述的是微小粒子的微小随机波动问题。1827年，布朗在观察浸在水中的花粉粒时，发现了粒子的不规则运动。对于这些古怪的行为，他没有找到一个可以令人信服的解释。爱因斯坦在自己博士论文的基础上，提出了水分子周围撞击的粒子的运动模型，其模型也预见了布朗观察到的这种随机的不规则运动。布朗运动是大量的粒子碰撞产生的曲折运动，通过解释这个问题，爱因斯坦提供了原子存在的重要证据。

爱因斯坦在奇迹之年最重要的贡献大概就是狭义相对论了。他终于找到答案，解决了从少年时期开始困扰他多年的关于追逐光波的疑问。他总结道：无论你速度有多快，你有多用功，你也追不上光波。任何物质构成的物体都无法接近光速。

今天，科学界对存在宇宙速度极限早已习以为常，但那时候，这一概念几乎是无法想象的。牛顿的经典物理学几个世纪以来一直被视作亘古不变的定律进行传授，该理论认为相对速度可以进行简单的相加。因此，假设你踩着滑板在甲板上以特定速度向西行，而船在海面上也以特定速度朝同一方向前进，则你的速度是两个速度相加得到的值。你的速度与船的速度之和就是你相对于海面的速度。假设船能够开足马力，以三分之二光速的速度前进，而且你踩滑板也能达到相同的惊人速度，那么你就能够轻而易举地超过光速。

爱迪生时期，能量似乎只限于想象。电能够点亮城市，驱动有轨电车、火车，给工厂提供电能，那么世界上随处可见的能量自然能够将万物加速到极限速度。如果一块电池能使某物以特定的速度行驶，那么运动定律中的任何因素都不会否定，数十亿块电池能将它加速到数十亿倍。

然而，通过使用麦克斯韦电磁学方程组的计算，忽略以太（假设确实存在）的所有影响，爱因斯坦提出，无论是谁测量，真空中的光速是绝对恒定的。即便航行者沿一束光极速前进，依然发现光在他的身侧以同样的速度极速驶离，而航行者则似乎是静止不动的。因此，就像沙漠中的海市蜃楼一样，无论某个人的速度有多快，光依旧可望不可即。

若将光速恒定与相对速度的概念吻合起来，爱因斯坦发现他需要将牛顿体系的部分内容剔除掉才行。他决定先丢开绝对时空的概念（马赫就很不喜欢绝对空间），取而代之以更适合的概念。他推论，对于移动的观察者来说，如果钟表嘀嗒得慢了，码尺沿运动方向收缩，光速就可以保持不变。这两个概念 —— 时间膨胀和长度收缩 —— 将麦克斯韦的理论与修订后的运动理论结合起来，驱散了开尔文指出的一片乌云，开启了明亮的未来。

时间膨胀的概念涉及"固有时间"和相对时间之间存在的不一致。"固有时间"是观察者与研究中的某物一起移动的时间，而相对时间是第二位观察者以与相对于第一位观察者的不同的恒定速度前进的时间。比如，假设第一个观察者乘坐飞船以接近光速的速度前进。对于这个乘客来说，飞船上钟表的时间就是固有时间。然而，如果第二个观察者 —— 我们可以当成前者在地球上的姐妹 —— 想方设法看到了那个钟表（用超强望远镜对准飞船的大窗户），她会发现钟表移动变慢了。

若要理解不一致存在的原因，想象飞船乘客用一束光玩类似乒乓球的游戏。游戏过程中，他把光击向天花板上的镜子 —— 直上直下，观察到光直接反射回来，并计算用时多少。地上的妹妹，远远地观察着哥哥玩游戏，同时看到飞船在宇宙中极速前进，她会发现光线是曲折运动的，而不是直上直下的。飞船的水平运动与光的上升下降结合起来，就会产生一种类似倒立的字母 V 的形状。如果她认为光速恒定，那么她就会推论出光的运行距离较大，因此所花时间与她哥哥计时相比要长。如此说来，她所观察到的飞船上的时间要比哥哥报告的时间要慢。

相对长度收缩是洛伦兹‐菲茨杰拉德收缩的一个变式，是空间沿运动方向的自身压缩，而不是物质的压缩。随物体一起运动的观察者会体察到它的"固有长度"，而以与之不同的恒定速度穿行的观察者，测量到的长度则顺着它旋转的轴变短。

要想理解这个概念，想象空间乘客对着飞船的墙壁（与飞船的运动方向相同）玩"光线乒乓球"的游戏，这次不是天花板，而是在墙上放置一面镜子，将光线发射器正对着墙上的镜子，这样光束看起来就是前后运动。乘以光束穿行的时间，他就能得出光束运行的总长度。地球上，他的妹妹依然用超强望远镜观察飞船，同样测量光束的运行总长度。因为飞船运动的方向与光束相同（反射之前），她所记录的光束前后反射的时间比她哥哥的估算要快。因此，她观察到的光束所走长度要短。

稍后的一篇关于狭义相对论的论文会说明高速运动的质量会发生什么。爱因斯坦论述道，在相对论中，质量是能量的一种形式，二者通过著名的方程 $E = mc^2$ 相联系。一个物体最初都存在特定的静止质量——原生质量。移动速度加快，它的附加质量就会增加，与运动能量相关。越是接近光速，质量越高。要达到真正意义上的光速，物体需要将无限量的能量转化成质量 —— 这是不可能的。因此对于物质实体来说，是无法达到光速的（除非那个物质本来已经以光速运行了）。

统一时空

爱因斯坦发表了这些非同凡响的研究结果后，引起了德国科学界的关注。不过，这距离他获得国际声誉还有一段时间。这些成果的较早支持者中有物理学家马克斯·冯·劳厄，当时其在柏林做普朗克的助手。1906年夏，冯·劳厄计划去拜访尚在专利局工作的爱因斯坦。他坐在等候室里，急切地想要一睹这位继承牛顿桂冠的天才的真容。

冯·劳厄回忆道："当时来见我的那个年轻人，给人印象平平，让我根本想不到，他竟然就是相对论之父。他从我身边走过，我没有叫住他，直到他从等候室里又转过身来，我们才算见面认识。"[11]

冯·劳厄尽己所能宣传爱因斯坦的相对论，并探索它的含义。后来他写出了第一本关于相对论的初级读本，于1911年发表。爱因斯坦非常感谢他的情谊和支持，二人毕生交往亲厚。

另一位支持爱因斯坦的人是闵可夫斯基，此时他对他这位学生的看法来了个180度大转弯。他的"懒汉"学生竟然解决了长期以来有关麦克斯韦方程组的解释的疑团，闵可夫斯基对此非常惊讶，决定在数学层面上重新架构这个理论，使之更加严密。那个时候他已经在哥廷根的数学圣地任职，在那里，颇具影响的逻辑学家和几何学家大卫·希耳伯特认为克莱因平面是该领域主要的创新。在那个超越欧几里得的中心，明可夫斯基所处的职位可以很好地利用开创性的几何方法。

闵可夫斯基智慧过人，他坚定地认为爱因斯坦的理论若有四维几何来锦上添花，会更加完善。他对欧几里得空间做了改造，有两大不同。第一，将时间（乘以光速得到正确单位）囊括进来，作为第四个维度。描述自然时，长宽高之外加上时间。他称这一融合为"时空"。

第二个改变是把用来计算距离的毕达哥拉斯定理加上负项。一千年来，它的标准版本一直用来计算直角三角形的斜边，两个直角边的平方之和等于斜边的平方和。比如一个三条边分别为 3、4、5 的直角三角形，3 和 4 的平方和等于 5 的平方。闵可夫斯基将其改进，加入了时间，证明空间距离之和减去第四个坐标的平方（时间乘以光速）等于"时空间隔"的平方。四个维度中，时空间隔是最短的路径长度，是空间距离的概括，空间和时间都计算在内。它代表了两个事件即不同的空间和不同的时间中发生的事件的近似值，通过测量四维路线中彼此之间的最小距离得之。

知道两个事件之间的时空间隔，可以告诉你两者之间是否有因果联系，意思就是其中一个可以影响另一个。一方面，如果时空间隔为零，称为"类光"，为负数则称作"类时"，稍前的事件可能会影响后者。另一方面，如果时空间隔为正，称为"类空"，则可能没有因果联系，因为像这种情况需要有信号超越光速。因此，假设一位女演员在2016年奥斯卡颁奖典礼上身着独特风格的礼服，而一位4光年之外的（半人马星座的）比邻星人在2017年也穿了同款，那她就不会被冠上盲目跟风的帽子，因为二者之间的间隔为"类空"，不存在因果联系的可能。毕竟信号传输至少要4年，而非1年。比邻星上的时尚穿着也将仅仅是个宇宙巧合。

通过把狭义相对论设计成时空中的四维理论，闵可夫斯基证明时间膨胀和长度收缩可以解释成将空间转化成时间的旋转。为了了解这种旋转如何发生，我们可以把时空间隔想象成类似风标的东西，"北"代表时间，而"东"代表空间。两个不同观测点的转换就像是将风向标从东北偏东方向转向东北偏北方向——将部分朝东的组件拆掉，取而代之的是使之能更偏北的组件。同样的，时空间隔的旋转可能带走两个事件的空间距离，而相应地增加两者的时间间隔。

在科隆举行的第80届德国自然科学家及物理学家会议上，闵可夫斯基宣布了他的发现，反响强烈，强调了这些成果突破性的一面：

> "我想跟大家分享的有关时间和空间的观点植根于实验物理学，那是它力量的源泉。这些观点是激进的。自此以后，独立的空间和独立的时间都将消失为幻影，只有两者的结合才能保有一个独立的身份。"[12]

最初爱因斯坦对闵可夫斯基对自己的理论进行的改造未予理会，认为这些太学究气了，但不出几年，他就深刻领会了其中的奥妙。这对他的思想将产生深远的影响，让他认识到更高等的数学对于推进物理学是至关重要的。

1908 年，也就是闵可夫斯基发表演说的那一年，爱因斯坦收到了 "特许任教资格"，开始在伯尔尼大学任教。第二年苏黎世大学邀请他任职。在那里他开始研究狭义相对论的后续：有关引力的综合理论，称为 "广义相对论"。要想达到目标，他需要重新考虑对高等数学的看法。

是时候跨越童年时的局限了。那本几乎被看成海带卷的几何书，里面的欧几里得平面几何学陪伴了少年时期的爱因斯坦，但要推进自己的理论，他需要敞开胸怀去拥抱非欧几何和第四维度。爱因斯坦的进步后来启发了薛定谔，那个童年时期与小姨一起跳 "行星舞"，痴迷于天文学的人，将会对采用相对论方法研究引力深感兴趣。正当欧洲处于动荡年代之时 —— 战争、经济崩溃、政治动荡，以及更多的战争，这两个人则陷入了理论问题的探索之中。

第 2 章
对引力论的考验

> 一位卢顿的爱国志士，拉琴谱曲才智双全，
>
> 谱一首葬礼进行曲，伴着弱音器表演；
>
> 如其所言，是纪念一位瑞士籍的德国犹太人，
>
> 牛顿的《数学原理》，一不小心被推翻。
>
> ——《笨拙》杂志发表的打油诗，1919 年 [1]

牛顿的引力论因为简洁易懂而大放异彩，但是爱因斯坦却认为这理论从根上就站不住脚。牛顿认为引力是两个相距甚远的巨大物体之间，产生的某种瞬时、无形的联系。这种无形的引力以某种方式支配着天体在太空运转。可是马赫却认为自然界应该是可度量、可观测的，爱因斯坦也深以为然，于是他给引力找了一种更深层的解释 —— 广义相对论。

除此之外，狭义相对论还给符合因果率的物质传播设了个极限速度：光速。但是，牛顿的引力论却与此种假设不符。因为在牛顿引力论中，太阳一旦消失，地球将会立即在太空中沿直线运转 —— 即使是太阳的最后一束光线还未到达地球。在太阳消失的消息传来之前，地球是如何知道这么去做的呢？爱因斯坦认识到，是时候用相对论来

重新描述引力了。

　　爱因斯坦十分欣赏麦克斯韦关于场的概念，于是他也想用相似的方式来构建一个引力的场理论。场是对力在空间中各个点产生特定数值的潜在影响的描述。知道场中任意一处的强度后，我们就可以确定此处的粒子受到了多大的作用力。比如，电场决定了场中任意一处的电子、质子或者其他带电体能够受到多大的电力。磁场对于磁力来说也是同样道理。

　　再比如，想一下，可以用场来表示整个海洋中的波浪的强度和方向。置身于这个场的力量特别大的点的水手可能观察到船只摇摇欲坠、偏离航线而束手无策。就算水手不知道力的源头在哪儿 —— 可能是诸如海底地震的原因引起的 —— 他也能直接地感受到惊涛骇浪的冲击。因此，尽管产生扰动的源头可能在千里之外，但是场起到了传导的作用，其影响则是涉及各个局部。

　　观察到电磁力和引力之间是如此惊人的相似（比如引力的大小与物体距离的平方成反比）之后，爱因斯坦在 20 世纪 10 年代早期就着手寻找引力场方程了。方程得出的结果就是他的巅峰之作：广义相对论。爱因斯坦通过对力进行类比，准备好了未来的研究目标，即把这些力都统一起来。

　　在广义相对论研究到一半的时候，爱因斯坦来到维也纳，作了一场报告，提到了研究进展。年轻的薛定谔从这场激动人心的会议中得到了启发，自此，二十出头的薛定谔开始从实用性课题（比如光和放射线的可测性质）转向了更为基础性的思考（比如围绕引力产生的谜团和宇宙本身的性质问题）。爱因斯坦在电磁力和引力之间架起的这座桥，为日后薛定谔试图将各个自然力统一起来播下了兴趣的种子。事后证明，1913年维也纳的会议是他职业生涯的转折点。薛定谔将爱因斯坦视为楷模，世间万物似乎没有东西是他那绝顶聪明的大脑想不明白的。

日渐式微的帝国

奥匈帝国金光灿烂的帝都逐渐褪去荣光。帝国中心的烈火就要熄灭，一众附属国犹如风中余烬一般，行将飘散。黑暗时代如日食一般转瞬即来，整个帝国暗无天日。所幸这并非是完全的覆没。在此漫漫长夜中，白昼时难得一见的星辰将大放异彩。

时值哈布斯堡城举行盛会，这是一场欢快的会晤，一场即将跟维也纳黄金时代挥手告别的盛会。被邀嘉宾是几千位欧洲境内说德语的顶尖科学家。从布拉格到布达佩斯，自柏林至苏黎世，群英荟萃、少长咸集。他们都想了解一些新的惊世理论，讨论的范围涉及粒子、原子、光、电、统计物理学，以及其他领域。会上有几位大家未能如期而至，比如受人尊敬的慕尼黑物理学研究所所长普朗克和阿诺德·索末菲。但会上仍有几个备受瞩目的物理学新发现，使得奥匈帝国物理界最后一支华尔兹舞曲变成了一场永世难忘的盛会。

第85届德国自然科学家与物理学家集会（与5年前在科隆开会时闵可夫斯基致辞时到场的人相同）盛况空前。大会从1913年9月21

日一直持续到23日，地点位于维也纳大学物理研究所的新总部，靠近玻尔兹曼街。坚持建造新总部的是埃克斯纳，他把这当成是自己留任的条件。恢宏的报告厅内，几巡报告之后，7000多名与会人员受邀参加皇家举办的豪华招待会。这是维也纳市政府组织的盛宴，也是维也纳的物理学家们安排的聚会。招待十分周全，每个人都尽享盛宴。

报告期间，辐射问题和原子物理学成了人们热议的话题。德国物理学家汉斯·盖革作了一场发言，他是盖格计数器（1908年时还是很初级的形式）的发明人，他曾与新西兰物理学家欧内斯特·卢瑟福（Ernest Rutherford）共过事。1909年，在卢瑟福的指导下，盖革和欧内斯特·马斯登（Ernest Marsden）在彻斯特大学进行了一场巧妙的实验来探索原子的结构。他们用 α 粒子（一种与氦离子相同的放射性物质）轰击金箔，发现几乎所有粒子毫不费力地就穿过了金箔，好像金箔就是一张薄纸一样。但是，有很小一部分被弹回来了，角度很小，就像超级弹跳球从水泥墙上反弹回来一样。卢瑟福从这些出乎意料的结果中推断，原子的大部分结构是虚空的，中间有个直径很小的核心区域，是带正电的原子核。卢瑟福1911年提出的初级原子结构模型与太阳系相似，电子在原子核外绕核作轨道运动。原子核带正电，电子带负电。这一模型完全颠覆了人们对于原子的认识。之前人们认为原子像玻璃球一样，坚实而且不可分割；但是现在发现，原子主要是由虚空构成的，有着精妙而又复杂的结构。会上，盖革集中讨论了检测 α 粒子和 β 粒子的实际操作方法（β 粒子如同电子一样，都是日后发现的粒子）。

当时，年纪轻轻的薛定谔同时供职于埃克斯纳物理研究所和附近的镭研究所，检测放射性物质也成了他的主要兴趣所在。大会主旨与薛定谔的研究相关，并且地点就选在他所在的城市，这场会议简直就是为他量身定制的。这次大会也让薛定谔有缘见到爱因斯坦这个万众瞩目的嘉宾。薛定谔对爱因斯坦的不凡成就不仅有所耳闻，而且表现出了相当大的热忱。他十分好奇创造了1905奇迹年背后的真人是怎样的，迫不及待地想一睹这个前专利局技术员的风采。薛定谔从爱因斯坦才华横溢的演讲中受到启发，放弃了枯燥无味的大气辐射测量，转而更加注重基础问题的研究。

塞哈姆（Seeham）是靠近萨尔茨堡（Salzburg）上特鲁姆湖（Obertrumer）湖边上的一个村庄，一个月前，薛定谔曾在此记录过大气中镭的衰变产物镭A。薛定谔用收集管和静电计进行过近200次测量，并计算出了大气中镭A含量的变化过程。测量结果表明，即便处于峰值时刻，镭A的辐射量也仅占大气总体辐射量的一小部分，这就有些奇怪了。基于薛定谔以及其他文献资料提及的数据，科学家们推断，大气中的其他辐射源，比如γ射线等，构成了剩下的辐射。此举之后，研究者们才开始探索大气中的其他辐射源。

鉴于薛定谔的研究方向，大会破例允许他出席了有关放射性物质最新发现的会谈，会谈涉及原子核及其相关领域内容。在其中一次谈话中，来自德国哈勒市的天体物理学家维尔纳·考尔赫斯特（Werner Kolhörster）提到了把装有辐射检测器的气球放飞至数英里高进行检测的实验。会上考尔赫斯特报告说发现了某种"穿透性辐射"在高海拔的地方要比地面上大得多，很明显是来自外太空，证实了奥地利物理学家维克托·赫斯（Victor Hess）之前的气球飞行检测结果。现在我们称这种来自地球以外的射线为"宇宙射线"。这一证明使得科学史学家杰格迪什·梅拉（Jagdish Mehra）和赫尔穆特·雷兴贝格（Helmut Rechenberg）称这次大会是"宇宙射线的诞生之日"。[2]

此次大会，包括爱因斯坦在内的数名科学家，第一次听到了玻尔于该年早些时候提出的关于原子结构的非凡理论。爱因斯坦认为玻尔的成就是"最伟大的发现之一"。[3] 但是，当时会上并没有正式的讲话提及玻尔原子模型，这些内容是通过匈牙利物理学家乔治·德·赫维西（George de Hevesy）传来的，他亲自见证了原子结构理论的发现。1912 年，赫维西曾在曼彻斯特大学工作，当时玻尔作为博士后访问学者跟随卢瑟福做研究。他目睹了玻尔和卢瑟福两人倾力合作取得了丰硕成果，推动了原子理论发展。之后，赫维西被安排去维也纳的镭研究所工作，在这里，他处于绝佳的位置，可以将玻尔在原子研究方面的成果传递给对此感兴趣的与会者。

玻尔借用了卢瑟福的行星原子模型，同时利用量子理论来解释原子结构的稳定性问题以及其谱线的模式。从表面看来，电子不该有围绕原子核的稳定轨道，因为受到带正电的原子核吸引，电子最终应该向内旋转，并在坠向原子核的刹那发出辐射。按照经典物理学来解释，这种辐射的频率应该与运行轨道的频率一致。

然而，事实并非如此。原子是相对稳定的。必然有某种原因，使得电子可以稳定地围绕原子核旋转。玻尔天才般推理出，电子的角动量必须是个离散的值，是某个常数即所谓"$\hbar$"的整数倍数，该数值被定义为"普朗克常数"除以 2π。（"$\hbar$"一词源自字母 h，代表普朗克常数，用一根短线划过，表示除以2π）换言之，角动量跟能量一样，是量子化的。

　　角动量是个物理量，它取决于物体的质量、速度和轨道半径。当物体转动时，角动量才发挥作用 —— 比如芭蕾舞演员用脚尖旋转时，或者星系旋转运动时。在经典物理学中，角动量是个连续的参数，意味着可以取任意值。如果舞蹈教练让舞者绕着舞伴旋转得更快一些，舞者应该用更大的力来拉向舞伴，以此给对方一个动量（术语称扭矩）来增加对方的角动量。

　　很显然，玻尔发现，电子不能以任意速率旋转，也不能以任意轨道半径旋转。它们只能靠吸收或者放出确定的能量和角动量来改变自身状态。因此，电子的位置变化或者速度变化不是连续的，电子"舞者"会从一个位置突然移至另一个位置，就像跳舞的人在频闪灯光下看起来的移动效果一样。

　　当电子吸收光子或者发射光子，电子的能级就会发生改变。光子的能量等于光子的频率乘以普朗克常数。当电子吸收或者发射光子时，就会相应地获得或失去能量子。正如玻尔所证明的，原子辐射出的光子的频率跟电子的轨道频率（每秒旋转的次数）毫无关系。光子的频率是个独立的值，只跟该光子相关联的电子的能级跃迁的能量有关。

　　玻尔提出的关于角动量和能量量子化假说，首次准确地预言了氢原子中电子的轨道半径和能级。玻尔的假说为原子的"太阳系"制定了一套"开普勒定律"（行星的运转法则）。尽管该假说尚不完善 ——

当时仅能解释氢原子，还不能验证对角动量量子化和能量量子化的预测，但它与现有的实验数据相当吻合。玻尔出色地完成了实验，实验结果与计算氢原子光谱线波长的里德伯（Rydberg）公式完全吻合。

里德伯公式是由瑞典物理学家约翰内斯·里德伯（Johannes Rydberg）于 1888 年提出的，这是一个简单的推算原子光谱波长的运算法则。该公式还能预测其他几条未知的氢原子谱线序列，也就是莱曼系（Lyman series）、巴耳末系（Balmer series）、帕邢系（Paschen series）等。玻尔表示，这些线系以及里德伯公式恰好都可以用关于氢原子中电子和光子的假设推理出来。当电子从一个能级变换到另一个能级时，每条谱线的波长都与光子释放出来后的预期值相匹配。

玻尔模型现被称作"旧量子论"。玻尔对原子做出的别出心裁的假设，推进了我们对原子结构的认识，但是当时已知的物理定律却无一可以解释这些假设。要想解释这一切，还需要薛定谔、路易·维克托·德布罗意、维尔纳·海森伯等在 20 世纪 20 年代的研究，并让量子理论在物理界稳稳扎根。

革命性的概述

1913 年 9 月 23 日，爱因斯坦作了以"引力问题的研究现状"为题的报告，这是维也纳会议上最受期待的报告。宏伟的报告厅挤满了前来一睹爱因斯坦风采的观众，这个从专利局技术员转而当上教授的年轻人，在一年中发表了多篇举世瞩目的论文，阐述了他的新理论。爱因斯坦果然不负众望。他发表了自己一生中最重要的一个演讲，概述了一种超越了牛顿定律的对引力的重新解释。演讲既带有一点马赫哲学色彩，又有少许高等数学，还对日食期间的星光作出了动人心弦的预测，这些想法就是日后广义相对论的雏形，爱因斯坦让如饥似渴的听众初尝了这个伟大理论的滋味。

爱因斯坦演讲开头简单介绍了电磁学的发展历程和库仑的电荷之间电力平方反比定律。他说明了19世纪法拉第和其他科学家如何揭示出电与磁之间的联系，又说明了电磁学如何随着麦克斯韦方程的提出达到了顶峰。爱因斯坦解释道，这其中诸多联系促成了某种统一场论，将两种人们原本以为毫无关联的自然现象统一到了一个理论中。他指出，麦克斯韦方程给物质的传播速度设定了一个最大值——光在真空中的传播速度。为了使经典理论中的相对速度和新理论中的恒定光速能够相容，他建立了狭义相对论。

爱因斯坦继续说道，此刻时机已经成熟，到了研究引力这个自然中的基本力的时候了。在那时，人们对引力的理解，基本上处于库仑定律提出时，人们对电力的理解水平。牛顿的万有引力平方反比定律，加之其包含的"超距作用"理念，可以和库仑的想法以及其理论的不完善相类比。爱因斯坦强调，是时候发展一个完备的理论来解释包括引力在内的自然界中所有的力了，并且抛弃引力可以超越遥远的距离，瞬时发生相互作用的陈旧观念。狭义相对论认为，引力不会在两个相距甚远的巨大物体之间瞬时传递。任何相互作用力传递的速度绝不会高于光速。因此，引力需要重新定义为一种局部场论，遵守自然界中的速度上限。

很显然，通过将电磁力与引力进行类比，爱因斯坦为寻求二者的统一解释播下了种子。麦克斯韦将不同的力融合进了一个方程，爱因斯坦也想沿袭这一做法，将引力与其他力统一起来。而对引力作出解释是通往统一理论的第一步。

薛定谔聚精会神地聆听着爱因斯坦的演讲，台上的这个人日后会成为他的导师。爱因斯坦对力与力之间的深层联系作了清晰明了的解释，这让薛定谔大开眼界，看到了基础理论物理学的惊人可能性。自此之后，薛定谔看待所研究问题的眼光更加开阔，大大超出了他之前从事的大气辐射测量的范围，投向了更加广阔的宇宙问题。

当时，全盘赞同爱因斯坦将各种自然力融合到一起的科学家寥寥无几，但薛定谔是其中一位。后来，薛定谔写道："爱因斯坦提出的观点，从一开始（而不是仅用几个后来的猜想来归纳的）就囊括了所有力的相互作用，而不是只是将引力包含在内。"[4]

在开阔了物理思维之后，薛定谔又开始广泛涉猎哲学书籍。他先是将目光集中于自然界中的统一特征。这种对统一原理的寻求，引领薛定谔开始阅读19世纪德国的信奉东方神秘主义的哲学家亚瑟·叔本华（Arthur Schopenhauer）的作品，以及其他试图解释自然界的潜在运行机制的哲学家的作品。

当然，薛定谔肯定也注意到了爱因斯坦对马赫哲学思想的兴趣。当时马赫早已退休，而且疾病缠身，但仍然对科学保持强烈的兴趣。马赫对牛顿的惯性参照系（相对于"绝对空间"的恒定速度）提出了批评，曾含糊地表示，惯性是由来自恒星的远距拉力产生的。爱因斯坦修正了这一观点，具体指出了物质和惯性之间的联系。在爱因斯坦对马赫思想的解释中，他提出，宇宙中所有物体的质量总和会对物体施加影响，使得物体能以恒定速度沿直线自然地运动。因此，惯性是宇宙中所有物体质量的综合影响造就的结果，这就好比是夜间微明的薄雾，是城市中全部街灯综合影响产生的现象。（休会期间，爱因斯坦来到马赫在维也纳所住的公寓，拜访了这位年事已高、胡子花白的哲学家，并且讨论了他们共同感兴趣的科学话题。）

在爱因斯坦讲话中专业性最强的部分，他继续简述自己的思想，与格罗斯曼一起建立了相应的数学方法，将空间中物质的分布与四维几何学联系起来。最后，他谈到了我们目前称之为引力加速度的物体的局部运动。他指出，自己的理论基于惯性质量（某物体如何在力的作用下加速运动）完全等值于引力质量（某物体如何通过引力被其他物体吸引）的想法。这就抵消了运动方程中物体自身的质量，意味着在空间中任何一个特定位置，任何有质量的物体都会表现出同样的行为。因此，某个物体的位置以及因宇宙中质量分布塑造而成的该点的空间结构决定了物体的行为。

爱因斯坦以一个大胆的预测结束了他的讲话：恒星的光线会因为受到太阳的影响而弯曲。他预测，太阳的巨大质量会使得周边的几何空间发生弯曲，因此靠近太阳的物体都会沿曲线（从我们的视角看来）而非直线运动。就算是遥远的恒星发射出来的光线，靠近太阳时也会发生弯曲。跟踪这些恒星的光线，我们可以预计，在有太阳质量影响的时候，恒星的位置会和没有太阳质量影响的时候有所变化。可是，由于我们在白天一般观察不到恒星,所以自然也就见证不了这种引力造成的光线弯曲效应。但是,爱因斯坦指出,在全日食期间,恒星的"位置偏移"就能观测出来。他建议人们可以在最近一次将要发生的日食期间(1914年8月在东欧)观测一下这种扭曲,用来检验自己的理论。

维也纳会议对薛定谔的职业发展产生了深刻的影响。薛定谔停止了对放射性的实验性测量,开始转向理论研究,探究物理学的基础性问题。然而,不等薛定谔在原子物理学、引力和其他展现在他面前的领域一试身手,命运给他开了个玩笑。

1914年6月28日,当时继承了奥匈帝国皇位的弗朗茨·费迪南德(Franz Ferdinand)大公访问了波斯尼亚的萨拉热窝,塞尔维亚激进的民族主义者加夫里洛·普林西普(Gavrilo Princip)开枪刺杀了他和他的妻子。一个月之后,第一次世界大战就爆发了。薛定谔接到命令,要他随军出征。他在意大利前线衷心履职,做过很多工作,其中包括指挥炮兵。德国参战后站在奥匈帝国一边,爱因斯坦强烈反战,拒绝服兵役。

1917年春天薛定谔回到维也纳,继续为军队服务,与汉斯·瑟林一起从事气象工作。遗憾的是,第一次世界大战将薛定谔的学术事业拖后了三四年,这对一个年轻的研究者来说,这段时间非常漫长。回到维也纳之后,薛定谔继续从事理论研究和教学工作,竭力弥补错过的那几年。

当然,对爱因斯坦的光线弯曲预测的检验工作也因战争而推迟了。德国天体物理学家埃尔温·芬莱-弗里德里希(Erwin Finlay-

Freundlich）是克莱因的学生，也是爱因斯坦理论的狂热追随者，他满怀热情地前往克里米亚半岛，因为那里观测日食的地理条件最好，希望能记录下爱因斯坦预言的现象。遗憾的是，还没来得及测量，他就被俄罗斯军队俘虏了，并被投入了战俘营。此后还要再等5年，等战争结束后，才得以进行这样的观测，证实爱因斯坦的假说。而在等待的这几年中，爱因斯坦继续发展他的引力理论。

最令人欢欣鼓舞的想法

　　广义相对论的想法其实早在1913年的会议之前就有了。1907年，也就是狭义相对论发表后的第二年，爱因斯坦产生了"此生最令人欢欣鼓舞的想法"。他回忆道："我坐在伯尔尼专利局的椅子上。突然间，有个想法涌上心头：如果人自由下落，就不会感到自己的重量。我猛地一惊。这个简单的思维实验给我留下了深刻的印象。它让我想到了关于引力的理论。" [5]

　　爱因斯坦无意中发现了等效原理，这个看似简单实则有力的想法，成为广义相对论的基石。惯性质量等于引力质量，在纯引力条件下，所有物体的加速度相同。等效原理就是自这一理念推导出来的。据说，伽利略曾从比萨斜塔上同时掷下一块石头和一根羽毛来验证两者的加速度相同。[1] 出于这种考虑，自由落体都是受到重力加速度的影响，显示出处于失重状态。这是因为，如果该物体随着其下方的天秤一起

---

1. 伽利略是否在比萨斜塔做过自由落体实验，历史上一直存在着支持和反对两种不同的看法。但是无论如何，坊间传说的绝大多数版本中，伽利略同时掷下的，是一大一小两个铅球或铁球，此种情况下，空气阻力可以忽略不计，故可以同时落地。无论如何，本书作者提到的实验，绝无可能验证加速度相同。——译者注

自由降落，两者将会以相同的速率向下降落，所以天秤感受不到物体的重量。坐过山车的人在过山车突然向下猛冲的时候，就会体验到这种失重的感觉。

爱因斯坦将该想法进一步延伸，他声称没有哪一个物理实验可以将自由降落的物体和静止的物体区分开来（假设无其他外力干扰，例如空气阻力等）。因此，如果某女孩一边坐在游乐场的跳楼机中猛然下坠，一边抛着保龄球、洗着牌或者搭着积木，她就会发现其实处于下落状态时和平常在地面上的静止状态一样，她都可以完成整套动作。这是因为跳楼机上的任何物体都会随她一起，以相同的速率向下加速运动。

爱因斯坦天才般意识到，可以从自由降落参考系的角度补充一下万有引力定律，把自由降落的物体也视作是静止不动的状态。他注意到，若无其他力的作用，任何物体在任一参照系中都应该作直线运动。然而，从另一个参照系中观察，这些直线可能看起来就是弯的了。因此，我们之所以认为星体的曲线运动是由引力作用导致的，是因为我们是从外部参照系而非星体本身所处的参照系来审视星体的运动。

让我们回到第一章中提到的"光量子乒乓球"类比，以便看清楚其中的机制。想象一名宇航员在透明的飞船一侧朝面前的镜子打一束光，而这时他妹妹在地球上用一架超强望远镜观察他。假设宇航员的飞船正朝着某颗行星自由降落。那么在宇航员看来，光束应该穿过飞船，沿直线传播。如果他是沿水平方向打的这束光，距离飞船地面三英尺，这束光将会距离地面三英尺水平传播击中镜面。然而，在他妹妹看来，飞船是在降落，而光线会是向下弯曲的。因为在光到达镜面的时候，飞船和镜面已经向下降落了很多。因此，光线将沿曲线传播——从高处出发，在低处反射回来。

尽管他还没有给出用相应的数学方法提出坚实的几何框架来加强自己的理论，但他还是大胆地预测，在日全食期间，恒星光线靠近太阳时会发生弯曲。起初，爱因斯坦曾尝试过对狭义相对论进行比较温和的修补，其中就包括假设不同的点和点之间的光速有所不同。可是，相关的数学运算无论如何也得不到如意的结果。所以，他开始思考采用更为复杂的数学方式，例如改变度量，即用于计算距离的公式分量，可是他缺乏相应的知识来完成这种计算。

1912年末，爱因斯坦了解到了匈牙利物理学家罗兰·冯·厄否（Loránd (Roland) von Eötvös）公爵曾发表的一些关于星体的惯性质量与引力质量相等的实验结果。在厄否做了大量研究之前，爱因斯坦就曾提出过这样的实验设想。在几十年的时间里，厄否已经将一种叫作扭秤的仪器做得十分完备，能精准地测出惯性质量和引力质量之间的细微差别。在多次反复设计的实验中，实验结果的精确程度越来越高，但是他始终没有发现两者之间存在哪怕有一丁点的差别。对爱因斯坦来说，厄否的研究工作表明，之前他由"最鼓舞人心的想法"得来的原理并非子虚乌有，而是一种关乎大自然的深刻的经验真理。爱因斯坦经常戏称自己心里的"方程造物主"为"老家伙"。这个"老家伙"留下了重要的线索，因此，解开有关引力的斯芬克斯之谜的任务就落在了自己的肩上。

困境重生

1912 年 7 月，也就是在苏黎世大学任职约一年以及在布拉格大学任职已一年多之后，爱因斯坦回到了苏黎世，在母校苏黎世联邦工学院任职。爱因斯坦之所以答应来此任职，除了能回到瑞士这个原因之外，能够与好朋友数学教授格罗斯曼一起共事也是吸引他的重要因素。这个新的职位为广义相对论的建立带来了很多便利。爱因斯坦很快陷进复杂的数学流沙里，他急需一个强有力的帮手把自己拉出泥潭。这个在大学期间曾帮他完成数学课业的老同学，对于帮助爱因斯坦从几何层面理解引力问题是不可或缺的。

格罗斯曼对物理学没什么兴趣，但却对爱因斯坦的研究项目充满激情。他给爱因斯坦恶补了一下黎曼几何，其中包括如何计算用来描述非欧几里得几何属性以及黎曼流形的张量。（回想一下，张量是以某种方式发生转换的数学对象，而流形是可以有任意多个维度的曲面。）除此之外，格罗斯曼还给爱因斯坦介绍了德国数学家埃尔温·布鲁诺·克里斯托菲尔（Erwin B. Christoffel）、意大利数学家格雷戈里奥·里奇-库尔巴斯特罗（Gregorio Ricci-Curbastro）和里奇-库尔巴斯特罗的学生图利奥·利瓦伊-契维塔（Tullio Levi-Civita）的数学著作。

多亏格罗斯曼的鼎力相助，爱因斯坦才重拾信心，决定克服难题，用数学方式来阐述自己的思想。爱因斯坦在广义相对论上倾注了全部精力，把其他科研兴趣暂时抛到了脑后。所以当索末菲邀请他前去慕尼黑作一场量子理论的演讲时，他婉拒了，并回信道：

"我正为引力问题忙得不可开交，我相信在这里的一个数学家朋友的帮助下，定会攻克万难。但是有一件事确定无疑，那就是我从小到大从未遇到过如此棘手的难题，此外我也对数学充满了敬畏。出于无知，此前我一直认为数学中那些高深精妙的东西都纯属人们的消遣。与当前研究的问题相比较，最初的相对论非常幼稚。"[6]

有段时间，爱因斯坦常在半夜前去格罗斯曼的公寓，上年纪的女仆到最后都懒得给他下楼开门了。爱因斯坦索性就让格罗斯曼"开着前门，不用麻烦老婆婆了"。[7]

不到一年，爱因斯坦和格罗斯曼就得出了广义相对论的基本雏形，1913年爱因斯坦在维也纳会议上作了相关报告。历史学家提及他们发表的论文《广义的相对论和引力论纲要》时，经常简称其为《纲要》（德语：Entwurf）。该论文包含了广义相对论的许多元素，不过不是全部。

在狭义相对论中，彼此以相对于彼此恒定的速度运动的观察者，会感受同样的物理学定律。例如，麦克斯韦方程在两人看来就是一样的。爱因斯坦建立广义相对论的一个主要目标，就是将通用的定律概念，扩展到相对加速度运动的观察者身上。在牛顿力学中，定律或是适用于惯性参考系，或是适用于非加速参考系，而爱因斯坦想总结出一个"放之四海而皆准"的理论。任何一个研究人员，不论他的实验室是位于一辆慢慢停下来的火车上，还是在不停旋转的木马上，都应该跟待在水泥砖头垒起来的实验室里的工作者一样，能够用相同的物理学原理来描述自己的实验。从数学角度讲，这就意味着加速的坐标

系的方程式 —— 包括加速、减速或者自转 —— 应该与非加速坐标系的方程式相同。爱因斯坦称这种情况为"广义协变"。

　　事不如意，爱因斯坦意识到《纲要》并没有达到独立于坐标系的预期结果。《纲要》既不能实现类似马赫的完全抛弃惯性系的想法，也不能建立一种适用于任何运动（包含加速运动）的理论。到头来，在某种情况下，还是必须选择相应的坐标系。

　　爱因斯坦向另一个老同学米凯尔·贝索求援，询问他《纲要》在科学上的有效性。如果该理论在物理学上是正确的，或许爱因斯坦可以接受一些数学上的限制，比如缺少广义协变之类的状况。虽然爱因斯坦乐于坚持自己的想法，但是一旦有更简单经济的方法出现，他也会瞬间放弃自己的想法。有段时间，他曾努力说服自己，广义协变可能并不是一个完整理论的必备条件，只要方程式简单易懂，并且能够得出有效的物理结果就行。

　　贝索和爱因斯坦决定看看《纲要》会如何处理天文学中的一个基准问题，即水星近日点（距离太阳最近的点）的进动率（沿自转方向的前进运动）问题。水星离太阳最近，受到的引力也最大，因此水星对于引力最敏感，适合用它来检验引力理论。尽管牛顿的引力理论可以完美地描述太阳系的行星运动，但是它却不能解释水星椭圆形轨道为何呈螺旋状前进，即该轨道亿万年以来为何会缓缓地向前运行，每 300 万年循环一次。爱因斯坦希望《纲要》可以更好地预测水星的运转。令其失望的是，贝索演算出来的结果表明，爱因斯坦的理论依旧不能准确地计算出水星的进动率。

爱因斯坦和格罗斯曼在《纲要》中做出的另外一个预测，即太阳巨大的质量会使恒星的光线偏离，如果芬莱·弗里德里希当年没被苏联人逮捕的话，就能在1914年的日食观测中证实了。如果当时他能完成观测，他也可能会发现《纲要》提供的结果其实并不是很精确。显然，该理论还亟待修正，爱因斯坦被迫与方程式继续战斗，难度超出了他之前的预期。

这次没了格罗斯曼的帮助，也没了妻子米列瓦在身边，爱因斯坦只能独自奋斗。由于阿尔伯特将全部精力倾注在研究上而忽略了家庭，加之米列瓦心情极度抑郁，他们的婚姻早就岌岌可危了。而返回德国工作的决定，则成了造成他们婚姻破裂的最后一根稻草。马克斯·普朗克和物理学家沃尔特·能斯特邀请爱因斯坦前来柏林担任三个要职——威望极高的普鲁士科学院成员、柏林大学教授以及某新建物理学研究所所长。其他的福利还包括无须再做讲座，这样他就可以全身心投入研究中了。1914年4月，米列瓦不情愿地随着阿尔伯特来到柏林，她在那里度过了几个月的痛苦生活后，决定带着孩子搬回苏黎世。接着，他们就开始协议离婚，这一过程持续了好几年。

与此同时，阿尔伯特与其他女人擦出了新的火花，这个女人就是他的表姐爱尔莎·罗文塔尔（Elsa Lowenthal），他们最终结婚。爱尔莎·罗文塔尔比米列瓦更善操持家务，也更加知书达理。她待爱因斯坦就如待孩子一般，为他打理膳食、梳洗打扮，照顾得无微不至——比如，打理他那一头放荡不羁的头发。她还以管理爱因斯坦的社交活动为豪，从不放过任何一个可以在公共场合展示自己丈夫的机会。反过来说，爱因斯坦也很享受这种衣来伸手饭来张口的生活，不必为琐事烦恼，也不必跟妻子吵嘴，这样就可以全身心地投入研究中了。在对引力理论孜孜不倦的追求过程中，他忍不了一丁点打扰，当然偶尔拉一下小提琴除外。

通往山巅的竞赛

就在爱因斯坦气喘吁吁地赶往梦想之巅时，他依稀感觉到希耳伯特也正努力攀登同一个山峰。1915年6月，爱因斯坦曾对哥廷根的一群热切的观众（其中包括希耳伯特）谈到过广义相对论的进展及其阻碍，其中就有广义协变的问题。希耳伯特对描述一个由时空的物质和能量塑造而成的非欧几里得时空观十分着迷，决定只身一人去探索广义相对论的场方程式。突然之间，爱因斯坦就有了一个激烈的竞争者。一个世界一流的数学家也在觊觎着他寻觅多年的战果，这让他很苦恼。虽然二人势均力敌，但终究还是爱因斯坦拔得头筹。到了那年秋天，爱因斯坦终于推导出了正确的公式。

作为鼓励安慰奖，希耳伯特被认作是广义相对论的另一种方法提出者，即拉格朗日方程。从数学上讲，拉格朗日量表示力学系统中动能（运动的能量）和势能（又称位能，即位置的能量）差异的坐标函数。

想一下弹簧枪，就能想象出势能和动能之间的差别。向后拉弹簧，势能增加，意味着有更大的潜能发射。松开弹簧，动能增加，意味着已经发射了。位置带来的势能转换成运动的动能。从动能（以速度变量表示）中减去势能（以位置变量表示），就得出了拉格朗日量。

19世纪爱尔兰出色的数学家和天文学家威廉·罗文·汉密尔顿表明，假以时日可以通过计算微积分总和的方式整合出拉格朗日量，以此来形成一个作用量。之后，汉密尔顿证明了任何一个力学系统都可以用这样的方式来使得作用量最小化（或者在某些情况下使得作用量最大化）。这个被称为最小作用量原理的想法，自然地就得出了运动方程，即欧拉‐拉格朗日方程。因此，简而言之，知道了系统的拉格朗日量，你就可以确定系统如何发展。

在经典力学中也有这样的例子，比如一个几十年前被宇航员丢弃在浩瀚的宇宙中不受任何力的作用缓慢移动的一盒饮料。它的动能是其质量的二分之一乘以速度的平方。它的势能为零，因为在各种力高度一致的太空中没有力作用在上面。因此这样一个物体的拉格朗日量就只是其自身的动能。最小作用量原理表明，该物体的路径就是条简单的直线。将拉格朗日量代入欧拉‐拉格朗日方程，就会得出一个公式，表明其速度恒定。因此，这盒饮料的十分简单的拉格朗日量，决定了它只能沿着直线以恒定的速度移动。

希耳伯特的贡献，即爱因斯坦‐希耳伯特拉格朗日量（由此得出爱因斯坦‐希耳伯特作用量）也就十分直接了。虽然简单，从数学上讲它却有足够的内涵，可以推导出爱因斯坦的广义相对论的场方程。除此之外，如果你想从物理上以某种合理的方法来改变广义相对论的话，调整一下拉格朗日量就能做到。我们会看到，薛定谔在试图扩展广义相对论，包含其他力的时候，就是这么做的。

汉密尔顿发展了另外一种方法来描述力学系统，叫作汉密尔顿法。

该方法不是将势能从动能中减去，而是把两个量相加。这就是汉密尔顿量，这个量可以用一系列方程式来解释某系统的位置和动量是如何联系在一起的。就像拉格朗日法一样，汉密尔顿法也将会在现代物理学中起到至关重要的作用，包括我们后来要提到的在薛定谔的量子力学公式中。同样道理，汉密尔顿量也可以应用到广义相对论中。爱因斯坦最后成型的理论证明了这一点。

金碧辉煌的大厦拔地而起

1915 年 11 月 4 日，在普鲁士学院大会上，爱因斯坦首次将自己的扛鼎之作公布于众。他兴高采烈地将一个为复杂的引力理论提出的、包含广义协变的场方程式展现给大家。11 月 18 日，他给同一拨人又作了一次讲话，讲话中他给出了对水星轨道进动的解。他的计算与观测实际完全吻合，他已经成功地站得比牛顿更高。虽然并不是所有的行星都验证了他的理论，但是水星确实给了他一个很好的证明。两个月后，他写信给奥地利物理学家、他的好朋友保罗·埃伦费斯特说："你能想象，当我得知广义协变和近日点水星进动的方程得出的结果没错的时候，我有多开心吗！我激动得一连好几天都说不出话来。"[8]

爱因斯坦也给柏林的同事带来了荣耀。1916 年 3 月 20 日，爱因斯坦在权威的《物理学杂志》上发表了自己的理论。很快，当时仍在俄国前线服役的德国物理学家卡尔·史瓦西（Karl Schwarzschild）就推导出了广义相对论引力场的第一个严格的解法。最了不起的是，他只是读了一篇关于爱因斯坦在 11 月 18 号作讲话的报道，就计算出了质量巨大的球状物体（例如行星）的引力。战争期间暗无天日，但是爱因斯坦的天才发现却比炮火更加耀眼，点亮了战区的天空，至少给史瓦西带来了希望和鼓舞。不幸的是，史瓦西得了致命的自身免疫性疾病，于1916年5月11日病逝，享年42岁。几十年之后，史瓦西解法将会用于描述黑洞。之后又有多人也发现了爱因斯坦广义相对论方程式的其他解 —— 当然他们所处的环境要比史瓦西的好多了。

有了宇宙的物质和能量的坚实基础，爱因斯坦的黄金大厦终于矗立起来了。从任意的物质和能量的分布出发，加之应力能量张量的形式"$T_{\mu\nu}$"，广义相对论的场方程就会告诉你另一个数学单元的量，这个单元代表着时空几何，叫作爱因斯坦张量"$G_{\mu\nu}$"。"$G_{\mu\nu} = 8\pi T_{\mu\nu}$"（可以写成多种形式）与"$E = mc^2$"以及光电效应方程一起，被视作爱因斯坦最重要的贡献。这三个方程被刻在华盛顿的爱因斯坦雕像上，以纪念他的过人智慧。

知名物理学家理查德·费曼所讲的一则趣闻，表明爱因斯坦场方程式经常出现在现代有关引力的各种讨论中。费曼曾受邀参加第一届美国广义相对论的会议（Chapel Hill, 1957）。当他到达机场，要打车去会议现场时，才发现自己不知道到底是要去北卡罗来纳大学还是北卡罗来纳州立大学。他便问调度员有没有注意到有群心不在焉的人，嘴里不停咕哝着"G-mu-nu, G-mu-nu"。[9]

爱因斯坦方程式的要点是：某区域内的几何（用爱因斯坦张量表示）由自身物质和能量决定（由应力能量张量表示）。换言之，质量和能量导致时空弯曲 —— 决定了时空朝哪儿弯、怎么弯。反过来说，时空的形状决定了其范围内的物体运动。于是乎，爱因斯坦方程式完美地将宇宙中的物质和宇宙形状联系了起来。

任何张量都可以用其自身的变量的矩阵或者数组写出来,就如同棋盘一般。爱因斯坦张量和应力能量张量各自可以用 4x4 的矩阵表示。它们各自都有 16 个自变量,但并不是所有的自变量都是独立存在的。对称法则要求,如果某个确定行数和栏数(例如第三行和第四栏)的某变量有特殊值,那么颠倒行数和栏数相对位置上的变量一定是相同的(例如第四行和第三栏)。这就像在国际象棋棋盘上沿对角线对称摆放棋子一样。我们就称这样的张量为对称张量。

根据对称法则,爱因斯坦张量有 10 个独立变量。应力能量张量也是如此。因此将两个张量联系在一起的爱因斯坦方程式,在变量之间建立起了 10 个独立的关联。这些变量展示了物质和能量如何在时间和空间上产生不同的影响。有些变量之间的关联可能会导致伸展或者压缩,有些变量可能会导致扭曲和旋转。由于物质和能量的引力作用,时空中所有可能发生的情况,都可以用该方程式来描述。

如果爱因斯坦方程式就是这么简单优雅,为什么他耗时数年才推导出来?俗话说得好,知易行难,细节决定成败。因为只把爱因斯坦张量代入,是无法直接算出行星或恒星之类的天文对象的运动规律的。因为物体运动的方式还由另一个数学单元决定 —— 度规张量。很少有人能意识到要从爱因斯坦张量跨到度规张量这一步,并且也意识不到这一步需要好几个不同的步骤。

假设你已知某区域内的质量能量分布,并且希望能够确定物体穿过该区域时会如何运动，所需步骤如下：首先，利用爱因斯坦方程式从应力能量张量中计算出爱因斯坦张量。爱因斯坦张量和与之相关的黎曼曲率张量（前者是后者的简写形式）逐点对时空曲率进行信息编码。接着，要么用爱因斯坦张量自变量，要么用黎曼张量自变量来构建叫作仿射联络（又称克里斯托费尔联络）的几何对象。逐个点移动向量变量（带有量度和方向的对象）时（尽可能地使它们平行），这些联络决定了它们是如何变换的。接下来，利用仿射联络得出度规张量的各个变量。度规张量通过确定点与点之间的距离，将时空的结构联结在一起。它给弯曲的时空提供了一个毕达哥拉斯定理的变体。最后，利用度规可以确定物体穿过空间时的最直接的路径。由于时空的弯曲，所以路径通常是曲线。太阳系行星的椭圆形轨道就是很好的例子。

就连博士生都有可能被广义相对论中的数学知识难倒，但是我们这里还是尝试用一个类比来解释一下它的各个不同层次。我们从一个平面开始，例如广袤无垠的沙漠，用它代表空虚的时空。我们在平坦的沙地上撒上很多形状、大小、重量各异的石头，它们象征着宇宙中各式各样的巨大物体，例如恒星和行星。我们发现，较重石头的压痕要比较轻的石头压痕深。没有石头的地方，沙漠就是平整的。因此，某个特定区域中的物体质量越大（如同应力能量张量所记录的那样）物体陷下去得越深（代表由爱因斯坦张量测量出的较大曲率）。

现在，再想一下我们的比喻，沙石太烫，我们根本不能在上面行走。所以我们需要在沙石上面建一层结实的罩篷，支撑罩篷的结构会反映出地形地貌。我们把无数的柱子（局部的坐标轴）和线（仿射联络）连接起来，做成一个骨架结构。这些线以某种角度连接着不同的柱子，以此来控制柱子的指向。同样的道理，仿射联络决定了坐标轴系在某种结构（取决于基底是鼓起还是凹陷）中是如何穿过空间发生变化的。

最后，我们沿着骨架结构搭一个坚实的罩篷。有些地方，我们需要把紧紧相邻的点缝合到一起，所以布料就会出现弯曲。在另外还有一些地方，相邻的点稍松一些。缝制的方式代表着度规张量，它决定了如何使罩篷能够贴合下方物体的结构（还有物体下方的沙子的凸起和凹陷）。这样我们就能看到度规张量是如何在仿射联络的控制下，将时空的纤维结构缝制起来了，反过来，仿射联络也取决于由应力能量张量形成的爱因斯坦张量。明白了吧。

让我们在时空罩篷上走走看吧。想走得更快，就得沿直线行走。可是罩篷上贴合下方的巨大岩石而形成的凹陷，使得哪怕是最直的路线，也会朝各个方向偏离。结果是，我们是沿着某条由凹陷造成的椭圆形曲线行走。奇怪吧，我们已经开始沿轨道运行了，就像小薛定谔玩行星游戏围着姨母转圈一样。

永恒的宇宙

广义相对论一经完善，爱因斯坦就决定将其应用到整个宇宙试一下。他的目标是证明宇宙是一个由恒星和其他天体汇集而成的相对稳定的集合体。他意识到，星体确实是在运动，但是它们的运动速度比较缓慢。爱因斯坦的宇宙论能够给人们提供一个牛顿学说的"绝对空间"，这样的永恒性和稳定的框架，而无须像马赫那样，借助于虚构的理念。

起初，爱因斯坦想以空间的各向同性（各方向的统一性）为基本假设，以此来进行对宇宙的计算。他选择使用叫作超球面的简单四维几何来代表空间的形状。超球面是额外维中球面的泛称。如果你住在超球面中，不论你朝哪个方向运动，最终都会回到起点，就像绕地球赤道转圈一样。宇宙是一个超球面的好处就是，我们有了一个有限的但是没有边界的宇宙。只有站在宇宙之外的人才能注意到宇宙的"表面"。在宇宙空间内，没有边界的限制，只有循环往复。阿根廷作家若热·路易斯·博格斯（Jorge Luis Borges）后来在他的科幻短篇小说《巴别塔图书馆》（*The Library of Babel*）中生动地描述了超球面这个概念，书中他将宇宙比作是个巨大的、有限的、反复的书籍收藏集。

爱因斯坦期望为他的场方程式得到一个稳定的解，但是很快他就意识到前方有只拦路虎。他得到的唯一的解是不稳定的。若再往前一步，稍微改变一下物质的分布，很可能就会导致坍塌或者膨胀，就像气球充气和放气一样。要想得出一个永恒、稳定的宇宙，这样的解肯定不行。埃尔温·哈勃（Erwin Hubble）发现了宇宙膨胀 —— 现在我们称之为"大爆炸"—— 这件事还要十多年之后才会发生。因此，爱因斯坦当时认为宇宙是静态的也在情理之中，这使得他认为这种膨胀模型不符合物理实际。

为了修正方程的解，他迈出了大胆的一步，直接在方程的几何一侧引入了一个额外的项，以期得出一个他认为可靠的解。这个项就是以希腊字母拉姆达（Λ）表示的"宇宙常数"，该项抵消了由反方向的空间几何膨胀而造成的引力不稳定问题。虽然爱因斯坦没有给这个宇宙常数赋予任何的物理意义，但当时他却将之视为保持他的理论完整的必不可少的因素。

在我们的沙漠罩篷的类比中，想象一下，我们构建的坚实结构渐渐陷进了沙子。我们不会选择从头开始重新搭建，而是可能选择在其周边搭建一些机械设备，以此来拉住或者向外撑住罩篷。虽然这样的额外结构获不了什么建筑大奖，但却好使。同样的道理，虽然宇宙常数也不怎么别致，但它却能完成爱因斯坦的任务 —— 维持宇宙的稳定性。

1917 年，爱因斯坦发表了稳态宇宙论，场方程式中就含有宇宙常数这一项。然而，他无法理所当然地宣称自己的解是独一无二的。荷兰数学家威利姆·德西特（Willem de Sitter）巧妙地表明，当物质不存在时，爱因斯坦场方程式得出的解会呈指数级爆发，宇宙常数会驱动一切向外扩张。德西特的宇宙模型表明，只要宇宙常数存在，虚空的宇宙不可能是静态的。爱因斯坦考虑到自己也只是把宇宙常数作为权宜之计，而非基于科学观察，所以就没太把德西特的宇宙模型当回事。但是爱因斯坦也承认，想要理解宇宙的动态变化，需要更大量的天文观测。所幸哈勃将会做出所需的观测，他使用建造在加利福尼亚南部的威尔逊山上的巨型反射式望远镜，最终揭示出宇宙处于膨胀状态，而非静止状态。

预见暗能量

恩斯特·马赫（Ernst Mach）于 1916 年逝世，有人觉得，如果他还在世，一定会反对在广义相对论方程式中引入一个跟人的感官体验毫无关系的项。就像牛顿用绝对空间来定义惯性，爱因斯坦引入一个宇宙项也不符合马赫的思想。马赫的另一个追随者——薛定谔提出了一个更加实际客观的形式来取代爱因斯坦的宇宙常数。

1916年末，当薛定谔最早了解到爱因斯坦广义相对论完整场方程式的时候，他正在普罗塞克指挥一场战役。[10] 1917年春天返回维也纳后，他发现大学里的很多同事，包括瑟林在内，都在忙着寻求对爱因斯坦的理论的阐释，并将之应用于研究。例如，瑟林和奥地利物理学家约瑟夫·兰斯（Joseph Lense）一起证明了旋转的物体如何影响其周边的时空，现在称之为"参照系拖曳效应"或者"兰斯-瑟林效应"。

1917年11月，薛定谔向德国《物理学杂志》提交了两篇从不同角度解析广义相对论的论文。在第一篇论文中，薛定谔针对在某种程度上独立于坐标系选择的逐个点上的引力势能和动量问题进行了解释。他检验了史瓦西的解，并表明，采用其中一种方式计算的物体的引力势能结果为零，这一结果令人惊讶。有趣的是，薛定谔提出的这个问题，引发了日后几十年里对于如何在广义相对论内定义能量的问题的讨论。

薛定谔的第二篇论文《关于广义协变引力场方程的一系列解》，正面研究了宇宙常数的物理性问题。薛定谔对爱因斯坦在方程式的几何一侧（爱因斯坦张量）引入一个项的做法提出了质疑。他认为改变一下等式的物质一侧（应力能量张量）就能达到相同的效果。薛定谔说道："完整的功能相同的一系列解存在于最初的方程式中，爱因斯坦先生无须为其额外增加一个项。其作用只是表面的，效果微乎其微：势能没有改变，只是物质的能量张量稍稍换了个形式而已。"[11]

　　薛定谔引入的这个"张力"（拉伸）项通过添加一种负能量，使得质量密度为零，进而达到抵消物质的引力效应的效果。若是空间的质量密度为零，那么宇宙就不会形成引力坍缩，因此就会保持稳定状态。马赫认为，只有质量极大的时候，质量才值得人们注意。薛定谔用这种观点证明零质量的正确性。这一论点与"只有跟其他颜色对比时，我们才发现黑白色调"相似。我们可能认为纯黑天空或者纯白天空根本没有颜色。

　　爱因斯坦马上发表了一篇文章，来回应薛定谔的有关宇宙的论文 —— 一场跌宕起伏、旷日持久的科学对话开始了。他指出，薛定谔的假说带来了两种情况：某个新的常数项，或是一种带有负密度，在各个点上各不相同的新型能量。爱因斯坦认为，第一种情况，其实完全等同于宇宙常数，只不过是放在了方程式的另一侧。而后者呢，则不符合物理学，因为它必须要具有负能量密度，而且无法测量。爱因斯坦写道："我们不仅要假设星际空间存在某种不可见的负密度，而且还要提出一个关于这种质量密度的时空分布假说的定律。于我而言，薛定谔先生的思路似乎不太可行，因为这会陷入种种假设的深渊。"[12]

　　有趣的是，这种负能量密度的物质，或者换句话说，具有负压力的物质近年来成了解释宇宙谜团的可能的解决方案。1998年，两队天文学家对宇宙膨胀的发现有力地支持了哈勃的发现。他们发现不仅宇宙在膨胀，而且膨胀的速度也在加快。一些未知的东西正在加速宇宙膨胀。芝加哥大学宇宙学家迈克尔·特纳（Michael Turner）将这种未知的东西称为"暗能量"。

有意思的是，薛定谔提出且跟爱因斯坦讨论过的这种抵消引力作用的物质，竟然成了最终的解释。基于这一原因，科学史学家亚历克斯·哈维认为，是爱因斯坦发现的"暗能量"这一概念。[13] "发现"一词可能有些言过其实，因为当时根本没有切实存在的物理学上的动力，驱使人们作出这种发现。更精确地说应该是，1917 年他曾设想过，这样一种负能量物质可能会存在，他却从未想到宇宙真的会由于某些未知原因而加速膨胀。然而不管怎么说，有关暗能量的研究基础竟然那么早就奠定了。

闻名世界

1918 年 11 月 11 日，第一次世界大战结束，此时欧洲已经变得面目全非。帝国崩塌，国界变换，政权更迭，时局无常，并且留下了诱发第二次世界大战的祸根。奥匈帝国被分裂成奥地利（最初被称为"德意志奥地利共和国"）、匈牙利和捷克斯洛伐克等几个小国。一个更加民主，但弱小的魏玛共和国掌控了曾经的德意志帝国的大部分。胜利的协约国决意让德国为战争付出代价。德国被迫割地、裁军、赔款，结果导致了百姓的怨恨情绪和经济危机，纳粹伺机崛起。

战争期间，爱因斯坦没有机会检验星光因太阳引力而弯曲的假想。芬莱·弗里德里希也未能完成日食观测，这让爱因斯坦也大为失望。于是他便开始悄悄与英国天文学家阿瑟·爱丁顿通信，后者对验证爱因斯坦的理论饶有兴趣。据当时广为流传的新闻报道说，爱丁顿是当时为数不多真正理解广义相对论的人之一。[14]

爱丁顿是一位热爱和平的贵格会教徒，他跟爱因斯坦一样，都反对战争，支持国际间的科学合作。但是在血腥的战争期间，英国和德国科学家不敢公开合作。停战协议签署后，爱丁顿有机会帮助检验爱因斯坦的理论了，两国科学家之间的信任也由此复苏了。

爱丁顿和英国皇家天文学家弗兰克·沃森·戴森意识到，1919年5月29日是测量引力导致光线弯曲的绝佳机会。当天，在太阳即将经过毕星团（Hyades）这个特别明亮的星团时，南半球部分地区将会出现日食现象。戴森委派爱丁顿组织日食观测，此举也帮助他免除了因反战而带来的受拘留之苦。[15]

1919年1月，为了给观测设定参考基准，爱丁顿仔细地测量了毕星团未发生改变情况下的位置。接着，他组织了两支队伍，在日食期间观测记录星团在天空中的位置。第一支科考队由爱丁顿亲自带领，他们去了普林西比，这是位于非洲西海岸几内亚湾内的一座岛。为了防止岛上天气条件变坏无法观测，他还派了第二支队伍作为备份，前往巴西的索布拉尔。两支科考队都仔细地拍摄了日食期间星团的新位置，并把数据带回英国，与原始数据比对。11月6日，在完成数据分析之后，埃丁顿高兴地宣布角度偏差（平均有1.98角秒）在误差允许的范围内，符合爱因斯坦的广义相对论1.7角秒的预测。相比之下，基于牛顿理论得出的估计值只是该值的一半，爱因斯坦的理论估计要好得多。

在由戴森主持的皇家学会会议上，济济一堂的听众在得知结果后交口称赞，认为这一观测结果和有关水星进动的新发现一起，是对广义相对论的重要证明。日食测量结果表明，在政治革命的年代，科学也正经历剧变。战后仅仅一年，一群英国科学家就能够承认一个德国物理学家推翻了牛顿的理论，这一点真是了不起。汤姆孙宣布："这不是些孤零零的结果 …… 这一发现，不是找到了一个孤悬海外的岛屿，而是发现了至关重要的科学思想的新大陆。这些思想是关乎物理学中最基本的问题的。这是自牛顿提出引力的原理之后，有关引力最重要的发现。"[16]

《纽约时报》在报道这一重大发现提到爱因斯坦时，说他是布拉格大学的物理教授。可见，直到那时，爱因斯坦在国际上尚不知名。[17] 报道中既没有提及他的名字（阿尔伯特），也没把他的工作单位搞清楚，那时候他已经离开布拉格大学有七年了。

"爱因斯坦博士"一夜成名。他超越了牛顿，而且实至名归。到了20世纪，名扬四海可比牛顿时代要轰动得多。在无线电报的时代，消息要比手摇印刷机时代传递得快得多。全世界的报纸争相引用伦敦《泰晤士报》那夺人眼球的三行大标题："科学上的革命 …… 宇宙的新理论 …… 牛顿学说被推翻。"[18]

纯粹几何学的云彩

爱因斯坦的大作发表后油墨几乎还未干，他就意识到了广义相对论的不完美之处。仔细看来，场方程式两侧似乎不太平衡。等号左侧，是精巧的关乎引力的几何学表达。而等号右侧，是各种物质和能量形式，甚至包括了电磁场的能量效应，这些东西粗粗刺刺地挤在应力能量张量表达式中。爱因斯坦对麦克斯韦方程极为敬重，不愿意让它处于次要位置。他意识到，电磁力应该通过类似引力的几何学表达形式来参与其中，而并不只是生硬地归在应力能量张量中。凭着对年轻时几何学启蒙的记忆，加之与格罗斯曼和其他人等接触后对几何学产生的兴趣，爱因斯坦立志要用几何原则来重写自然的所有定律。

从狭义相对论再到广义相对论，爱因斯坦意识到需要有第三次突破，将电磁力和引力融合在一起，完成大自然法则的转变。到那时候，麦克斯韦方程和引力理论，将是完全由几何关系整合成的统一场论中的特例。

爱因斯坦认为，方程的几何学一侧如果缺了电磁学就不是完整的广义相对论。对此薛定谔持相同意见。"我们很显然需要电磁场的场定律，"薛定谔后来写道，"某种我们可以将其视为对时空结构的纯粹几何限制的定律。除了纯粹引力相互作用的简单例子之外，1915 年的理论并未得出这些定律。"[19]

当爱因斯坦将纯粹几何学而非物质效应指导下的几何学纳入其中时，他对实验的热情开始减退。尽管他的广义相对论的论文和讲座都强调了该理论需要实验验证 —— 通过水星进动、光线弯曲以及另外一种叫作引力红移的效应等验证 —— 但是在他向着统一场论的方向展开研究之后，他改变了自己之前的说法，转而采取了更加抽象的论点。有点讽刺的是，这个之前曾经喜欢待在实验室、觉得高深数学无关紧要、经常翘数学课的大学生，开始宣传数学的魅力，并用纯粹的理性来指导自己的理论了。爱因斯坦曾在题为"理论物理学的方法论"的讲座上说，"当然，检验数学构想的物理应用是否可行，实验仍旧是唯一标准。但是，创造性的原理蕴含于数学之中。因此，从某种意义上说，我相信正如古人所梦想的那样，通过纯粹的思维可以了解现实。"[20]

注重纯粹几何推理的哥廷根数学学派的研究人员注重纯粹的几何推理，他们使爱因斯坦越来越醉心于建立更为抽象的数学构想。例如，跟他越走越近、亲如兄弟的朋友兼知己埃伦费斯特（Ehrenfest），就起到了关键性的作用。

埃伦费斯特曾就读于哥廷根大学，听过克莱因的课。他与数学家妻子塔蒂耶娜（Tatyana）在克莱因的某节课上相识，两人都对几何学和物理学之间的关系十分感兴趣。他们把自己在荷兰莱顿的房子拿出来用作爱因斯坦的避难所，好让他避开柏林，全心思考理论难题，顺便还可以一起搞搞室内音乐（爱因斯坦拉小提琴，埃伦费斯特弹钢琴）。埃伦费斯特善于通过提问揭示问题的本质，在爱因斯坦绞尽脑汁把电磁力合并到广义相对论的过程中，他随时都在恭候。

克莱因虽然退休了，但他对广义相对论中的对引力势能和动量的应用也很感兴趣。就像薛定谔在1917年11月发表的第一篇论文中的观点一样，克莱因也认为这些量无须依赖坐标系就能界定出来。他认为，所有的观察者都会观测到相同的引力势能和动量。1918年，克莱因与爱因斯坦就该问题通了信。尽管爱因斯坦不想改变自己的界定方法，但是克莱因的评价似乎促使他对引力和电磁力一视同仁。但是对这两种力中的能量和动量进行不同的界定，也只是权宜之计而已，绝非长久之策。

　　希耳伯特是克莱因的得意下属，他也是自欧几里得以来几何学最优秀的集大成者[21]，自然深深地影响了爱因斯坦。爱因斯坦注意到，希耳伯特对广义相对论公式的表达试图将引力和电磁力结合起来，似乎是遵循了德国物理学家古斯塔夫·米（Gustav Mie）曾提出的"电磁场内电子是一种稳定的泡泡"的说法。在米的指引下，希耳伯特认为物质并非单独存在，而是能量场内团簇的结果。反过来，这些场可以用几何学来描述。起初，爱因斯坦并不接受希耳伯特的观点，但是他逐渐意识到，几何比物质更具根本性。

　　用几何学来解释电子和其他的物质粒子，就跟先知道绳结是怎样打出来的，然后再给别人解释一样。设想有个女孩发现毛线球上有些奇形异状的疙瘩，她以为这不是毛线而是其他的一些东西。之后她去跟妈妈央求要一盒子的绳结玩。假如她妈妈恰好是哥廷根大学的教授，那她就会耐心十足地给孩子解释，这些绳结不是别的东西正是毛线，然后再给孩子打一个看看。所以说，毛线是本（具根本性），绳结是标。同样道理，希耳伯特和米认为在自然秩序中，场的几何学才是最根本的，而粒子则是大自然的结，是以粒子的形式显现出来了而已。

　　德国数学家赫尔曼·外尔（Hermann Weyl）是希耳伯特天赋异禀的学生，平日里朋友都称他为"皮特"，他于1918年获得哥廷根大学博士学位。1913年完成特许任教资格考试之后，外尔被派至苏黎世联邦工学院任职，在这里他和爱因斯坦有过短暂的共事经历，认识了彼此。1918年外尔就广义相对论及其可能性出版了一部题为《空间、时间、物质》（*Space Time Matter*）的长篇论述，之后随着认识的加深他又多次修订了这部书。他给爱因斯坦寄过该文的一个早期版本，爱因斯坦称其为"交响乐般的杰出之作"。[22]

爱因斯坦的称赞让外尔十分得意，他希望自己的新论文《引力和电力》也能得到相同的回应。文中提及了如何改造广义相对论，将麦克斯韦方程引入其中。他将手稿寄给了爱因斯坦，希望得到对方的推荐发表。

起初，爱因斯坦对这样一种将电磁力引入到引力里的方法很喜欢，可是后来，他改变了念头，因为他注意到，这一举动会毁了一整盘棋。外尔的想法会改变矢量在平行移动（与自身平行逐点移动）过程中的行为方式。在标准的广义相对论中，仿射联络展示了矢量分量如何变换，度规张量决定了时空间隔（四维距离）的测量方式，两者在直接的数学联系中是互相依赖的。在沙漠罩篷的类比中，这种关联就好比是支架和油布之间的关联。如果把其他的因子（外尔称其为"量规"）加进来的话，就把这种关联给打乱了。就像不同国家（例如俄罗斯和波兰）的铁路有不同的轨距一样，外尔认为需要逐点改变空间的四维距离标准。而加上这个规范因子之后，得到的额外好处是能产生一个等同于电磁场的效应。然而，爱因斯坦认为改变距离标准不符合物理规则，所以不愿意对自己的理论进行如此之大的修改。该想法被爱因斯坦否定后，外尔极为失望。

尽管外尔的"量规"想法从未融入广义相对论，但是后来该观点却在另一个领域 —— 粒子物理学中大展身手。在现代理念中，应变系数属于一种抽象空间，而不是实际的空间。当代人们对希格斯玻色子（解释某些粒子剩余质量的关键）的关注，就要归功于外尔的"规范"理念。

第五维度的大胆猜想

1914 年，另一位哥廷根大学毕业生，芬兰物理学家贡纳尔·诺德斯特姆（Gunnar Nordström）也提出了自己的统一理论。此事备受瞩目，因为这是第一个引进第五维度，对三维空间和一维时间进行补充的理论。诺德斯特姆发现，给理论引入另外一个维度，就有空间将电磁学的麦克斯韦方程与引力合并在一起了。但是，该理论并不是基于广义相对论而提出的，之后诺德斯特姆也承认爱因斯坦的方法更具优势，第二年，他便放弃了第五维度的想法。爱因斯坦有没有留意过诺德斯特姆的统一理论，我们不得而知。但是另一个关于五维的想法却给爱因斯坦留下了极为深刻的印象。

1919 年 4 月，爱因斯坦收到一封来自西奥多·卡鲁扎（Theodor Kaluza）的信，这是哥尼斯堡大学一位籍籍无名的编外讲师。在德国的学术系统中，编外讲师就是个靠贩卖讲座门票而无大学薪俸的人。20 年来，他一直屈尊俯就，薪水少得几乎难以养家糊口。大概是因为自己的事业刚起步也没有什么地位，所以不管写信来的人的地位有多不起眼，爱因斯坦都很重视。

　　尽管当时哥廷根学派离主流学术界距离还比较远，但是学派对研究者的强大影响在卡鲁扎这里却得到了充分的体现。1908年，学生时代的卡鲁扎曾在哥廷根待过整整一年，然后他就被克莱因、希耳伯特和闵可夫斯基的几何学视角深深地折服了。在这里，他还遇到了未来进行统一论研究的伙伴外尔。[23] 采用独特的路径研究统一论的种子播撒在了卡鲁扎的大脑中，它将在11年后发芽。

　　卡鲁扎的信中简述了一个想法，日后给爱因斯坦带来了启示。一天，卡鲁扎正坐着潜心研究，突然思路大开：给广义相对论的张量引入一个额外的维度和分量不就行了吗？不就可以给爱因斯坦方程式中的引力因子添上麦克斯韦方程了吗？爱因斯坦张量将不再是4x4的数列，而将变成5x5的数列。之前爱因斯坦张量有16个分量，因为对称性的缘故，其中10个为独立分量。而现在，爱因斯坦张量是25个分量，其中将有15个独立分量。这就意味着方程式中将会有5个额外的独立分量，其中4个可以用来描述电磁学（第5个基本可以忽略不计）。简单改变一下维度似乎就有足够的空间将二者统一起来。卡鲁扎的儿子（当时同他在一个房间）回忆道，当时他兴奋得呆了几秒，然后一跃而起哼起了《费加罗咏叹调》。[24]

　　虽然灵感的源头不同，但是诺德斯特姆和卡鲁扎的想法都是通过添加一个额外维来延伸时空。对那些习惯了哥廷根的数学家或者数学物理学家的这种率性而为风格的人来说，假想出一个更高的纬度就跟数"一二三"一样简单。一维是线，二维是面，三维是立方体。再加一维就是超立方体。就像立方体是由六个面凑成三维结构的道理一样，超立方体是由8个立方体凑成的四维结构。再加上时间这一维度，你就能得到一个五维结构。

但是，对于当时主流的实验派物理学家们来说，第五维度的设想就像是从赫伯特·乔治·威尔斯（H.G. Wells）[1]的科幻小说上摘下的句子一样，这哪里是真正的科学，分明是地摊杂志上的胡言乱语。暂且抛开时间不说，至今还没有直观的证据可以表明除了长、宽、高之外存在另外的维度。五维理论无异于假想一条穿墙而过的路，又或者是从子虚乌有中变出金子来。

卡鲁扎早就想到，反对者会在自己的理论中加入一个"滚筒"，让直接观测第五维度变得不可能。如此一来，就像仓鼠踩着转轮不停旋转却哪儿都到不了一样，在卡鲁扎的理论中，所有可观测的量对于第五维度来说都是固定的。第五维度不管怎么转，除了间接地把电磁学引入到广义相对论之外，再无其他显著的效果。旋转在幕后进行，打消了看重实验的研究者的一切疑虑和反对。

爱因斯坦读后，觉得这种办法比外尔的强得多，对卡鲁扎赞赏有加。不像外尔大动手脚的理论，卡鲁扎的理论似乎并未篡改宇宙已有的事物，诸如时空间隔的大小等。但是，在卡鲁扎理论的基础上演算一番之后，爱因斯坦的热情又消退了。他想描述出在电磁力和引力的联合作用下，电子是如何运动的，但是最终没找到合理的解。在此期间，他还遇到了一个数学难关——"奇点"：在宇宙某处，一个或多

---

1. 赫伯特·乔治·威尔斯：英国著名小说家，新闻记者、政治家、社会学家和历史学家。他创作的科幻小说影响深远，如"时间旅行""外星人入侵""反乌托邦"等都是20世纪科幻小说中的主流话题。主要作品有《时间机器》《莫洛博士岛》《隐身人》《星际战争》等。——译者注

个量发生膨胀，直至无限大。不知怎的，爱因斯坦觉得这就像一颗龋齿，非要拔掉这个痛点不可。

指出卡鲁扎理论的不足之后，爱因斯坦又开始关注一种新的尝试来试着扩展广义相对论，即建立一种理论，描述电子如何在空间中运动。玻尔的原子模型解释了量子化的角动量和能量如何限制电子在特定轨道上的运动，这样的模型与简单元素（例如氢元素）的主谱线十分吻合。但是，它并没有给出一个完整的理论来解释电子在其他情况下的运行方式，例如，电子是如何穿过阴极射线管的。当爱因斯坦对多种统一方法产生的结果进行探讨时，都以电子难题作为试金石。

对于电子问题的重要性，爱丁顿完全同意爱因斯坦的观点。以外尔理论为出发点，爱丁顿提出了另外一个统一理论，该理论基于对仿射联络的改变，并建立一个区别于黎曼的四维几何。但是，他不确定自己的理论是否可以充分解释电子的运动。爱丁顿写道："超越了欧几里得几何学，引力独立出现了；超越了黎曼几何学，电磁力出现了；再往后会出现什么呢？很明显，是某些非麦克斯韦的约束力形成了电子。但电子问题实在是太令人费解了，我也不能判定现有的结论是否可以提供解决问题的素材。"[25]

在通往统一论的路上，爱因斯坦面对的问题成了"外尔、卡鲁扎和爱丁顿到底谁的理论对"。尽管这里面没有一个令其满意的理论，但是爱因斯坦仍旧从中借鉴了一些想法，构建了自己的模型。他一直关注着是否出现了对广义相对论进行改造进而解释电子运动的成果。

直至 1919 年末和咆哮的 20 世纪 20 年代初，爱因斯坦的人生出现了重大的变化。此时，他已到了不惑之年，早就过了大多数理论物理学研究者成就迭出的年龄。但是他想超越自己的广义相对论，把自然力和物质统一起来的热情刚刚被引燃。他最终和米列瓦离婚（日子恰好选在情人节，真是讽刺），条件是一旦自己获得诺贝尔奖，奖金归米列瓦所有。没有任何东西能够抚慰米列瓦受伤的心灵，但诺贝尔奖的奖金至少还能让她过上安逸的生活。

离婚一事办妥后，6 月 2 日，阿尔伯特迎娶了爱尔莎。几个月之后，爱丁顿宣布了日食观测的结果，爱尔莎意识到自己嫁给了世界上最著名的科学家。不论是周游世界，还是会见要人，还是领取一个又一个奖项，爱尔莎总是喜欢伴在丈夫身边。

此外，米列瓦索要奖金的做法也的确是有先见之明。1921 年，爱因斯坦获得了诺贝尔物理学奖，次年领奖。前夫越来越多地活跃在聚光灯下，而米列瓦自己却只能和两个儿子退出公共视野，以奖金维持生计。此时，爱因斯坦的学术地位稳固了，名利双收，家务事则由爱尔莎一手揽过去，他终于可以像自由的雄鹰一样，飞向统一理论的巅峰。

第 3 章
物质波动和量子跃迁

要是非得有可恶的量子跃迁，那我宁愿从未开始研究原子理论。

——埃尔温·薛定谔（据维尔纳·海森伯）

请不要对我有所误解。我只是个科学家，并不是道德高尚的老师。

——埃尔温·薛定谔（思想与物质）

永恒不变的选择

如果说缺乏自由意志就像是身陷囹圄，那么广义相对论就是终极狱卒。通过将时间和空间融合，它将过去、现在和未来牢牢地结合成一整块。时间的画面就像是西伯利亚古拉格集中营一般冻得结结实实的。所有的历史永远尘封于这牢狱之中，而我们却尚未服刑。

若将其他力也纳入广义相对论之中，我们的未来就永远封存在内了。有了能够解释电和引力的一种统一论，原则上就能绘制出所有存在过或者终将存在的每一个生命的神经连接。到那时，我们的命运，就只是去思考已经被思考过的思想，去做已经做过的事情。一旦这一永恒方程制定出来，我们的命运也就因此而注定了。《鲁拜集》中有一段著名的话：

> "指动字成，字成指动；任你如何至诚，如何机智，难
> 叫他收回成命消去半行，任你眼泪流完也难洗掉一字。"
> （郭沫若译）[1]

第一次世界大战结束之后，许多归国的士兵都需要心灵的抚慰。尽管薛定谔足够幸运，能够在家里安全逃过战争，但是他挚爱的导师哈森内尔却被一颗手榴弹炸死了。薛定谔和维也纳学术界听到此消息，都无比震惊。

1919 年底，薛定谔的父亲去世。很快，严重的通货膨胀使奥地利的经济崩溃，这场通货膨胀将许多家庭的全部积蓄洗劫一空，薛定谔家也不例外。薛定谔自此之后变得十分内向，并开始思考自己的人生走向。

他发现自己能够从女性的陪伴中得到许多精神的慰藉。他一直保持着写日记的习惯，记录下了所有与自己有恋情的女人。在日记中，1919 年前后，他记录了自己经常会与安妮约会，安妮是一位活泼又朴实的女子，萨尔茨堡人。尽管安妮自己没什么文化，但是她很崇拜薛定谔，欣赏他的书生气。

跟普通恋人的情投意合不同，埃尔温和安妮在某些方面并不相配。例如，他们会为了听什么音乐大吵 —— 她喜欢弹钢琴，但是他却忍受不了。虽然两人一直都未将对方当作此生的唯一，但还是一直享

受着彼此的陪伴。因此，这场恋爱是建立在亲近和安慰之上的。他们很快就订婚了，计划着要办两场婚礼 —— 一场是天主教风格，另一场则是新教风格（福音派）—— 以此表示对双方家庭不同信仰的尊重。两场仪式都是在1920年的春天举办的。

战后，薛定谔一直身体欠佳，在此期间，他转而投身于哲学研究之中，并对叔本华的作品十分痴迷。在他详细的笔记中，薛定谔对自己所阅读的所有内容都给出了自己的评价和看法，他还将叔本华描述为"西方最伟大的学者"。[2]

叔本华多次引用东方哲学，受此启发，薛定谔也开始研究印度教的《吠陀》[他提及此的时候使用的是梵语术语吠檀多（ Vedanta ）] 和其他蕴含东方思想的经典著作。他曾暂时想将自己的事业重心转向哲学，但是最终还是决定继续研究物理学，将哲学作为一项副业。历经数年，他写了几本书来表达自己的哲学观点，其中包括《我的世界观》，该书是以他于1925年写的一篇名为"寻路"的论文为基础的。

叔本华在面对机械宇宙时对自己内心的热情和向往的描述让薛定谔尤为痴迷。再看看所谓"世界大战"之后自己身边的种种情况，薛定谔看到的就只有和叔本华描述的宇宙的巨大差异。尽管科学技术已经迅速发展到前所未有的高度，但是在他眼中，文化却已经衰败到前所未有的低谷，他称之为"艺术的衰败"。

薛定谔说："我们现在的情况与古代世界的末期存在惊人的相似。"[3]

薛定谔和安妮的婚姻生活中，两人一直保持着开放的关系，从这一点来看，薛定谔显然不是清教徒。但是，看着镜子中的自己，他仿佛看到了现代版的柏拉图或亚里士多德——一位博学大师，文艺复兴时代的全才学者——此刻却深陷充满颓废和暴力的世界。

在《作为意志和表象的世界》以及其他作品中，叔本华为那些能够带来灾难的情绪驱动力量给出了自己的解释。受到印度因果报应和佛教生来即是受苦观念的影响，他对"意志"变为一种无处不在力量的过程给出了描述，这种力量会驱使人们去完成自己的使命。正是欲望产生了行动，而行动又带来了不可避免之事。就像是其他的自然力一样，意志也会带来可以预测的后果。然而，那些经历此种力量的人，往往会完全相信引发该后果的是他们自己的意志。从生理学上来看，他会沉湎于自己的渴望当中，一直觉得自己得不到满足，因为不论何时，一旦达到目标，新的欲望就又出现了。因此，正如佛陀所言，欲望即受苦。针对这种状况，一种应对办法就是抛开所有目标和情感，像佛教徒一样过一种清苦禁欲的苦行僧生活。另一种可行的办法就是将自己的欲望融入对于美的追求之中，比如艺术或者音乐。与其执迷于空洞无果的欲望之中，不如去写一篇振奋人心的文章。但是，如果你向欲望投降，就不应该再受谴责或表扬，因为你只是在对一种自然力做出反应。

因此，如果你爱上了某个人，其实并不是你选择了这个人，而是你的爱作为一种催化剂，催生出了一系列的化学反应，根据你们共同的命运，将你和这个人联系在了一起。从这一角度来看，埃尔温和安妮选择了彼此，这跟地球对月球产生强大的吸引力，所以才会拉动月球围绕自己转动，是一样的道理。因此，他们头脑里没有要遵循传统婚姻规则的那种道德约束感，也不觉得需要为自己一直以来的冲动决定做出解释。

从这一点出发，薛定谔在物理学的概念性讨论中加入了哲学因素。通过研究叔本华的作品以及其中蕴含的吠陀哲学，那种万物一体的感觉使他不再相信变化无常、支离破碎而又模糊不定的自然观，转而支持自然万物具有的连续性和确定性的观点。薛定谔相信，最终，自然万物一定都是联系在一起的，这种延续性亘古不变，绵延不绝。（注意，他的一些作品确实探讨了非因果关系的可能性，但是他的主要观点还是主张因果关系的。）这些思考反过来也大大影响了他对于量子力学不确定性的态度。

异教徒的圣经

薛定谔与爱因斯坦对哲学的兴趣有着众多的重叠之处，只不过所强调的重点不同。虽然爱因斯坦同样也读叔本华的作品，但是对他影响更深的是更早的一位哲学家 —— 巴鲁赫·本尼迪克特·斯宾诺莎。说到为宇宙探寻一个完整统一的解释，斯宾诺莎可谓是爱因斯坦的领路人，这种统一论认为在这个宇宙中，从来就没有偶然。薛定谔也阅读了大量关于斯宾诺莎的作品，这是叔本华对他的主要影响之一。

1632年，斯宾诺莎出生于阿姆斯特丹的一个西班牙犹太人家庭里。他在童年时期接受了正统教育，学习了《圣经》，并且对上帝在宇宙中的角色给出了自己全新的解读。西班牙犹太人社区认为他对上帝的看法属于异端邪说，于是决定将他逐出教会 —— 这是一种在犹太教中越来越罕见的做法。

在传统的一神论宗教中，上帝在历史上一直是正面角色，他是整个世界的造物主，创造了生命。作为造物主，上帝与世界是脱离的，但是他随时都有可能在世界上发挥作用。然而，整个世界并非全由上帝来决定。他赋予人以自由意志，因此人能够做出自由选择。

当然，从神学的角度来看，在上帝如何发挥作用，以及人类自由意志的本质是什么这两大问题上，还存在诸多的分歧。宿命论的信奉者认为，人类的命运是上天注定的，他们的选择也是上天的安排。因此，邪恶之人注定会做出邪恶之事 —— 这就让"自由意志"单纯成了证明他们为何无价值的了。此种观点认为，上帝的审判和干预是一成不变的（或者说是永恒存在的），因此，一切事情的发生都是冥冥之中注定的。

而其他派别的信奉者认为，选择是完全自由的，但是一次错误的选择可能会让自己在死后受到惩罚，或可能会为之后的人生带来厄运。一次正确的选择可能会让信奉者感觉自己离上帝又近了一步，根据宗教的不同，还可能会得到特定的回报。人格化的上帝俯视着芸芸众生，看着他们的行为，并据此作出反应。

自17世纪开始，欧洲出现了一种上帝只是参与有限的人间事务的观点：上帝的作用只是创造宇宙，制定法律，在必要时才出面干预，作出裁判。在这种观点中，上帝就像是钟表匠一样，他创造了自己的杰作，只是在需要的时候出来修补或者重启这个宇宙（大洪水就是上帝重启宇宙的例子）。牛顿所持有的观点是，他认为上帝创造了万有引力定律以及其他自然法则，他设定了每个星球的位置，静静地看着自己创造出的美丽作品自行运转，但是他保留了干预的权力，在必要的时候维持宇宙正常运转。近代以来，"奇迹"（神迹）这一概念指的是，大部分此类事件都是受自然法则的支配而发生的，但有时候上帝会干预，使其行善。

斯宾诺莎对上帝和宇宙的观点在当时是独树一帜的。他否定了人格化上帝的观点，也不认为上帝能够有选择地干预自然世界的或是人类世界的事情。他认为，祈祷是徒劳无益的，因为没有人会倾听。相反，上帝在宇宙中无处不在，他是一种无限的实体，渗透在一切事物之中。所有的人和事都是那颗绚烂且无法毁灭的钻石上的熠熠闪光的一个个切面。

因为斯宾诺莎认为，上帝是无限而完美的，所以它的本性亘古不变。对于宇宙成为什么状态，他毫无选择，因为宇宙的特点就是来自上帝的本性。所有的一切都是通过以理想方式设定的神之律法展现出来。因此，宇宙的历史画卷就像是一张以一种超越时空的方式编制的慢慢展开的地毯。斯宾诺莎在其专著《伦理道德》论点29中写道："自然中不存在什么可能性，所有的事物都是源于神圣的大自然，必须为之而存在，并且以某种方式发挥着作用。"[4]

爱因斯坦从研究现实的事物转而研究虚无缥缈的存在——从基于实验性问题的理论到基于抽象法则和美学方面的考虑的理论——

他开始在自己对物理学的阐述中越来越多地引入上帝的名字。然而，他所谈的上帝，并非积极参与人类和世俗发展的，《圣经》中有慈父般形象的上帝，而是斯宾诺莎心目中的神 —— 那个完美的、超越时空的存在，那个生发出自然法则的存在。有一次，一位拉比问爱因斯坦是否信仰上帝，他回答道：

> 我信奉斯宾诺莎的上帝，这位上帝显身于万物的和谐
> 有序之中，而不是信奉时时刻刻考虑人类的命运和行为的
> 上帝。[5]

1930年11月9日的《纽约时报》登载的一篇爱因斯坦的文章引起了很多讨论。文章中，爱因斯坦将德谟克利特、阿西西的圣方济各以及斯宾诺莎并称为历史上对"宇宙宗教教义"做出卓越贡献的三位伟人，这是一种通过科学研究对整个宇宙所产生的敬畏感。[6]爱因斯坦提到了德谟克利特的名字，这表明他认为原子论是十分重要的。而提到圣方济各，是因为爱因斯坦认同他的人道主义观点。然而，这三者之中，斯宾诺莎是独树一帜的，也是最具争议的。爱因斯坦表达了自己的观点之后，在宗教学者和神职人员之中就"宇宙宗教"的合理性问题引发了众多的争论。

爱因斯坦信奉斯宾诺莎所说的宇宙秩序的概念，加上他所接受的传统牛顿学说的物理学教育，这都让他在自己的理论研究中认可严格的决定论，反对可能性起到任何根本性的作用。不管怎么说，神圣的完美性怎么可能以多种方式产生呢？每一种效应都必须有明确的原因，而这个原因又是来自于一个更早的原因，依此类推，就像是沿着

倒下的多米诺骨牌轨迹，最终会回溯到根本的原因。爱因斯坦后来拒绝量子物理学中的可能性因素，以及他花几十年的时间积极研究统一场论，这些都清楚地表明，他热烈地信奉斯宾诺莎的观点。

爱因斯坦和薛定谔在信仰方面最明显的不同就是后者对东方思想感兴趣。爱因斯坦提到的与宗教有关的人物，没有一位是东方的，他对任何形式的神秘主义和精神信仰都不感兴趣。而薛定谔则深深地相信，人类共有同一个灵魂世界，自然万物实际上都是一个单一的存在。他从斯宾诺莎的"人是神的多面"这一观点中，以一种宇宙意识突出了吠陀的思想。薛定谔强调，其差别就在于，我们每一个人都不是部分，而是一个整体。他写道："（人类）并不是……斯宾诺莎的泛神论里所讲的一种永恒和无限的存在的一部分，也不是它的一个方面，一种调整的产物。因为那样我们就会有同样的疑惑不解的问题：是哪一部分、哪一方面呢？从客观上，是什么将你和其他人分开来的呢？不是这样的，而是，对于通常的理由而言这虽然难以理解，你以及所有其他跟你一样有意识的存在，都是整体中的全部。"[7]

爱因斯坦和薛定谔都受到激励，探究科学中的统一理论，但是两人的动机不同。对于爱因斯坦而言，要探索的是那些隐藏在自然背后的神圣法则——最简单、最优美的方程组。而对于薛定谔而言，要探索的是宇宙万物的共同点——宇宙万物血管中流淌的血液。因为爱因斯坦所信奉的观点更加严格，所以他拒绝将随机因素看作是根本性的。薛定谔对随机性一直持更加开放的态度，他认为运气和偶然性也有可能是宇宙意志的体现。讽刺的是，因为意志力量的存在，一次表面看来极为偶然的事件，可能会让人走上一条他们本来就打算选择的道路。此外，他从对玻尔兹曼的研究中发现，热力学定律是根据众多原子的偶然行为所统计出的从平均数中衍生出来的。无数散落的水滴能够汇聚成汪洋大海。

在研究统一理论的过程中，爱因斯坦和薛定谔的科学哲学思想中的一个重要的共同点，是他们都相信连续性。这样的概念植根于他们少年时接触的经典物理学，如流体力学，并且经过他们的共识得以强化，即斯宾诺莎的哲学和吠陀哲学也认为，事件的发生就像是河流一样，是一件接着一件连续发生的。事物不可能凭空消失，再在其他地方重新出现，或者对远距离之外产生持续而无形的影响。自然的外衣一定是在时间和空间里由众多的丝线紧密缝制而成的，否则就会像虫蛀的斗篷那样裂成碎片。

不连续性是玻尔的行星原子模型的特点，爱因斯坦和薛定谔都认为这是他的理论中的一大不足，不然的话，该理论会是一个巨大的进步。为什么电子会瞬间从原子内的一个轨道跃迁至另一轨道，而太阳系中的行星却从不会？据说，薛定谔曾说过："我不敢想象电子竟然会像跳蚤一样跳动。"[8]

此外，如果电子在原子中会发生跃迁，为什么它们还会在自由空间内呈现出连续的流，比如在阴极射线管内？受到外尔、卡鲁扎以及爱丁顿对统一论的提议的激励之后，20世纪20年代初期，爱因斯坦开始通过扩展广义相对论（使其把电磁学和引力包容在内）来解释电子的运动方式。爱因斯坦认为，这种跃迁一定是另一种属于决定论的连续性理论在数学上的表现。受到与爱因斯坦的讨论的启发，薛定谔独立形成了自己的电子连续性理论，最终成就了他的波动力学这一开创性理论。

　　然而在物理学界，并非每个人都认为不连续性是错的。在波动力学刚刚成型的时候，一位来自慕尼黑的富有创造力的青年物理学家维尔纳·海森伯提出了一个抽象的数学理论，叫作"矩阵力学"，在这一理论框架下，从一种状态到另一种状态的迅速跃迁是合理的。除了哥廷根这样纯粹的环境，还有什么地方能够提出这样抽象的理论来呢？海森伯从玻尔的一系列重要谈话中获得了启发。

先辈的探索

　　1922年6月，希耳伯特和哥廷根大学的其他几位教师邀请玻尔做了一系列关于原子理论的讲座，这些教师中有马克斯·玻恩，他是一位聪明又年轻的物理学家。玻尔激动地接受了这一邀请，他的这一做法，实际上是打破了科学界自第一次世界大战以来形成的对德国学术体制的非正式抵制活动。除了早已蜚声海内外的爱因斯坦以外，德国科学界的名声因为这场战争遭受了极大的破坏。德国研制的毒气（由爱因斯坦的同事、化学家弗里兹·哈伯研制）和空战所带来的恶劣影响给幸存者带来了深重的心理创伤。玻尔的讲话（依照最近在该城市举办"赫尔德节"的叫法，他到来的期间被称为"玻尔节"）为重建德国和欧洲各国在科学界的合作敞开了大门。

　　此时距离玻尔首次提出自己的观点已经有近9年的时间了。在这

9年之中，他的观点通过在慕尼黑工作的索末菲的努力得到了极大的发展。尤其是，索末菲通过附加的两个量子数，对玻尔的能量水平计算做出了补充：总角动量和沿一条坐标轴（通常视作z轴）的角动量的分量。这使得具有相同能量的电子有不同的形态，朝不同的方向运行。量子数不同的两种状态的电子具有相同的能量，该现象被称作简并（degeneracy）。

简并就像是朝一个木桩上掷几个马蹄铁，把它们都扔到地上，让它们靠在木桩上，但是每个马蹄铁斜靠的角度不一样。因为它们都接触木桩，尽管每一个马蹄铁的倾斜角度各异，我们把它们视作是等同的。与之相似，简并电子态具有相等的能量，但是它们的轨道的倾斜角度和形状各异。

1916年，索末菲和荷兰的化学物理学家彼得·德拜一起证明了索末菲对玻尔模型的改进版（称作"彼得-索末菲模型"），能够为"塞曼效应"之谜提供解释。该效应最早于1897年由荷兰物理学家彼得·塞曼提出，其过程是：将同样原子构成的气体置于磁场之中，观察其产生的光谱线。施加磁力，一些光谱线就会分裂。这时，气体不再是发出一条具有一定频率的谱线，而是在这一频率周围突然有了3条、5条甚至更多谱线。这就像是调节收音机，在搜索新电台时，还会在不经意间发现存在两个频率十分接近（但是并不完全一致）的电台。

索末菲证明了施加的磁场和环绕原子核运动的电子角动量之间的相互作用是如何形成塞曼效应的。这些磁场的突然作用导致了这样的结果，因此不同角动量的运行轨道不会发生简并，能量也不会相同，而是存在轻微的差异。因为能量水平不同，电子在从一种状态向另一种状态跃迁时，发出的光所产生的频率也就不同，因此，能量的分裂会使光谱线产生分裂。

索末菲很幸运，在物理学界有两个优秀的学生，他们都会继续为量子理论的发展做出贡献。其中一位学生是马赫在维也纳的教子沃尔夫冈·泡利。他是一位真正的神童，凭着自己早熟的洞察力给老一辈物理学家留下了很深的印象。20岁时，他刚刚完成两年的大学学业，这时索末菲邀请他写一篇有关相对论的文章，收录在自己编辑的数学科学百科全书中。泡利答应了，针对该话题撰写了一篇深入浅出的综述。泡利开始声名远扬，不仅是因为自己的博学多识和对新学科迅速的把握能力，还因为他总是直抒己见。他觉得自己有义务把对同事的真实看法以及他们的研究情况告诉他们，哪怕他的评论有时候会像刀子一般尖锐。例如，他会把索末菲关于原子的数学理论称作是"原子神秘论"。

索末菲在20世纪20年代初期培养的另一位量子研究专家是海森伯。海森伯是一位身材高大的年轻人，既喜欢待在家里写写算算，也喜欢一连数日沿着崎岖的山路进行徒步。他是以"探路者"（德语：Pfadfinder）的身份加入索末菲团队的，"探路者"是德国版的童子军，那时带有强烈的民族主义因素。

海森伯对爱因斯坦心怀崇敬之情，对相对论很是痴迷。每当索末菲在课堂上大声朗读爱因斯坦的来信时，他总会被深深触动，满心欢喜。然而，泡利却劝说海森伯不要再在这一领域继续研究。泡利在完成了自己的百科全书条目的写作之后，就确信了一点：在相对论中，已经没有多少能够通过实验很容易证明的问题了。因此，泡利彼时的见解是，相对论不适合进一步发展。他给海森伯的建议是，真正的研究热点是原子物理学和量子理论。

泡利对海森伯解释道："在原子物理学领域，我们仍然有大量无法解释的实验结果。自然在一个地方给出的证据似乎与另一个地方的相矛盾，到目前为止，想要画出一半合乎逻辑的关系图，还是不可能的事情。没错，尼尔斯·玻尔成功地将原子奇特的稳定性与普朗克的量子假说联系在了一起 …… 但是我倾注一生的精力也搞不懂，既然他也无法解决我刚才提到的那些矛盾，他是怎么进行联系的。换句话说，现在大家还都像是在浓雾中摸索，浓雾可能还需要几年的时间才会消散。"[9]

1922年夏天，爱因斯坦应邀去莱比锡做一场有关广义相对论的演讲。索末菲强烈鼓励海森伯前去参加，还想主动将他引荐给爱因斯坦，这让海森伯激动万分。然而，针对爱因斯坦的反犹太人运动迫使他不得不取消了这次演讲，而是派了冯·劳厄替他前往。海森伯并不知道爱因斯坦的演讲取消了，长途跋涉赶往了莱比锡的礼堂。来到礼堂前面时，眼前的一切使他惊呆了：诺贝尔物理学奖获得者菲利普·勒纳德的一些学生正在分发红色的传单，传单上写着对爱因斯坦和相对论的批判，并称其为"犹太科学"。勒纳德发起了一场反犹太运动，消除任何非"纯粹德国"形式的科学。当时的海森伯绝不会想到，勒纳德的主张会在之后不到15年的时间里成为纳粹政权的国家政策。

索末菲建议海森伯去拜访的另一个讲座人是玻尔。他们打算一起去参加"玻尔节"。对索末菲而言，参加玻尔节相当于校友返校，因为他正是在哥廷根获得了博士学位。当时，泡利也在这里读大学，他做博士后的时候担任博恩的研究助手。经历了一段愉悦的旅途顺利到达哥廷根之后，索末菲和海森伯就到拥挤的报告厅里坐下来听玻尔的演讲。

这段时间里，哥廷根大学铺开红毯，迎接多位国际科学界的大腕。在阳光灿烂、天气怡人的夏日里，中世纪的座座建筑、熙熙攘攘的市场货摊以及来来往往的有轨电车让这座城市充满了魅力。礼堂前的小路两侧都是绚丽的鲜花。"玻尔节"开幕了，整个礼堂洋溢着欢愉和激动的气氛。

玻尔的演讲风格并不适合于只想随意听几句的人。他说话细声细气，还常常用蹩脚晦涩的语言表达。然而，这些困难在某种程度上都为他增加了些许神秘感，让人感觉他更像是量子理论的"大祭司"。就像德尔斐神谕是用晦涩难懂的语言来阐述真理，玻尔高深莫测的演讲方式让观众各自形成了自己的理解。例如，尽管玻尔从来没有明确解释角动量量子化定律背后的物理学原理，但是许多物理学家却认为，这其中一定有一个合乎逻辑的起因，而且他一定是已经通过某种方式，用经典力学对其加以证明了。

但是海森伯却不会轻易地满足。他聚精会神地听着演讲，开始怀疑玻尔是否对自己的理论进行过全面透彻的思考。到了提问题的时间，他针对轨道频率中的经典力学和量子力学间的不同点，提出了与玻尔相反的观点，这让许多在场的专家都大为震惊。海森伯指出，在玻尔的模型中，电子的频率与它们的轨道速率之间没有任何关系，玻尔能对此做出解释吗？同时，海森伯还问道，玻尔是否在多电子原子理论的研究中取得了突破，他的理论难道还是只适用于氢原子和单电子的离子吗？

　　毫无疑问，在场观众都被海森伯的见解震惊了。当时，学生在公共场合对大教授的理论提出质疑几乎是闻所未闻的事，更不用说是挑战具有国际声誉的玻尔了。玻尔亲切又泰然自若地听着海森伯的观点，并邀请他一起去附近的山上走一走，好好讨论一下这个问题。在散步时，玻尔承认说，自己的理论是基于主观的直觉，而非实实在在的物理定律。看到如此知名的思想家竟然会这般热情并且开诚布公地跟自己交流，海森伯心中甚是感激。这次只是个开始，之后他们常常一起散步，经常对量子学展开深入的探讨。

现实的矩阵

　　海森伯从自己与玻尔的互动中深受启发，提出了自己的原子跃迁理论。总而言之，如果玻尔没有拥有全部的答案，那么这个领域还需要对原子有一个更加全面的认识，而且实现这个认识的时机也成熟了。海森伯在研究中丝毫没有先入之见，他会毫无顾忌地推翻人们普遍接受的观点，比如量子数量必须是整数这一观点。

　　此前，借助索末菲提供的塞曼光谱数据，海森伯构建出了一个利用半整数和整数量子数的"核心模型"系统。半整数为双线提供了解释——双线就是成对出现的光谱线。索末菲严词驳斥了海森伯的假说，并告诉他，1/2、3/2等量子个数是"绝对不可能的"。玻尔也同样反对这一观点。然而，海森伯的观点让玻恩产生了共鸣，而玻恩后来和他有机会进行合作研究。

作为一位有着挑战经典传统的大学青年教师，玻恩乐于接受新观点。他一直在独自寻找替代玻尔－索末菲模型的方法。就像是上天的安排一样，1922至1923年，索末菲请假去美国旅行，并在威斯康星大学任教。在他请假访学期间，他派海森伯到哥廷根与玻恩一同工作。此时泡利北上，成了玻尔的助手，这样就完整地构成了慕尼黑、哥廷根以及哥本哈根这个量子三角形。

1922年10月，海森伯抵达目的地，玻恩建议他以天文学和轨道力学原理为基础，专门研究玻尔的理论变化。他们二人通力合作，试图将"行星模型"与氦离子（拥有单电子的氦）的光谱线相匹配，这是除了氢以外最简单的原子系统。

在1923年5月，海森伯回到慕尼黑，以完成他的博士学业并进行最终的答辩。虽然索末菲为理论的发展做出了杰出贡献，但是他的研究重点仍旧是应用物理学。与薛定谔不同，海森伯几乎没有做实验的经验和兴趣，他的博士答辩在这一环节的表现不尽如人意。他在理论和实验部分的平均成绩相当于C级。尽管如此，索末菲仍然为他举办了博士毕业派对来作纪念。因为自己成绩平平，海森伯心情落寞，早早离开了派对。他奔向火车站，跳上一列驶向哥廷根的午夜火车，回去继续与玻恩合作，这一次，他成了可以拿薪水的研究助理。

对于海森伯来说，还有很多事情要做。新的光谱线数据正在源源不断地涌入，奇怪的图案说明结构越来越错综复杂，这也说明目前的模型需要越来越多的改变。海森伯试图使自己的核心模型适应新的数据，但总是徒劳无果。

1924 年初，玻恩开始渐渐明白，他们用行星系统来比拟电子的做法失败了。传统的轨道力学、量子化的能量和角动量，这三者的结合并不能解释氦离子中电子的行为方式。如果对于氦这个相对简单的系统都建立不起模型的话，那还有什么希望去理解元素周期表中所有复杂的原子呢？

对于原子，玻恩摒弃了经典力学，声称需要一个全新的"量子力学"。关键的差异在于量子力学将不具有连续性，它基于瞬间跃迁，而非平稳变化。因此，要想厘清电子的运动变化，需要将原子看作是一个有内部运作机制的密封的"黑匣子"，而不是一个经典的物理系统。

玻恩的这一改变在物理学发展中是史无前例的。从牛顿时代开始，物理学家就把运动定律看作是神圣不可更改的。爱因斯坦的狭义相对论调整了动量和能量的定义，但是却没有改变其基本前提——这些量是严格守恒的（通过把相对论质量作为另一种能量形式包括在内），任何物质都不会凭空在某处消失，又在另外的某处重新出现。在牛顿物理学中，对每一瞬间都要给出解释；隐形时刻会在实验中出现，但是在理论上是行不通的。玻恩完全可以说，我们不理解电子跃迁的机制，是因为观察能力有所局限，或者复杂过程间相互干扰所产生的噪声导致的。相反，他就像是做外科手术一般，将电子在跃迁前后之间的因果关系给一一切除了。我们所知道的就只有跃迁法则。

如果将经典力学比喻成一个吝啬小人，他无时无刻不在盯着自己存款中的每一分钱，那么量子力学就像是共同基金的客户，他只关心自己的钱是否有增加的希望。如果真的关切地询问自己的投资状况，他所得到的回答只会是："别问那么多，只管收钱就行。"同样地，在量子力学中，没有直接的机制解释电子跃迁，它们只是遵循设置了始末状态的"规章制度"。

海森伯也被经典力学的局限性弄得十分沮丧，于是他准备采用全新的研究方法。从1924年伊始到1925年初，他拿出了其中一段时间去拜访玻尔在哥本哈根的研究所。他尝试了各种各样的方法，试图将轨道上电子的变化与复杂的光谱对应起来。在咨询了泡利、玻尔等人的意见之后，海森伯决定放弃试图描述电子轨道的想法。他不再试图对电子的运行路径描绘出视觉上的效果图，而是认为，更有成效的做法是集中精力研究能够直接测量的物理量，即可观测量。

1925年，在北海的黑尔戈兰岛上，海森伯连续思考了两周，期间没有受到打扰。此前严重的花粉过敏迫使他不得不休息一段时间，海风吹拂让他的鼻塞得以缓解。他终于有了突破。在那里，他研究出一套系统，用于计算不同电子状态之间跃迁的振幅（与可能性相关），这些状态会产生发出或者吸收光的特定频率。他制作出一种数据表格，这种表格列举出了所有可能的原子跃迁振幅。同时，他还解释了利用这些数据表进行的数学运算如何能够用于确定电子可能处于某个特定位置，有一定的动量、能量以及其他可观察的物理量的概率。因此，虽然我们不能精确地得知这类物理量，但是，却可以算出其概率，就像是在21点纸牌游戏中手握纸牌时，知道摸到21的概率。

回到哥廷根，海森伯将自己制作的振幅数据表给玻恩看，玻恩很快就发现，这其实是一种矩阵，即按照行和列排列起来的一组数。玻恩让他的博士生帕斯夸尔·约旦加入，与海森伯和自己一同工作，共同探讨"矩阵力学"的数学含义。

玻恩十分熟悉矩阵的一个特性：把两个矩阵相乘，会因运算顺序的不同得出不同的答案。在标准的乘法中，2乘以3等于3乘以2，而在矩阵乘法中，A乘以B并非总是等于B乘以A。如果顺序是可以互换的，那么量也就可以称作具有"可交换性"；如果顺序不可调换，则称为"不可交换性"。因为在海森伯的系统中，不可交换性矩阵用于确定物理属性，比如位置和动量，对于这些测量来说，顺序是起作用的。因此，如果先测量某一状态的位置，之后再测量它的动量，那结果就会与先测量动量后测量位置有所不同。

海森伯之后就说明，这种不可交换性会产生"不确定性原理"，基于该原理，我们不可能同时测量量子的特定的一对物理量。例如，一个电子的位置和动量不可能同时精确测量出来。如果确定了其中一个量，那么另一个就一定是不准确的。这就像是拍照片，前景或者背景，只能完美地聚焦其一，但不能同时聚焦。如果摄影师想要凸显前景中的图像，那背景就会显得模糊并成为次要部分。与此类似，如果一位物理学家建构了一个实验，旨在精确定位电子的位置，那它的动量就会在一个无限的范围内变化，也就是说，我们根本无从得知其动量。

"矩阵力学"抽象出来的理论虽然是面向具体的研究的，却没有使它受到实验物理学界的欢迎。只有在其姊妹理论"波动力学"出现之后，并被证明这两大理论是相当的，量子力学的统一理论才得到了普遍接受。

爱因斯坦对斯宾诺莎所持的宇宙万物就像钟表那样精确运行的理论持肯定态度，他也因此无法接受海森伯理论的一个惊人的隐含内容。如果位置和动量不能同时且精确地测量，那么我们就不能描绘出宇宙万物的位置和速度，也不可能预测它们未来的发展。海森伯和玻恩觉得这样的缺失不是什么问题，他们已经适应了概率力学，不需要精确的经典力学了。爱因斯坦激烈地反对抛弃严格的决定论，而接受这种粒子的轮盘赌游戏。

光子计数

爱因斯坦作为量子理论的开创人之一，从自己创造的成果中退缩了，这一点多少让人觉得奇怪。不过，我们必须要将量子理论的初级阶段与发展成熟后的量子力学区分开来，前者仅仅指能量和其他量的独立的单位，而后者是一个系统，能够在原子的尺度上取代确定性的经典力学。举例而言，在爱因斯坦的光电效应中，一个电子吸收一个以光子形式存在的离散量，但是之后，它会借助这种推力脱离金属表面，并且在空间中连续（并且符合确定性）地移动。然而，说电子会吞噬光子并瞬间跃迁到一个完全不同的位置，爱因斯坦对这一说法持反对意见。爱因斯坦推测，从表面看来，离散、随机的跃迁，通过更深刻的理论，肯定能找到一种连续性的因果关系来说明。

爱因斯坦认为，将随机性看作是一种工具，这完全没有问题，但是不能把它看作是自然的一个根本的属性。爱因斯坦明白，统计力学需要借助随机性来解释无数个彼此相互作用及与环境相互作用的原子的整体行为。经典力学能够自如地解决一对物体之间简单的相互作用，但是在解决带有多个量的复杂系统时还是有所欠缺。因此，爱因斯坦认为，随机性此刻就起了作用，它可能不是一种根本性的元素，而是多种运动的一种表现形式。

爱因斯坦在"转变阵营"，并成为量子力学理论最著名的批评者之前，他对量子理论的最新的重大贡献就是提出了理想气体的量子统计理论。理想气体是指放置于容器中的大量分子，为了阐释的简便，我们假定分子与分子之间不会发生相互作用。在由玻尔兹曼等人发展起来的经典统计力学中，对随机运动的假设推导出了有关压力、体积和温度的简单关系，称作理想气体定律。爱因斯坦将标准统计力学进行了重新定义，将能量量子化的观点纳入其中。

促使爱因斯坦最后一次冒险进入量子界的，是他收到了印度物理学家萨特延德拉·玻色（Satyenda Bose）撰写的优秀论文，该论文从量子统计定律推导出了普朗克的黑体辐射定律。爱因斯坦将这篇论文翻译成了德语，并于1924年8月发表在极负盛誉的《德国物理学刊》上。玻色将光子看作容器中的大小一样的乒乓球，携带离散的能量（根据普朗克的定律），能量的大小取决于其频率。爱因斯坦又进一步将玻色的观点用单原子（只有一种类型的原子）气体来分析。因此，针对某种类型相同粒子的量子统计学，包括针对光子的在内，就叫作玻色-爱因斯坦统计法。这就是目前希格斯-玻色子这一术语中

"玻色子"的由来。

　　1924年9月，两次世界大战之间最重要的科学界大会之一"自然科学家会议"（Naturforscherversammlung）在坐落于阿尔卑斯山山谷之中的奥地利城市因斯布鲁克举办。尽管爱因斯坦没有在会议上发言，但是他参加了会议，并且借机与包括普朗克在内的与会人员针对量子统计学进行了非正式探讨。

　　薛定谔也参加了此次的会议。这让他有机会认识了爱因斯坦和普朗克这两位自己最为尊重的物理学家——当然，他们也是世界上最富盛名的物理学家。他曾经在1913年的维也纳会议上听过爱因斯坦的讲座，也与他交换过广义相对论方面的论文，但是直到这次会议之前，一直没能跟他当面交谈——至少没有深入交谈。

　　爱因斯坦和薛定谔在因斯布鲁克的见面不仅是他们之间长久又成果丰硕的友谊的开始（一开始两人的关系颇为正式拘谨，但后来就很近了），而且也是现代物理学发展史上的关键时刻。会议总结了爱因斯坦在量子统计学领域的贡献，这也激励着薛定谔与他通信，最终从他那里了解到了法国物理学家路易·维克托·德布罗意的物质波动理论。这也启发薛定谔构建了自己的波动方程——该方程式是量子力学的关键支柱之一。

　　薛定谔借在因斯布鲁克开会的机会跟奥地利的同事叙了叙旧（当时他正在瑞士工作），并有机会呼吸一下山区的新鲜空气。这对他很重要，因为三年前，他曾得了支气管炎，之后又得了肺结核，因此留下了肺病的后遗症。由于他烟瘾很大，这使他的呼吸道疾病进一步恶化。

过去的几年对于薛定谔来说，真可谓是跌宕起伏。跟安妮结婚之后，他变成了十足的流浪学者。尽管他在维也纳大学获得了一个职位，但从1920年底至1921年底，他还先后在德国的耶拿、斯图加特以及布勒斯劳（现为波兰的弗罗茨瓦夫）任教，每次任教时间都很短。薪水是他最关注的问题，因为当时通货膨胀开始在德国肆虐。他守寡的母亲曾经是骄傲的中产阶级，在父亲死后却流离失所，生活窘迫。这一切他看在眼里，怕在心里。1921年，母亲因为癌症去世。埃尔温决定，要尽量找一个报酬高又安稳的教学岗位安定下来，希望这能够给安妮带来舒适的生活，不再让她受贫穷之苦。

这样的机会首次出现于那一年年底，当时苏黎世大学正在公开对外招聘教师。就这样，瑞士给了埃尔温和安妮一个稳定和平的环境，使他们逃离了德国和奥地利经济不景气、社会动荡不安的环境。安顿下来之后，他治疗了自己的支气管炎和肺结核，之后就迅速开始发表一连串的论文，将玻尔兹曼的传统理论拓展至量子领域。

早年在苏黎世时，薛定谔思考的一大问题就是，对于一种理想气体而言，如何从量子的角度来确定其熵（无序的量）。玻尔兹曼对熵下的定义是每一种宏观态下特别的微观态（粒子排列）的数量。不过，如果粒子难以分辨，例如在量子气体中，特别的微观态就会更少。这就像是我们在数一堆硬币，每一枚硬币的铸造年份都不一样。如果关注它们的铸造时间，就比把它们看作是一样的多出来很多的特殊属性。因此，熵的量子估算与传统的测量方式不同。

玻色发表了开创性的、关于光子的论文，随后爱因斯坦又将他的方法应用扩展到理想气体领域，在此之前，许多科学家一直在困惑：在量子系统中，应该包含哪些因子来表示熵？熵的著名方程包含着一个存在争议的修正项，在玻色之前，没有人能够完善地解释这个修正项。该修正项用于矫正将玻尔兹曼方程应用于量子气体时出现的问题。但是，并非所有人都认为这一修正项有其合理性。薛定谔在1924年发表了一篇论文，其中忽略了该修正项，结果对熵的表达就出现了错误。

鉴于爱因斯坦找到了新的方法，可以说，薛定谔与他在因斯布鲁克的相遇以及之后两人的通信，都使薛定谔大开眼界。爱因斯坦的洞察力启发了薛定谔，使他放弃了自己传统的错误观念，即认为重置粒子总会产生不同微观状态，而是以一种全新的方式思考量子统计学。不过，这些影响是经过了一段时间才起作用的。起初，薛定谔认为，爱因斯坦的计算方法一定存在错误，因为他的结果和玻尔兹曼的方法得出的结果不同。1925年，在第一次给爱因斯坦写信时，他就指出了自己想当然地以为爱因斯坦存在的错误。爱因斯坦耐心地给他回信，解释了玻色的观点，即光子能够存在相同的量子态。薛定谔根据新的统计数据对熵的定义做出了修正，并于1925年7月，向普鲁士科学院提交了自己的成果。

理论家无法预测研究论文的哪一部分可能会最吸引人。有时候，即使是毫不相干的说法都有可能会引发想象，并引发一系列卓有成效的观点。爱因斯坦的一篇有关量子统计学的论文，引用了德布罗意的成果，这则引用启发了薛定谔，使他做出了对科学最伟大的贡献 —— 薛定谔波动力学方程。

物理学家彼得·弗罗因德曾经指出："如果没有爱因斯坦对德布罗意研究成果的支持，薛定谔方程式很可能就会更晚一些发现。"[10]

物质波

粒子和波好像是截然不同的两种东西。一个是离散性的，另一个是集合性的。一个能够从墙壁反弹，而另一个能够悄然流动到犄角旮旯。一个似乎是物质的一个微小部分，而另一个则通过空间的波动形态呈现出来。那这两者之间怎么可能存在共同点呢？

爱因斯坦首次提出，光子具有粒子和波的混合属性。它们像粒子一样，会携带一定量的能量和动量，这些粒子能够在碰撞中释放出来。与波类似，它们有高峰和低谷，能够排起来形成称作干涉图样的条纹状的图像。

1924 年，在撰写博士论文的过程中，德布罗意以前些年做的计算为基础，完全凭想象将这种双重性应用于太阳光下的所有物质。根据他的推测，不仅光子，所有类型的物质都有类似粒子和波的双重特性。例如，电子能够与某种频率和波长相互作用，其频率和波长分别取决于其能量和动量。具体而言，根据德布罗意方程，电子在没有穿越空间时，其频率就是静止能量（$E = mc^2$）除以普朗克常数，其波长就是普朗克常数除以动量。

德布罗意方程的优美之处就在于，它自然而然地导出了玻尔的角动量的量子化程式（并能导出索末菲推导出来的玻尔 – 索末菲量子化定律）—— 这是稳定轨道的关键。德布罗意把电子的轨道想象成类似拨动的琴弦的样子，只不过是呈环形的。琴弦能够以不同的方式振动，频率不同，波峰和波谷的数量就不同，同样地，原子中的电子波也能够以不同的波长起伏。在德布罗意方程中，动量与波长成反比，角动量是动量与半径的乘积，由此推导出了一条定律，将角动量限定为离散值。由此，一次简单的计算就能够得出电子的临界约束值，对于这一点玻尔本人没能给出充分的解释，但是这对他的理论却至关重要。

爱因斯坦在他所写的一篇关于单一原子气体的量子统计学论文中，利用德布罗意的物质波观点，解释了在低温气体中原子如何步调一致，以变得更加有序，并减少自身的熵。原子能够像光子一样，具有波动的性质，这一观念在爱因斯坦的原子气体和玻色的光子气体之间形成了重要的联系，爱因斯坦的理论正是以此为依据提出了自己的理论。爱因斯坦还称赞德布罗意找到了解决角动量量子化难题的创新性方法，这个难题曾经是玻尔模型中的一个令人难堪的缺憾。

薛定谔在研读爱因斯坦论文的过程中，看见了引用的德布罗意的论文的信息，他很想尽快得到这篇论文。出人意料的是，他似乎并没意识到，这篇论文的一些重要成果已经发表，苏黎世大学图书馆在一段时间之前就已经能够查到了，可以说它们就在他的眼皮底下。但是，他还是通过信函从巴黎获得了这篇论文全文。薛定谔曾阅读过叔本华和斯宾诺莎的作品，受到启发寻找统一论，而德布罗意睿智的思想指出了物质和光具有相同的方面，这又引发了薛定谔无限的遐想。原子的玻尔－索末菲模型瞬间从一个存在缺陷的太阳系的类比物转变为由物质组成的一颗怦怦跳动的心 —— 以自然的模式跳动着，这种模式决定了其属性。1925 年 11 月 3 日，薛定谔激动地给爱因斯坦写了封信："几天之前，我带着极大的兴趣阅读了路易·维克托·德布罗意的那些极富创新性的论文，这是我好不容易才得到的。"[11]

受到当时在苏黎世联邦工学院工作的德拜的鼓励，薛定谔举办了一次有关德布罗意物质波理论的研讨会。这场研讨会成功展示了该理论所蕴含的革命性价值。在会议结束时，德拜建议薛定谔研究一下什么样的方程能够成为这样的波动模型，表现出随时间和空间变化，这些波会如何发展。就像麦克斯韦方程能够解释电磁波一样，有没有可能存在一种机制，能够产生物质波，跟任何的物理条件相匹配？例如，当电子处于原子核中质子所产生的电磁场中时会有怎样的行为？当它们在原子外面，穿过真空空间时又会有怎样的行为？

接下来，薛定谔花了数月时间，疯狂地寻找能够生成物质波，并解释原子内外的电子行为的正确方程。他最初得到的结果令人失望，因为当时还没发现电子的一种内在属性，即自旋。自旋最早是由埃伦费斯特的两个学生塞缪尔·高德斯密特和乔治·乌伦贝克于 1926 年发现的，它是一个量子数，表示外部磁场中粒子的行为方式。自旋"向上"是指粒子的方向与磁场的方向一致，而自旋"向下"是指粒子朝向相反的方向。包括电子在内，许多类型的粒子都有自旋值，这些值都是半整数，比如 1/2 或 −1/2。这些半整数自旋粒子并不遵循玻色−爱因斯坦统计法，因为它们不能共用一个量子态。相反，如泡利所指出，电子以及其他半整数自旋粒子必须要遵循一个"排除原理"，该原理要求每一个粒子必须都有属于自己的量子态。这种粒子现在叫作费米子，它们不能凝聚在一起，就像是音乐会舞台狂舞区的人一样。

它们都有各自的位置。

"费米子"这一术语来自费米-狄拉克统计法，是对半整数自旋粒子集合状态的恰当描述。该术语是以意大利物理学家恩里科·费米和英国物理学家保罗·狄拉克的名字来命名的，他们都对该理论的发展做出了贡献。这种方法采用了与玻色-爱因斯坦不同的方式记录粒子状态。之后，狄拉克提出了正确的费米子相对论方程式，称作狄拉克方程。该方程需要使用包含复数的全新的表示方法。

薛定谔在对这些研究毫不知情的情况下开始了自己的计算，他借助狭义相对论，很快就得出了一个物质波动方程。这是一个有着坚实科学基础、十分重要的方程式，之后，瑞典物理学家奥斯卡·克莱因和罗伯特·戈登也发现了该方程，将其称为克莱因-戈登方程。然而，这里的问题是，该方程不适用于电子和其他费米子，因为它们都有半整数自旋，而只适用于非自旋玻色子。可他当时想要描述的是电子而非玻色子。当他要用这个模型套玻尔-索末菲原子时，发现自己的预测是完全错误的，这令他极为失望。

徒劳无益地做了一段时间的思考之后，薛定谔决定休息一下。圣诞节假期要到了，他恰好可以休个假，好好思考一下物质波动。他告诉安妮，自己要去位于瑞士阿罗萨镇一个风景秀丽的阿尔卑斯山乡村的别墅休息一下。他对这个乡村相当熟悉，因为自己在身患肺病后曾在那里修养。同时，他给自己在维也纳的一个前女友（由于他那一年写的日记散佚，她的名字我们不得而知）写了信，邀请她一同前往。安妮则留在了苏黎世。

圣诞节奇迹

在薛定谔1925年写的题为《寻路》的哲学文章中，表达了自己与叔本华在"意志"这一问题上的相同见解，认为意志就是一种能够控制所有人类以及物质走向其注定命运的力量。他以雕塑为类比进行了阐释：尽管最终的成品质地坚固、造型优美、超越时空，但是在此之前需要对石头进行成千上万次的雕琢，每一下看起来似乎都是有害的、破坏性的，但是经过这些步骤，最终雕塑就会成型。

"每一步，我们都必须做出改变，克服困难，毁掉我们之前的成果"，薛定谔说道，"我们需要抑制自己原始的欲望，每一步我们都会碰到这种欲望；对我而言，这跟物体的现有形态跟凿子的对抗有某种关联性。"[12]

薛定谔心高气傲，做事冲动，认为冒险是发展过程中不可回避的因素。1925年年末，他和自己的前女友一起住进了荷维格别墅，在迷人的山间风光环绕下，他开始进行艰苦的计算。他在那里做了什么我们不得而知，但不管做了什么，似乎都产生了效果，因为这两周的假期成了他人生中最高产的一段时期的开端，令他探索出了全新的物理学研究方法，并因此而获得诺贝尔奖。赫尔曼·外尔与薛定谔熟识，显然也很了解他的私人情感，他是这样跟科学史学家亚伯拉罕·派斯描述这段时期的：

薛定谔老夫聊发少年狂，巫山云雨，浓情蜜意之余做出重大成果。[13]

　　所谓"老夫"，是说当时薛定谔已经38岁了，比量子力学另一个阵营里的"天才少年"海森伯和泡利做出科学上的突破性发现时的年龄都大得多。遗憾的是，没有几个理论物理学家（至少是近代以来）能够在年近40甚至更大的时候取得重大成就。爱因斯坦是这一规律的又一个例外。他在36岁时完成了广义相对论，而他对量子统计学做出贡献的时候已经45岁了。不过，与薛定谔不同的是，爱因斯坦的诺贝尔奖是因自己在20多岁时取得的成果（光电效应上的成就）而获得的，而不是其30多岁时的成果。

　　带着青春能量的意外迸发，薛定谔朝自己的目标迅速奔去。在继续尝试了相对论性的波动方程之后，他转而决定研究非相对论性波动方程。他抛开 $E = mc^2$，使用了更早的牛顿的能量公式。他将动能（运动的能量）的经典表达与势能（位置的能量）的经典表达结合起来，巧妙地将它们重新用一个数学函数表示，叫作汉密尔顿算符（与前面曾经提到过的汉密尔顿方程类似，但是用导数和其他函数表示的）。在这一著名的方程中，薛定谔将汉密尔顿算符运用于波函数（也称作双函数），并阐释了前者如何转变为后者。

　　根据薛定谔的观点，波函数反映了基本粒子的电荷和物质是如何在空间中扩散的。为了找到带有固定能量的粒子的稳定态——例如，一个原子的稳定电子态——只需找到所有的波函数，将汉密尔顿算符代入该函数，就会得到一个数乘以这个波函数。使方程成立的每一个数字都代表一个能量水平，每一个波动方程代表与其能量水平相对应的稳定态。

让我们借助一个很基础的类比来理解一下薛定谔方程的原理。假如你是一位银行家,你所在的国家有许多假币。你开发了一种扫描仪,一方面,能够通过隐藏在纸币一角的代表其真实价值的数字来判断真伪。如果纸币上没有那个数字,就表示是假币,毫无价值。另一方面,如果扫描仪发现了这个数字,指示灯就会亮起,并显示出纸币的面值,并根据这个值将其放在专门的一堆中。那么,我们将汉密尔顿量看作是一个扫描仪,它能够处理波函数,有时候还能够读出它们的能量值,并将其保留下来,而其他时候则抛弃掉。这样的分类过程中所产生的数学术语就是"本征值",意为"正常值";以及"本征态",意为"正常态"。汉密尔顿量代入到本征态(稳定态波函数)得到的结果是本征值(能量的)乘以本征态。

自然地,薛定谔特别想试试自己的新方法能否解决氢原子的问题。他发现,原子核的电场会向四周释放辐射,这就带来了球面对称的问题。在探究对称的过程中,他找到了一系列解,这些解可以根据三个不同的量子数来归类 —— 这三个量恰恰就是玻尔和索末菲所提出的。让他十分欣喜的是,他所修正的方程,也就是现在出现在所有的现代物理学教科书中的薛定谔方程,得出了正确的结果,完美地推导出了玻尔 - 索末菲描述的原子。

1926年1月底,薛定谔关于这一话题的第一篇论文《作为本征值的量子化》完成了。在短短数月就完成了如此重大的突破,这真的是一项史无前例的壮举。他将论文的副本寄给索末菲,索末菲看到后十分震惊,认为这是一项天才般的成就。在回信中,索末菲说这篇论文对他"像是雷霆一击"。[14]

由于对普朗克和爱因斯坦都极为崇敬，薛定谔也迫切等待着他们的回信。幸运的是，这两个人都相当认同他的成果。安妮回忆道："普朗克和爱因斯坦从一开始就对论文表现出了很高的热情 …… 普朗克说：'我读这篇论文的时候，就像个孩子读智力游戏题一样痴迷。'"[15]

薛定谔写了一张私人便条，对爱因斯坦表达感谢。"对我而言，你和普朗克的支持要比半个世界更有价值。此外，如果不是你的研究让我发现了德布罗意观点的重要性，那这一切 …… 可能就不会发生。"[16]

那个时候，海森伯、玻恩以及乔丹撰写的几篇描述了矩阵力学理论轮廓的论文已经发表。狄拉克也建立了一种利用带括号的符号来表示量子的一种简便的数学方法，它可以使矩阵力学公式写起来更具美感，也更加直观。既然波动力学和矩阵力学这二者都能对付氢原子的问题，那么，自然而然地，人们开始考虑二者之间到底是什么关系。薛定谔谨慎地强调说，他的理论是自己独立研究出来的，并没有以海森伯的成果为基础。

尽管他和海森伯的理论是各自独立发展起来的，而他自然更喜欢自己的理论，薛定谔意识到了找到它们之间的共同点的重要性。索末菲立刻意识到，这两大理论是可以相融的，但是这需要数学上的证明。薛定谔很快就拿出了证明，之后，泡利找到了更加严谨的证明。尽管这两个理论都成立，但薛定谔还是开始论证说自己的理论更加摸得着，所以从物理学上看也更加合理。毕竟，他的理论描述了电子在时间和空间中的行为方式，而不是在矩阵的抽象世界中如何变化。

幽灵的世界

玻恩针对这两大理论的内容进行了深入的思考，他逐渐发现了两大理论之间的漏洞，尽管他还曾经帮着发展了其中一个理论。他很清楚人们对矩阵力学有什么批评，人们认为它太过抽象了。的确，波动力学的方法更加具体，也更加便于形成视觉图景。它完美地模拟出了真实物理空间中所发生的过程，例如碰撞。玻恩也不得不承认，它优美、清晰，有着独特的价值。

同时，波动力学认为电子能够分布在整个空间范围内，这一想法是站不住脚的。这样的图景与实验观察完全不匹配，因为实验观察中的电子有时候会像点粒子。虽然电子在空间中振动的画面非常之生动，但是没有任何可以观测到的证据能够证明，它的物质和能量是弥散开来的。

为了整合这两种方法，玻恩找到了第三种办法：将波函数想象成一个指引着真实电子的幽灵世界。波函数没有属于自己的物理特性，也没有能量和动量。它存在于一个抽象而非现实空间里（现在叫作希耳伯特空间），通过提供电子产生某种结果的可能性的方式，让人们间接知道它的存在。换言之，对于海森伯的状态矩阵，它起的作用类似，即提供了一堆数据。

玻恩证明了，使用波函数的幽灵般的"幕后"的角色，可以发现不同的可观测量。每当进行一次测量，不同结果出现的概率就会由波函数所用运算子（数学函数）的本征态来决定。例如，要测量一个电子的最可能的位置，就应当先找到位置运算子的本征态，然后用这些值来计算每一个可能位置的概率。为寻找最可能的动量，就要借助动量运算子和动量本征态来计算。对位置或动量的精确测量意味着电子的波函数要与其位置或者动量本征态中的相应的一个匹配起来。奇怪的是，由于位置和动量本征态形成了不同的组合，你可能无法同时测量位置和动量。这时，你需要选择一个次序：要么先测量位置，要么先测量动量。与矩阵力学一样，不同的计算次序会产生不同的结果。

根据玻恩的解释，你可以利用波动方程来确定电子是否能够从一种量子态转变为另一种量子态，例如，在原子的两种能阶之间瞬间跃迁。除了其发生的概率，这样的"量子跃迁"可能是瞬间发生且不可预测的。能够看到跃迁的唯一方法可能就是去观察它对原子光谱的影响，或是释放或是吸收一个光子。你不可能真正观察到电子在空间里的运动。

简言之，玻恩的方法是将薛定谔的波函数从物理波动转变为概率波动。经过这一转变，它们只能够告诉你，电子处于某个位置，或是具有特定动量的概率有多大，以及这些值发生改变的概率有多大。然而，你不能同时确定这两个数值。因为不管在什么时候，你绝不会知道一个粒子当前处于什么位置，同时又知道它在如何运动，所以，你也就永远不可能精确地预测下一瞬间它会在何处。因此，玻恩将薛定谔的确定性描述变成了概率性、非决定性的一系列状态与状态之间的量子跃迁。

海森伯非常认同玻恩的观点，即电子不能真正作为波弥漫在整个空间。他觉得波动力学的作用就是提供了另一种方法，可以计算他的理论中的矩阵分量。将电子想象成类似围绕在原子核周围的波，在他看来似乎非常可笑。没有任何的量子实验证明电子是能够膨胀的对象。因此，他非常欢迎玻恩的解释，认为这种解释汲取了薛定谔的计算中的有用的结果，同时抛弃了"膨胀电子"这样的无稽之谈。

玻尔之家

　　1926 年 10 月，薛定谔应玻尔之邀来到哥本哈根，展示自己的研究成果，就该问题的争论变得更加针锋相对。玻尔理论物理学研究所已经成了研究量子理论的圣殿，而玻尔也因此成为圣殿的权威。玻尔身边聚集了一批满怀热情的学者，（当时）包括海森伯、狄拉克以及奥斯卡·克莱因。

　　克莱因对于波动力学尤为感兴趣，因为他在这个领域也建立了自己的观点。他也读过德布罗意的论文，想要构建出一个基于物质波的波动方程。他尝试了几种不同的方法，在 1925 年年底独立研究出薛定谔方程的一种形式，但是因为生病，没能提交获得发表。等他康复之后，薛定谔的第一篇论文已经面世。不过，克莱因和戈登也因为该方程结合了相对论而获得了应有的荣誉。

　　克莱因也通过增加另外一个维度，独立再现了卡鲁扎的理论，把电磁力和引力也纳入进来。像他的前辈那样，克莱因希望研究出一种关于自然的统一理论，能够解释电子在合力作用下如何在空间运动。

相比于卡鲁扎的理论，克莱因的理论是植根于量子原理的。它利用了德布罗意的驻波原理，但是却在某种程度上将其区别对待。波并非被包围在原子之中，而是蜷曲起来，存在于一个我们看不见的第五维度之中。克莱因在第五维度的这种动量与电荷之间建立了等式。他利用德布罗意的波长与动量成反比的观点，将另一维度的最大值与动量的最小值联系起来，又将后者与最小电荷数联系起来。之后，他发现，电荷小小的磁力会自然地形成第五维度微小的尺度。结果是，第五维度实在太小，无法探测到。

克莱因提出的第五维度之所以不可探测，就像是站在一个极高的梯子上去观察地上一根紧裹着线的针。从这么高的点来观察，线的弯曲和粗细都不是非常清晰，针看上去就像是一根简单的直线。同样道理，因为第五维度紧密地蜷曲起来，所以很难观察到。

完成自己的研究工作之后，克莱因从泡利那里听说了卡鲁扎对于统一性的类似观点，相当震惊。作为广义相对论和量子物理学的典范，泡利是鲜有的几个能够始终跟进其发展、悉知各种相关理论的人之一。虽然克莱因因为自己不是第五维度统一论的开创者而有些失望，但他还是坚信自己的理论仍有足够的独创性，所以决定把它拿出来发表。在后来的统一论模型中，包括爱因斯坦的一些探索，克莱因的微型、包裹起来的第五维度的观点，会被证明是其至关重要的组成部分。因此，将自然力统一起来的高维度体系常被称作卡鲁扎-克莱因理论。

然而，在当时，克莱因的方法对哥本哈根物理学界几乎没有产生任何影响。玻尔指导整个团队，对于原子和量子的本质，都形成了一致的观点。这些观点的共同基础，就包括认为原子是一种概率机制。不论是克莱因的第五维度，还是薛定谔将波动解读为一种电荷分布，都没有涵盖瞬间的量子跃迁，因此也就都没有被纳入新出现的主流观点之中。

因此，薛定谔 10 月的拜访就像是具有某种信仰的神学院学生，对着一群虔诚地信仰另一种宗教的人诉说自己的信仰，并试图捍卫自己作为少数派的信条。这位傲慢又固执的维也纳物理学家，虽然他个人的观点往往会像流体那样飘忽不定，他本人却不会轻易做出让步。他可以根据自己的主张而改变自己的观点，却绝不会轻易因别人的言辞而改变。

薛定谔在 10 月 1 日乘火车到达。在长途奔波之后，他在火车站见到了玻尔，马上就接到了对方一堆连珠炮似的问题。直到他发表了讲话，并且回到家之后，这番"审问"还没有停止。在他访问哥本哈根期间，即使是他患了感冒，玻尔还是坚持询问他的观点。由于他住在玻尔的家里，所以真的是躲也没处躲。

虽然有接二连三的提问，但是在哥本哈根，每一个人都热情友好、彬彬有礼，特别是玻尔的妻子玛格丽特，她总是能够让客人感觉自己受到了最热情的欢迎。住在玻尔温暖舒适的房子里，薛定谔处于玻尔、海森伯及其他人的强大压力下，他们试图迫使他接受玻尔的观点，摒弃他提出的物理的、波动的观点。薛定谔使出全部的脑力抵抗着这份压力。他不想让自己极富远见的理论沦为一种算法，任由矩阵理论的支持者们借此完成自己的运算。

薛定谔反驳的关键点是，他认为随机的量子跃迁根本就不是物理层面的。他支持的是一个连续性、确定性的解释。这在一定程度上是一个大转弯，因为在接受苏黎世大学的任职之后进行的演讲中，薛定谔的观点与其导师埃克斯纳的观点相呼应，他强调了自然中偶然性的作用，并且认为无须在科学领域坚持因果论。

薛定谔还曾给玻尔写信，对他参与发展起来的放射理论，即玻尔-克拉默斯-斯莱脱理论（BKS）摆脱了因果论的方法给予了肯定和称赞。[17]

爱因斯坦曾极力反对玻尔-克拉默斯-斯莱脱理论，就是因为其中的随机性。在这一问题上，他和薛定谔站在相反的立场上。但那是在1924年的时候，当时薛定谔还未建立自己那个因果性、连续、决定论的方程，并且要为其辩护。机缘巧合的是，到了1926年底，两个人由于都反对随机量子跃迁，进入了反对哥本哈根学派的阵营。当他们意识到自己是少数几个批评玻恩对波动方程的重新解读时，这个联盟就形成了。

在从哥本哈根回到苏黎世之后，薛定谔仍旧不喜欢量子跃迁，他的基本出发点是原子物理学应当是可观察的，且在逻辑上有一致性。玻尔仍旧抱有希望，相信薛定谔一定会接受哥本哈根学派的观点。他之所以抱有如此希望，只是因为波动力学的概率形式，与矩阵力学契合得非常好。在这一点上，量子理论仍是一体的，因此解读上的分歧没有阻碍其发展。玻尔之所以想跟薛定谔和谐相处，其中的一大问题就是，爱因斯坦对此的反对态度愈加强烈和直接。

上帝掷骰子吗？

1926 年底，爱因斯坦明确地将自己与量子理论划清了界限。他将连续性视为自然中合乎逻辑的一部分，但量子理论却无视连续性，这让他很恼火，于是开始引用宗教意象来说明自己的观点。为什么他会想到宗教呢？爱因斯坦出生于一个世俗化的犹太家庭，自然并不虔信宗教。但是，他的研究受到了右翼的德国民族主义者的攻击，他在反犹太人活动中受到迫害，这等于从负面经常提醒他的犹太人出身；而巴勒斯坦的犹太复国运动则从积极的一面提醒他的犹太人身份。

尽管爱因斯坦的哲学观点与玻恩不同，但是他们二人仍是非常亲密的挚友。他们喜欢进行学术讨论，会一起演奏室内乐，还一直保持通信。玻恩也同样来自世俗化的犹太人家庭。由于他们之间有很多共同点，因此也就不难理解，爱因斯坦为什么会希望玻恩认同量子物理学需要决定论方程而不是概率性的规则。

"量子力学所取得的成就十分值得尊敬"，爱因斯坦在给玻恩的信中写道，"但是，在我心中有个声音告诉我，这条道路还是不对。这一理论……并没有让我们更加理解'老头子'的奥秘。无论如何，我确信'老头子'是不会掷骰子的。"[18]

所谓的"老头子"，是爱因斯坦对上帝的昵称——不是《圣经》中所说的上帝，而是斯宾诺莎所说的上帝。这并不是爱因斯坦最后一次表达这样的观点。之后，在解释自己为何不相信量子不确定性时，他又像念咒语般反复地说，上帝不会掷骰子。

这种半宗教似的陈述，其实更多地体现了理性与常识，并非是要用信仰来替代科学。他完全可以说："我对自然法则的感知让我知道，物理学定律不是随机的。"但是，说"上帝不掷骰子"显然更具有震撼人心的力量。说"上帝不掷骰子"能让人反复玩味，而说"自然法则不是随机的"就索然寡味，达不到预期效果。

正所谓语不惊人死不休，他对自己的观点的重要性也越来越充满信心。他已经开始习惯于媒体和广播摘引他的话，替他传播出去。或许，这就是为什么，即使在私人信件中，他都会尽量字斟句酌地阐释自己的观点。

1927年5月5日，爱因斯坦找到了另一种反驳玻恩的方法，他在普鲁士科学院做了一场演讲，意在证明薛定谔的波动方程暗含了确定性的粒子活动，并不仅仅是在掷骰子。在接下来的一周内，他以胜利者的口气给玻恩写了一封信："上周，我向科学院提交了一篇小论文，其中解释了我们可以脱离一切统计学理论，将完全确定的运动归因于薛定谔的波动力学。论文很快会发表。"[19] 爱因斯坦将该论文提交给了一家十分著名的期刊。然而，或许是因为他对于自己的研究结果还有所疑虑，在几天之后他撤回了这篇论文。该文从未得以发表。被他废弃的这个证明的论文仅有第一页在历史上保留了下来。

尽管爱因斯坦成就卓著，声名远扬，但是他的劝阻对于信奉量子理论的人并无太大的影响。一次又一次的实验表明，量子力学是描述原子运动方式的高度精确的理论，跟一个又一个预言相吻合。新一代年轻的研究者没有学习过曾经激励了爱因斯坦和薛定谔的哲学知识

（至少是没有受其影响），在亲眼看到这些实证后，便将量子力学视为唯一的道路。他们不愿眼看着实验明明取得了成功，却做其他辩解。

玻恩不为爱因斯坦的论点所动，继续坚持自己基于概率的阐释。他不愿意接受自然万物都是事先确定的这一观点。为何要接受一个没有选择或机会的世界呢？

此时，海森伯开始整理测量中量子活动的不确定性问题，并撰写了一篇非常有影响力的论文。1927 年 2 月他把论文寄给了泡利，并在同年稍晚的时候发表，论文题为"量子理论动力学和力学中的可观测因素"。论文的标题和主题表现出海森伯想要与薛定谔的呼吁相对抗的欲望。他分析了自然中哪些事物能够观察，哪些不能够观察。

海森伯的论文中值得注意的是，他引入了所谓的"不确定性原理"（indeterminacy principle，现在通常称作 uncertainty principle）的概念，指的是不能同时测量出一对特定的可观测对象的值。位置和动量就组成这样的一对组合；时间和能量则是另一对组合。在每一对组合中，对其中一个量测得越精确，另一个量就会越模糊。尽管这个观点背后的数学逻辑在这以前就已经建立（即矩阵的运算顺序会影响结果，对应了这样一对对象的实际测量），但是直到海森伯 1927 年的论文，才首次尝试解释对应在物理层面，到底发生了什么。

海森伯解释道，如果你试着去测量电子的位置，那么就需要借助光来观察。所需的光的最小量是一个光子。然而，用这个单一的光子对准电子，会与电子发生碰撞，扰乱它的运动，并且会传递给它额外的动量。因此，我们得知电子的位置的瞬间，其动量会受到扰动，发生未知的变化。

　　海森伯还把这一过程描述为"波函数塌缩"。在对任意一个量进行测量之前，例如位置，波函数会包括本征态的叠加（加权总数）。一旦读取数值，波函数就会立即变成本征态的其中一个分量，失去其他的所有可能性。紧接着，它的位置（或任何其他的量）就会被设定为某个与其本征态相对应的本征值。

　　我们可以想象一个脆弱的纸牌屋的坍塌过程。垒起的纸牌屋的每一张纸牌都面对着一个不同的罗盘方位，它在东西南北四个方位的叠加中不断变动。现在，从任意一个方位刮来一阵强风。从某种程度上，可以把刮过这个纸牌屋的风视作是对其进行的一次测量。此时，这个纸牌屋就朝某个方向坠落，最后坍塌成为其本征态的一个部分。测量的过程引发了从叠加态到单一位置的坍塌。

　　匈牙利数学家约翰·冯·诺伊曼后来会证明，所有的量子过程都遵循两种动力学中的一种：一种是受波动方程（薛定谔方程或是相对论版本的狄拉克方程）控制的连续的、决定论的演化，另一种是波函数塌缩所描述的离散的、概率性的重新定位。薛定谔本人会继续相信前者，并强烈批评后者。

　　尽管在解释原子过程的论战中，玻尔与海森伯总体上是同盟，但是在不确定性原理上，他最初与海森伯还是有分歧的。他认为，关注测量中的错误对于构建量子哲学毫无用处，更加深入的分析才是必要的。他开始提倡将量子理论中不同的方面都汇总起来研究，这是一种叫作"互补"的阴阳法，即将电子和其他的亚原子对象都视作是具有粒子和波动双重性质，而不同的测量方法会显示出其中的一种性质。

玻尔的互补法还考虑了一种观察者的实验设计。如果研究者正在探究波动性，例如干涉图样，那么他就会清楚地看到这样黑白相间的条纹。从另一方面来讲，如果研究者要记录粒子属性（例如位置），那么这种性质就通过屏幕上的点显现出来。玻尔开始主张，这样的矛盾是自然的一个根本的属性。

很快，玻尔和海森伯就达成了一致，需要形成量子策略的统一阵线，而互补性和不确定性是观察同一事物的两种替代性方法。他们的观点合并到一起，包括实验引起的波函数坍缩的观点，最终成了著名的"量子力学的哥本哈根诠释"。

他们的联合在1927年10月召开的布鲁塞尔第五届索尔维电子和光子会议上受到了考验。会议上爱因斯坦强烈反对他们的观点，这让玻尔和其支持者非常惊讶。艾伦费斯特既是玻尔的也是爱因斯坦的朋友，他对相对论之父提出了批评，认为他对于物理学的另一革命性的创新思想太过保守。他批评说，爱因斯坦反对量子力学，就好像当年正统学者批评相对论的新观点一样。然而，爱因斯坦并不愿轻易让步。

爱因斯坦与玻尔在会议上就量子哲学进行的辩论大部分是非正式的，主要在早餐时间进行，而不是在会议上。每天早上，爱因斯坦都会在就餐时提出一个假设，而这个假设中总是会避开量子的不确定性。玻尔会针对假设仔细考虑一番，谨慎地想好如何反驳，讲给爱因斯坦，然后这个过程会继续下去。到会议的最后，对于爱因斯坦针对量子理论提出的所有反对观点，玻尔都成功地做出了辩护。

爱因斯坦回到柏林后，在科学界成了孤家寡人。尽管他在全世界的声誉还在增长，但是他在年轻一代物理学家之中的名声却开始减退，那些人都嘲笑他反对量子力学的做法。实验结果一直符合玻尔、海森伯、玻恩以及狄拉克等人所主张的统一的量子力学图景，而爱因斯坦对他们观点的否定好像显得有些站不住脚，也不合逻辑。

薛定谔是少数几个支持爱因斯坦的人。他们一直在讨论，有哪些方式可以扩展量子力学，使其更加完整。爱因斯坦跟他抱怨过主流量子学界的教条主义。例如，他在1928年5月写信给薛定谔说："海森伯-玻恩安静哲学 —— 或者叫作宗教？ —— 的人为斧凿之痕迹过于明显，它能暂时给真正的信仰者提供一个软软的枕头，让他昏昏沉睡，难以唤醒。那就让他在那里安眠吧。但是，这种宗教 …… 给我的影响却是少之又少。"[20]

爱因斯坦在退隐之后，努力想研究出一种能够取代量子力学的统一场论。由于量子力学十分成功，因此，没有多少物理学家对爱因斯坦的尝试感兴趣。爱因斯坦的论文很快就变得只是更多地被新闻界报道，而不是被物理界所关注。

回想起来，继索尔维会议之后，爱因斯坦的成果几乎没有在科学上产生什么影响。这些成果主要是严密的数学运算，旨在探索统一论的各种不同的可能性。派斯提到，1925 年之后，爱因斯坦再也没有提出什么重要的理论，派斯用揶揄的口吻说道："在他生命的最后三十年中 …… 假如他放下工作，钓鱼去也，其声名，即使不会比现在更高，至少也不会丝毫受损。"[21]

虽然物理学界转移到了概率性的量子世界，剩下爱因斯坦守着决定论的孤城，新闻界仍给了他无尽的荣耀。他是个发丝飞扬的天才，是科学名人，是预言了星光会弯曲的奇迹研究者。就像是已经无法左右国家事务的名义上的国王一样，媒体对他的兴趣，要比对那些正在切实改变物理学但名声较小的研究者的兴趣要大得多。他每发表一份声明，即使同行大多视而不见，媒体都会报道。

在爱因斯坦的余生中，人们始终认为他还有杀手锏。他于 20 世纪 20 年代末在柏林提出的统一论，让他一直处于公众的视野中。尽管主流物理学界愈发将其视为一段历史，已经将其抛弃，但他仍旧是国际新闻界的宠儿。

第 4 章
对统一论的不懈追求

他伸出双臂，伸向黑暗的空间，

保持绝对平行……

他想，如果能将自己所处的空间都变弯曲，

一层包着一层，空间内部和谐稳定，

那么科学就不会让他如此气馁。

——罗伯特·弗罗斯特，"称心如意的尺寸"

一直以来，我们就清楚自己知道的东西少之又少，但爱因斯坦已经证实了的这个理论真叫人倍感欣慰。

——威尔·罗杰斯，"威尔·罗杰斯读了爱因斯坦的理论"

《纽约时报》，1929年2月1日

走入聚光灯下

在柏林工作期间，爱因斯坦身边不断有各种乱七八糟的活动。柏林不仅是主要的科技中心，还是艺术的天堂。林登大道（也称菩提树下大街）是柏林中心地区的主干大街，建于20世纪20年代，是聚集艺术家最多的文化中心之一。它的起点是著名的勃兰登堡门，沿途经过中央大教堂、城市宫以及满是雕像的博物馆岛，是国家图书馆、国家歌剧院和柏林大学主建筑的所在地。

　　尽管这一时期通货膨胀在德国肆虐，但柏林还有很多值得夸赞的方面。这个繁华的城市自诩为世界上面积最大的城市。周边的新社区蓬勃发展，如雨后春笋般涌现，百货公司、饭店、爵士俱乐部和其他场所一应俱全。这里的轻歌剧院蒸蒸日上，名声盖过了维也纳，成为轻歌剧布景最棒的地方。贝托尔特·布莱希特和库尔特·魏尔在他们的作品中将歌剧和街头语言、爵士乐巧妙地结合在了一起，比如1928年8月在造船坝旁剧院（Theater am Schiffbauerdamm）上映的《三分钱的歌剧》。

　　1927年末，普朗克从柏林大学退休。在爱因斯坦的介绍下，薛定谔受到邀请，接替普朗克久负盛名的教授席位。虽然苏黎世有很多吸引他的东西，尤其是那里紧靠阿尔卑斯山，但是薛定谔还是欣然接受了这一教职。再一次踏上德国的土地，搬到热闹非凡的首都柏林，他和安妮都很高兴。

　　安妮对那段时光兴奋地回忆道：

　　　　对于所有科学家来说，柏林的科研氛围绝佳，独一无二。他们了解这里的一切，并且欣赏这里的一切……顶级的剧院、绝妙的音乐、先进的科学、知名的科学院所和发达的工业。还有最著名的学术研讨会……我丈夫真的特别喜欢这里。[1]

到了德国首都柏林，薛定谔不仅成了科学圈里的核心人物，能很容易地参加各种讲座和研讨，而且在国际上也开始崭露头角。虽然他的知名度远不及声名显赫的爱因斯坦，但他多少还是尝到了出名的滋味。

例如1928年7月《科学美国人》上刊登了一篇文章，介绍了薛定谔的观点，指出是取代玻尔模型的权威理论。[2]《纽约时报》告知读者说，薛定谔的理论是当下流行的新理论。该报纸还报道说，玻尔的理论就像"及踝长裙"一样已经过时了。该文章建议，懂行的读者要了解一下薛定谔的原子波动理论。[3]

在薛定谔刚开始小有名气的时候，爱因斯坦却已经开始厌恶出名；不过，因为出名对他支持的慈善事业有帮助，或者是发表一些科普文章或是出版科普书籍能帮他赚点零花钱，他也就不那么嫌恶了。虽然爱因斯坦觉得公众应该了解科学，但他也觉得，恐怕不会有多少人能真正理解他的理论。或许，有关这一点他最直接的表达，就在1921年访问美国后，他说了一番话，批评美国人头脑不灵光，这些言论给他带来了一些麻烦。对于人们为什么会对他的研究工作很感兴趣，他给出了一种奇怪的说法，结果上了《纽约时报》头条，这让他大吃一惊："爱因斯坦声称这里女人统领一切。这位科学家说他发现美国男人是女人的玩具狗。这里的人百无聊赖。"[4]

有人引用爱因斯坦的话，说他认为美国女性"爱追潮流，现在他们偶然地追起了爱因斯坦这个潮流。她们无法理解的东西的神秘性会给她们施魔咒"。而美国的男人呢，却"对啥都不感兴趣"。

　　通常，爱尔莎很支持对爱因斯坦进行宣传，并且认为她的一个职责就是保持和提高爱因斯坦的形象。可是，1925 年 1 月 31 日却发生了一件让她胆寒的事件，让她认识到，公众人物也时常会引起疯子的注意。那天，一个名叫玛丽·迪克森的俄罗斯寡妇闯进了他们的公寓楼。她手里挥舞着武器（有人说那是一把上了子弹的左轮枪，其他人说是帽针）恐吓爱尔莎，要求带她见爱因斯坦教授。据报道，迪克森脑子里出现了幻觉，认为爱因斯坦过去是沙皇的特务。她此前曾经因为在法国恐吓过苏联大使而入狱三周，然后就被驱逐出境了。于是她直奔柏林，将爱因斯坦作为攻击对象。[5]

　　爱尔莎知道自己的丈夫正在楼上的书房里，但是她编了一个巧妙的托辞。她假装爱因斯坦不在家，然后提出可以打电话给他。迪克森冷静下来，说她会晚点再来，然后离开了。她一走出门，爱尔莎立即报警。马上有五名警探赶来，在其家中等待迪克森再来。经过一番激烈的搏斗，他们将其成功抓获，然后把她送到了精神病院。在整个事件发生期间，爱因斯坦一直安全地待在书房里，沉浸于他的理论之中，后来才知道爱尔莎这一次很可能救了他的命。[6]

　　虽然爱因斯坦很感激他的妻子，但他们还是经常吵架。他不在乎自己的外表，这让他妻子很恼火。众所周知，爱因斯坦讨厌理发，他的妻子必须得劝说他去才行，而且他还不肯穿袜子。考虑到他们是社会名流，他的妻子就想让他在摄影师面前看起来得体一点，但他并不在乎这些。当爱因斯坦想不受干扰地研究课题的时候，保持特定的公众形象对他来说只会徒增负担。他反过来向他的妻子抱怨，说她买的那些衣服又贵又难看。[7]

　　薛定谔到达柏林的时候，爱因斯坦由于压力巨大，再加上缺乏锻炼，生活上过于随心所欲，过度吸烟，健康已开始受到损害。1928年3月，爱因斯坦在访问瑞士的时候晕倒了，随后被诊断为心肌肥大。回到柏林以后，他被迫在床上休息，并严格坚持无盐饮食。他好几个月都无法下床行动，正好利用这段安静的时光，借机考虑一种新的统一场论。同年5月，爱因斯坦兴奋地和朋友说："在生病那段平静的时间里，我在广义相对论领域产下了一枚蛋。将要从蛋里孵化出的鸟重不重要、寿命多长只有上帝知道。到现在我还在感激这次生病，是疾病赐予了我这枚蛋。"[8]

老家伙的秘密

　　1929年爱因斯坦五十大寿时，他在公开场合和私下里都进行了庆祝。公开的庆祝和他宣称自己在无法行动的那段时间里提出了一种统一场论的时间大体重叠。他以前也曾发表过关于统一论的其他尝试性研究，但是没引起什么反响。年届五十时他提出了新理论，并且，由于此时他已经是大名鼎鼎的爱因斯坦，所以他的新方法得到了大量的报道。

　　整个20世纪20年代，其他研究者对统一论的研究让爱因斯坦觉得时不我待，想要亲自揭开"老家伙"的秘密方程，描述自然界的所有力是如何紧密结合在一起的。引力和电磁力之间有太多的相似点，它们不可能是各自独立的力。这两种力都会随着物体之间距离的平方增大而减小。广义相对论的局限性在于它只适用于其中的一种力，即引力。这一公式需要在几何学的一侧添加额外的项，来为其他的力腾出空间。往一个成功的理论里添加额外因子并非容易之事。这样做要有明确的根据，即使不是借助物理原理，也要借助数学推理。

爱因斯坦尝试过卡鲁扎、外尔以及爱丁顿的理论，但对这些结果都不满意。不管怎么努力，他就是无法找到物理上切实存在的能够描述粒子行为的方程式。他甚至还写了一篇和克莱因五维理论相似的论文，后来才认识到克莱因已经先于他提出了这样的理论。泡利向爱因斯坦指出了二者的相似点，让他发表论文时在末尾做了一个尴尬的备注，指出论文的内容和克莱因的相同。

此后，从1928年年中开始，他转而研究名为"远程平行"（distant parallelism）的概念，也称作"绝对平行"（absolute parallelism），而且沿着这个路子坚持了好几年。这个新概念将黎曼几何学和欧几里得几何学并行使用，这样就可能定义出空间中远距离的两个点之间的平行线。从广义相对论弯曲的非欧几里得时空通道开始，爱因斯坦将每个点和称作四合体（tetrad）的额外的欧几里得几何联系在一起。因为四合体有一个简单的箱形笛卡尔坐标系，爱因斯坦指出，这样我们可以非常直观地看到，在这些结构里，线条是否平行。这种对远距离平行线的比较，会补充标准广义相对论中没有的额外信息，允许像对引力那样，对电磁力进行几何学描述。

在标准广义相对论中，由于时空的曲率，每个点都有不同方向的坐标系，即每个地方的倾斜度不同。这就像从太空看地球一样。从澳大利亚和从瑞典发射的火箭，在你看来，不会觉得它们的飞行方向相同。同理，时空中某一区域的方向箭头的指向会和另一区域的不同。

因此，在标准广义相对论中，我们无法确定相距很远的直线是否平行。我们能够确定直线之间的距离，但不能确定它们的相对方位。

远程平行具有箱形的附加结构，使确定任何两条直线的相对方位以及它们之间的距离变得可能。它为宇宙增加了导航系统，这是对标准相对论提供的基本路线图的补充。基于此原因，爱因斯坦认为它更加完善。

爱因斯坦研究每个统一场理论的最初目的是用几何手段再现麦克斯韦的电磁学方程，最终将其纳入广义相对论中。他很高兴自己能利用远程平行实现这一点，起码在真空空间里适用。然而，爱因斯坦却没有做出可验证的实验性预测，就像当时基于相对论做的预测，也没有找出可靠的物理的解。

他也没有实现重现量子定律的目的。自20世纪20年代起，在爱因斯坦的每个关于统一论的方案中，他都希望方程是超定的，即方程数目多于自变量数目。他希望这样的冗余度能迫使解法有离散的行为类型，有点像量子能阶。

我们举例说明一下超定是怎么回事。对于棒球来说，我们要写下其运动的方程，然后添加额外条件，那就是棒球的垂直位置必须达到一定高度。如果不具备附加的条件，棒球会连续运动，在空中划出一条弧形路径；而如果具备上述条件，棒球的位置会限制在两个离散值内。棒球会分别在上升和下降的过程中达到条件限定的高度。所以，前后两个连续方程会产生不连续值。与此类似，爱因斯坦希望超定的统一场论会把电子限定在特殊的轨道上，这和玻尔－索末菲模型以及通过薛定谔方程发现的本征态类似。然而，他没能实现这个目标。

　　总之，虽然爱因斯坦付出了极大努力，但远程平行还是没有再现粒子的经典物理学行为或者量子物理学行为。因此，他的方案在很大程度上是复杂的数学运算，而不是严密的物理理论。

　　甚至作为数学模型也并不新颖。爱因斯坦后来过了很久才得知，法国数学家埃利·卡当（Elie Cartan）和奥地利数学家罗兰·外森比克（Roland Weitzenböck）在这个领域已经发表过论文。卡当提醒爱因斯坦，说他们曾在 1922 年的一次研讨会上讨论过远程平行，但爱因斯坦显然忘记了跟他们见过面。爱因斯坦最终将发展了其理论中的数学方法的荣誉归功于卡当。

　　结果证明，通过修改长度、方向、尺寸和其他参数的标准来调整广义相对论，使其包括麦克斯韦方程的一个版本相对比较容易。爱因斯坦那时认为，远程平行提供了一个合理的修改方案。他的标准简单、合乎逻辑，具有数学的优雅度。然而，正如泡利和其他人的建议那样，抛弃广义相对论的成功预测（例如星光的偏折）是一种激进的做法，不可轻率从事。爱因斯坦的理论越来越抽象，已经不需要和实验数据匹配，这让他的同事很失望。

漫步云端

　　1929 年 1 月，爱因斯坦准备发表一篇描述他的统一论新方案的短论文。尽管缺乏物理证据，但他还是向媒体发布了一个简短的新闻稿，强调新方案在科学上的重要性，以及其相较于标准广义相对论的优越性。[9] 国际媒体刚得知他即将发表新成果，就有100多位记者强烈要求采访，缠着让他简单描述他的新想法。他们感觉这是类似相对论的突破性进展，但是并不了解这篇论文有多么抽象，多么脱离物理实在。起初爱因斯坦躲着记者，拒绝作进一步评论。[10] 最终他还是给出了更详细通俗的解释，发表在了《泰晤士报》《纽约时报》《自然》杂志和其他媒体上。《自然》杂志里一篇文章引用他的话说："只有现在，我们才知道使电子在原子核周围绕椭圆轨道运动的力和使地球围绕太阳公转的力是同一个力，这个力也带给我们光芒和热量，使这个星球上的生命有可能生存。"[11]

该理论的宣布引起公众热议，其热烈程度可能堪比1919年宣布日食观测的结果。鉴于该理论深奥难懂、基于假设并缺乏实验验证，却有那么多的媒体争相报道，媒体能表现出如此的热情绝对是史无前例的。仅仅是《纽约时报》一家报纸，就有十几篇文章援引了这个理论。

全世界好多科学家都接到请求，对爱因斯坦的成果进行评价和解释。尽管缺乏证据，但很多人还是热情满满。H. H. 谢尔登教授是纽约大学物理系主任，在异常热烈的呼声中，他大胆地设想："该理论的产生，让我们畅想下列事物成为可能：关闭引擎，无须物质的支撑，飞机可以飘在空中；或是从窗户走出去，我们能悬于空中，不用担心坠落；或者是遨游月球。"[12]

似乎该理论也拨动了文化这根弦。很多神职人员评论了其中的神学意蕴。第五大道长老会教堂的雷夫·亨利·霍华德牧师将其中的启示和圣保罗关于自然统一的教义进行了比较。[13] 幽默讽刺作家威尔·罗杰斯调侃该理论根本无法理解。[14] 还有人开玩笑说，可以利用这个理论测试高尔夫球。[15]

在爱因斯坦之前，一篇理论物理学文章能吸引大量媒体的注意是闻所未闻的事。爱因斯坦让最抽象、最遥远的理论看起来那么神秘诱人，而又惊天动地。他的假设提出了一系列死气沉沉的方程，缺乏关键的实验验证，但这并没减少媒体对它的报道。爱因斯坦动笔认真地写下数学方面的证明的过程就是出版社所需的所有重要证据。

面对自己的名人身份，爱因斯坦有所退缩。他显然希望公众把注意力集中在他的理论和其蕴含的意义上，而不是集中在自己身上。不用说，新闻界关注的是物理学家本身，而物理学家面对媒体时则经常选择退隐，然而往往不成功。

与公共的热情形成鲜明对比的是，理论物理学界的反响几乎听不到。在那时，爱因斯坦的想法很快就会和主流物理学界脱节，这很大程度上是因为量子革命。在最活跃的年轻一代的量子理论家中，只有泡利保持了对爱因斯坦理论的浓厚兴趣。虽然爱因斯坦本人依然很受尊敬，但他接二连三提出的似乎毫不相关的统一论被当成了笑话。比如，哥本哈根的一批年轻物理学家就借《浮士德》里的一位国王饱受跳蚤困扰的幽默段子嘲笑他的想法，把爱因斯坦比作国王，把他的统一场论比作跳蚤。

泡利也不是个容易讨好的读者。一直以来，他都以直言不讳而出名。他此时朝爱因斯坦泼了一头冷水。他在为一篇有关远程平行的文章写评论时，在给编辑的信里写道："编辑能将爱因斯坦关于新场论的文章收入'精密科学成果'系列的行为确实是勇气可嘉。爱因斯坦有永不枯竭的创造才能，他近年来在追逐一个固定的目标的过程中表现出了持久的精力，平均每年研究出一个这样的理论，真是让人惊讶。心理学上有一个有趣的现象：作者一般认为他的实际理论有时是'确定无疑的解法'。因此 …… 有人可能会大声疾呼：'爱因斯坦的新场论不复存在。爱因斯坦的新场论万岁！'"[16]

泡利私下对乔丹说，只有美国的记者那么容易受骗，相信爱因斯坦的远程平行理论。而美国的物理学家，更不用说欧洲的研究者了，就不会那么幼稚。泡利和爱因斯坦打赌，说他会在一年之内来个一百八十度的大转弯。

与此同时，和爱因斯坦的研究成果得到的公众关注相比，那时外尔在哥廷根的关键研究表明他原来关于应变系数的想法可以应用于电子波函数，并用来解释电子作用，但是他的成果却没有人关注。这其中的原因在于，将额外的应变系数和电子描述用数学的方法包含在内，需要增加一个新的通过空间传播的"规范场"。这个额外的场可以看作是电磁场，它衍生出了电磁学的规范场论。我们可以把应变系数看成是某种风扇，它在旋转的时候可以自由地朝向任意方向。风扇要保持旋转，就需要"风"，即涌入的电磁力线。尽管外尔的电磁学量子规范场论很成功，但物理学界要开始利用这一理论还得再过二十年。泡利的见解无比敏锐，他是最先认识到其重要性的人之一。

洋葱拉比对统一论的祝福

每当爱因斯坦向公众发布了有关他的统一论计划的消息后，他就会急忙关上大门，将大批赶来的"狗仔队"拒之门外。随着他生日的到来，他更是不得不躲开。3 月 12 日，在距离爱因斯坦五十岁生日只差两天的时候，他选择躲开官方的庆祝活动，藏到一个秘密的地方。这让媒体迷惑不解，也大失所望。《纽约时报》报道说："甚至他最亲密的朋友都不知道他的下落。"还指出，他已经被记者提出的有关统一场论的问题"逼疯"了。[17]

有个匿名记者不知以何种方法找到了爱因斯坦的藏身之处，写下了关于他私下庆祝的经过。这位聪明的记者发现，爱因斯坦的一个有钱的朋友弗朗茨·莱姆（被称为"柏林的鞋油大王"）临时把自己在加图森林里的别墅借给了他。这个地方远离惹人注目的柏林市中心，爱因斯坦在此和他的家人静悄悄地庆祝生日。

这位记者进去时，爱因斯坦正在全神贯注地端详着别人赠予他的显微镜，好奇地凝视着从自己手指上提取的那滴血。他的穿戴很随意——松垮的毛衣、平常穿的裤子和拖鞋。他偶尔停下来从烟斗里吸口烟，流露出孩子般的满足感。或许他那时想起了儿时收到的礼物——指南针。他收到的其他礼物有丝绸长袍、烟斗、烟叶，还有朋友们计划为他打造完成的游艇的素描图。

可能最与众不同的礼物就是他继女玛戈特制作的玩偶，刻画的是一位两手各举着一颗洋葱头的拉比（犹太教神职人员）。玛戈特酷爱雕塑，擅长塑造神秘的神职人员形象。为她亲爱的继父塑造这样一个拉比充分表现了她对他的爱。她为自己的杰作感到自豪，又就此为继父作了一首题为"洋葱拉比"的诗。[18]

玛戈特解释说，洋葱拉比是一位不同寻常的治疗师。犹太人传统上认为，洋葱对心脏有好处。爱因斯坦在其康复过程中已经尝试过这种疗法。玛戈特希望这个有神奇草药的神秘圣人，能保佑爱因斯坦健康长寿。这样他就能创造出更多的统一论了。

推出越来越多统一论的想法让爱因斯坦吓了一跳，但事后证明，这个预言很准确！爱因斯坦回到他在柏林的住所时发现一大堆礼物在等着他。这些礼物中，最重的礼当属柏林市政府慷慨提供的哈弗尔河旁边的房子和湖边土地的所有权，这样他就能欣赏水边的宁静美景，还能驾船航行。这个城市还为他提供了 Neu Cladow（近期从一位富有的绅士那里收购的）的宅邸供他免费使用。然而，当爱尔莎去那里查看住处时，前业主告诉她，自己的买卖契约里，包括了一个条款，即他本人有权无限期待在那里。他直截了当地让爱尔莎离开他的地盘。

市政府因为这份礼物搞砸了而羞愧难当，急着寻找解决办法。在经过几个月的政府和市民的角力之后，爱因斯坦决定要自己处理这件事。他在波茨坦附近的卡普特买下了一块土地，那里正好位于施维洛湖和滕普林湖的交叉地带。他雇用了一位有抱负的年轻建筑师康拉德·瓦克斯曼来为自己和家人设计建造一栋舒适的木屋，距离林间小径和湖边仅几步之遥。在木屋建造期间，他热切期盼已久的帆船送来了，名为"海豚"（Tümmler）。房子一完工他们就搬了进去，他感觉真的像在天堂一样。

施维洛湖畔

卡普特是爱因斯坦远足或航行的完美之地，这些运动可以让他陷入沉思，忘记时间的流逝。在林间的隐居地，爱因斯坦穿着很随意，他经常光着脚走路，身穿睡衣或者光着膀子 —— 从来都不会打扮得很正式。他刻意没有装电话，这样那些拜访他的人经常就只能不打招呼就来。有一次一群高官来访，爱尔莎恳求阿尔伯特去打扮一下，他不肯，说如果他们想看他，他就在那里；如果他们是来看衣服的，衣服在衣橱里。

在去爱因斯坦住处拜访的常客中，薛定谔就是其中一个，他不介意那种随意的气氛，因为他也同样不喜欢正式的穿着。那个时代，德国大学里的教授要穿西装打领带去上课，但薛定谔几乎总是穿着毛衣。在夏季酷热的日子里，他有时会只穿一件短袖衬衫和短裤进教室。有一次，警卫甚至不让他进学校大门，因为他看起来太邋遢。最后还是一个学生前去证明他真的是在这里教书的教授，他才得以进来。[19]还有一件事，据狄拉克回忆，去索尔维参加会议的时候，酒店员工一开始犹豫不决，后来才让薛定谔住进了为索尔维会议预留的高档房间，因为他看上去像个背包客。[20]

1929年7月，普鲁士科学院批准薛定谔加入。仪式要求男士身穿礼服，这次薛定谔照做了。仪式过后，他进行了一次精彩的演讲，内容是关于物理学中的偶然性。他的观点是中立的，既未赞同也未批评海森伯－玻恩的观点。他已经学会了小心处理这种敏感的问题，也变得擅长演讲了，宣称自然可以是因果的，也可以是非因果的，正所谓信则有不信则无。通过这种方式，他邀请决定论和非决定论两大阵营的人随意使用他的方程。

总的来说，薛定谔非常高兴能加入这样一个有着崇高声誉的科学机构。然而，他后来却和爱因斯坦一样，认为这个科学院非常古板保守。他们两个都宁愿远足或航行，也不愿忍受那些枯燥无味的会议。因此，他们真正成为亲密好友的地方是在卡普特的山间小道和航行的水路上。

在漫步林间以及泛舟湖上的过程中，爱因斯坦和薛定谔发现他们有共同的兴趣爱好，这让他俩非常高兴。或许，阻碍他们走得更近的唯一因素，是薛定谔讨厌音乐，而爱因斯坦喜欢和最亲密的朋友玩一玩室内乐。在那段日子里，他俩都对物理学衍生出的哲学内涵深深着迷。比起最新的实验发现，他们更愿意谈论如何将斯宾诺莎或者叔本华的观点应用到现代科学中。

但爱因斯坦一直非常反对量子力学的主流阐释。相比之下，薛定谔的态度却很容易改变。1930年5月在慕尼黑博物馆举行的演讲中，他等于是认同了海森伯－玻恩对波动方程的诠释，不过几年之后又再一次改变主意。

在1931年3月的一次采访中，爱因斯坦表达了自己坚定的立场，确立了对因果论的信念，反对不确定性。他带着挖苦的口气说："我非常清楚，我认为因果是万物本性的一部分，这样的信念会被视为一种衰老的迹象。然而，我坚信，在自然科学相关的东西中，因果关系的概念乃是一种直觉 …… 我相信薛定谔－海森伯理论是一个巨大的进步，也坚信这个量子关系的构想比之前的研究更接近真理。然而，我认为该理论的基本的统计学特性终将消失，因为它引导出了反常理的描述 …… "[21]

1931年11月，《基督教科学箴言报》刊载了一篇报道，讲述了这两个朋友之间在因果论方面的冲突。[22] 这可能是最先同时提到这两位物理学家的观点的报道。该报道分别描述了他们那时发表的关于量子力学的演讲，比较了爱因斯坦和薛定谔的观点。爱因斯坦坚定地认为因果论的原则仍然适用，而薛定谔则深信，面对多种不同的选择，比如非因果论的前景，物理学家的思想要更加开放。薛定谔认为，不断演变的观点可能会转变我们看待自然行为的方式，比如可能会让因果法则变得过时。

我们知道，虽然他们二人都保持着对哲学的兴趣，但爱因斯坦更倾向于支持斯宾诺莎的较为僵化的观点，即世界的法则从一开始就设定了，而且可能通过逻辑推理得到。而薛定谔更倾向于一种易适应的观点，这种观点产生于东方的信仰，蒙着错觉的面纱，认为社会上变化的观点会塑造真理。薛定谔认为，今天看似是真理的东西明天可能就成了谬误。所以，我们可能永远都找不到终极真理。

他们除了在哲学，以及哲学在科学中的应用方面有着共同的兴趣外，还有共同的更世俗的伤心事。他们的家庭都不如意，都有多次婚外情。阿尔伯特发现爱尔莎管得太多，就设法逃脱。有位叫托妮·孟德尔的女士，刚继承了一大笔遗产，魅力十足，出行乘坐的是有司机驾驶的耀眼的豪华轿车。爱因斯坦和她一起参加音乐会、观看戏剧表演，这让爱尔莎无法忍受。[23]

埃尔温和安妮之间的友谊深厚，但是很少能碰撞出性的火花，两人决定永远不要孩子。他们也决定不会离婚，而是维持一种"开放式"婚姻。他们觉得彼此的陪伴能给自己带来很多慰藉，所以无法彻底分开。

对于自己婚姻生活的失败，爱因斯坦表达过悔意。和他相比，薛定谔将自己的约会都赋予了浪漫色彩，还把自己的婚外情都记在了日记里。有的婚外情会持续好几年。有段时间，在给一个年轻女子伊蒂指导数学期间，他爱上了她。他们之间的感情导致了她意外怀孕。虽然他强烈地想要一个孩子，但他并不打算离开安妮。最后，伊蒂选择了堕胎，并离开了他。[24] 希尔妲·马赫是他在因斯布鲁克认识的一位物理学家亚瑟·马赫的娇妻，薛定谔和她的关系最后变得就像第二段婚姻。

不过，薛定谔和爱因斯坦绝不会想到，他们在柏林和卡普特相遇的时光原来是这么脆弱而特别。当纳粹的脚步踏入威玛共和国（从1918年德皇退位后到1933年第三帝国成立间的德国）时，往日的欢乐、悠闲以及开放的思想就立刻消失得无影无踪。两位习惯了惬意舒适、众人赞美的生活的科学家被迫流浪，再也没有机会一起在哈弗尔河上泛舟航行了。

恶风和海风

20 世纪 30 年代初期的德国，失业人口众多，社会动荡不安。1929 年股市崩盘引发了连锁反应，世界上岌岌可危的经济体纷纷衰落，包括脆弱的德国战后经济。随着纳粹运动和其他极右派团体开始激发民族主义的情绪，德国人对停战协议条款的怨气演变成了复仇的口号。与此同时，共产主义者和社会主义者号召工人发挥自己的力量，这威胁到了很多企业主和主流保守派。工人中有些人认为纳粹是 " 小巫 "，是保护共产主义的一个壁垒。在柏林，数十万无事可做的失业工人随时可能加入极左或极右派政治运动。警察用坦克围捕游行示威者，镇压了亚历山大广场（柏林的一个主要广场）的一次大规模集会。随着软弱的联合政府时起时落，右派和左派争夺着选票和支持。

爱因斯坦对任何一个特定的党派活动都不积极，他总体上是支持进步的社会主义运动，赞成让工人获得更多权利。他自认为是国际主义者，将民族主义看作是危险的力量。他还是一名和平主义者，支持反战联盟。他对于自己的观点总是开诚布公，不惮于公开谴责纳粹。一开始，他认为人们对纳粹的支持是一时糊涂，但是他很快就认识到纳粹是一个严重的威胁，甚至在纳粹掌权之前就有了这样的见解。相比之下，薛定谔对政治毫无兴趣，往往会回避这种讨论，等他开始严肃对待纳粹运动的时候已经太迟了。

经济危机期间，爱因斯坦和薛定谔都担心自己的家庭财务问题，愿意接受去国外工作的机会，至少是暂时这样。爱因斯坦的机会先来了。1931 年冬天，他很高兴收到了一个带薪邀请 —— 去加利福尼亚理工学院（加利福尼亚帕萨迪纳）访问并且参观威尔逊山天文台，哈勃就是在这里发现了宇宙膨胀的证据。学院承诺给爱因斯坦的报酬是两个月7000美元，这个数目在当时来说是极其丰厚的，差不多是一位全职教授的年薪。

那时，爱因斯坦有两位带薪助理，一位是他的秘书海伦·杜卡斯，另一位是他的"计算器"（数学助手）沃尔特·迈耶。杜卡斯打理爱因斯坦如潮水般的来信以及大量的演讲日程安排。迈耶进行爱因斯坦研究中需要的常规数学运算，尤其是统一场论研究。爱因斯坦已经认识到了泡利是对的，远程平行理论在物理上行不通。因此他开始寻求研究统一论的其他途径。

在动身去美国西海岸之前，爱因斯坦在《纽约时报》上发表了一篇很长的评论，说明自己对科学与宗教的看法。在这篇文章中，他主张科学与宗教应基于确定论的宇宙观，将上帝视作永恒的自然秩序，二者应达成一致。他认为，采纳斯宾诺莎学派关于神的概念，会赋予科学家和神学家共同的理由，揭开自然法则的奥秘。这篇文章引发了激烈的讨论，同时也使公众更关注爱因斯坦即将到来的参观旅行。

1930年12月30日，大批民众在圣地亚哥港欢迎爱因斯坦和随行人员的到来，阵势不亚于欢迎国王或王后。陪他一起从布尔根兰号巨轮下船的有杜卡斯、迈耶和他妻子。事实证明，爱尔莎是一位重要的翻译，她的英语比阿尔伯特好很多。而迈耶则是他的"计算器"，不论爱因斯坦什么时候有空要进行计算，迈耶都在旁边。

在加利福尼亚理工学院时，著名的实验物理学家罗伯特·密立根曾带领物理系全体教员跟爱因斯坦讨论了他是否可能担任这里的永久教职。但由于他依恋柏林，尤其是卡普特的生活方式，这次讨论还为时过早。虽然如此，但他还是很喜欢加利福尼亚南部，尤其是帕萨迪纳美丽的花园和温和的气候。他在这里最重要的经历就是会见了哈勃，看到了威尔逊山望远镜。他和爱尔莎还抽时间和查理·卓别林这样的好莱坞明星进行了亲切交谈。爱因斯坦非常喜欢卓别林的电影，参加了《城市之光》全球首映。

第二年冬天，爱因斯坦再一次应邀去加利福尼亚理工学院访问两个月。这一次校方又提出了永久聘任的问题。考虑到在德国遇到的所有问题以及纳粹领导下的政府的可怕前景，爱因斯坦此时开始考虑移居国外了。然而，那时候他已经开始收到其他的聘用书了，其中就有牛津大学教授一职。

密立根在恳求爱因斯坦前来的同时，却犯下了一个致命的错误：他把爱因斯坦介绍给了教育家亚伯拉罕·弗莱克斯纳，后者当时来加利福尼亚理工学院讨论在普林斯顿建立一个高等研究院（I.A.S.）的问题，该研究院由富有的捐助者提供资金，专注于基础研究。弗莱克斯纳聘任了爱因斯坦——最初只是一份兼职。他给爱因斯坦开出的薪资非常优厚（以当时的情况看），每年15000美元，这使他成为美国薪资最高的物理学教授之一。爱因斯坦提出了一个附加条件，就是给迈耶也安排一个永久性职位，好让他帮助他进行统一场论的计算。爱因斯坦的要求让弗莱克斯纳感到有些意外，但最终还是答应了。爱因斯坦也是知恩图报，在研究院的岗位上尽职尽责。

大约同一时期，爱因斯坦找到机会，先后向诺贝尔物理学奖提名了薛定谔和海森伯作为候选人。作为诺贝尔奖获得者，爱因斯坦有权提名未来的候选人。在提名中，他将薛定谔排在第一位，因为在他看来，薛定谔的发现比海森伯的影响更加深远。他虽然不同意海森伯的概率论的观点，但还是提名了海森伯，可见他的心胸还是很开阔的。爱因斯坦也意识到，很多物理学家将薛定谔和海森伯二人等量齐观，将他们看作量子力学的共同创立者。因此他认为同时提名这两个人合情合理，同时他比较偏向的那个人也得到了适当的突出。

1932年12月，爱因斯坦一家和随从起航去加利福尼亚南部，对加利福尼亚理工学院进行第三次也是最后一次访问。这次访问喜忧参半，一是因为密立根对爱因斯坦选择的新工作有点恼火，二是因为爱因斯坦逐渐认识到阿道夫·希特勒后来会成为保守派和纳粹联盟的代理总理，即将领导德国。据报道，当他们走出卡普特的别墅大门时，阿尔伯特告诉爱尔莎这将是她最后一次看见这所房子了。尽管如此，他一定想过他们还有机会回来，因为他给在柏林的同事写过信，说了自己在那里第二年的打算。

讽刺的是，爱因斯坦到达帕萨迪纳不久，密立根就预约他去发表一个赞颂德美关系的演讲。演讲的目的是吸引捐赠者。爱因斯坦不想让他的上司失望，就把他的母语文本翻译成了英语，用英语朗读了演讲稿。他借此机会宣扬，不论是在美国还是德国，都要宽容对待对立的政治观点乃至宗教信仰。

演讲中提到美国，让公众想起来这里有一个名为"女性爱国团体"

的右翼组织曾大肆叫嚣，抱怨爱因斯坦这样的知名"革命者"竟然进入了他们国家。媒体报道了该组织的言论，这让爱因斯坦感觉深受冒犯。虽然这次风波不了了之，但美国联邦调查局对他启动了调查，积累了一份长达几十年的档案，里面全是关于他的爱国精神的类似问题。

1933 年 1 月 30 日，德国总统兴登堡任命希特勒为总理，这与爱因斯坦传达的宽容理念形成了鲜明的对比。臭名昭著的种族主义者兼反犹太主义者掌权，身后有数十万身着棕色上衣的准军事暴徒（称为 SA 或者冲锋队）的支持，掌握着德国政府，反对者至少要对言辞刻薄的论调做好准备。人们想知道，希特勒到底是要真的把他的恶言付诸行动，还是说，发表这些恶言只是为了吸引流氓支持者所做的一种政治姿态？

德国国会大厦纵火案

20 世纪 30 年代初，德国的政治变化无常，所以很多权威人士认为，希特勒的总理一职不会长久。温和的保守派默默地期待希特勒能打出一张王牌，压制工人对共产主义的支持，并且向居中的观点靠拢。随着经济的改善，很多人认为选民们会清醒过来，选出更明智的领导人，缓和极端主义。甚至在希特勒刚上任时，爱因斯坦还抱有返回柏林的希望。虽然薛定谔藐视纳粹以及他们的党同伐异倾向，但一开始他对此漠不关心。

后来事态发生转变，出乎了权威人士的意料。2 月 27 日，纵火者点燃了德国国会大厦。虽然历史学家认为罪犯可能是纳粹冲锋队成员，但希特勒还是把矛头指向了共产主义者。议会通过了一项法律：暂停公民权利，可以无限期拘留犯罪嫌疑人。共产主义政治家和左翼运动的其他成员被立刻抓了起来，最后送到集中营里。3月5日进行了新一轮的选举，选举中纳粹党成了最大的议会团体。

在德国国会大厦纵火案前后，爱因斯坦意识到，在纳粹掌权时期他不能再回德国了。他在给伦巴赫的信中写道，他已经取消了应该给普鲁士科学院做的演讲，因为他害怕踏入这个国家。乘火车离开帕萨迪纳，到了纽约之后，报纸上就报道说，纳粹已经搜查了他在卡普特的房子，这加深了他的恐惧。在曼哈顿，他给各种组织做演讲，谴责纳粹对自由的剥夺。德国媒体知道了这些之后，就抨击他对自己国家不忠。

爱因斯坦和他的随行人员从纽约登上布尔根兰号返航回欧洲。在海上航行的过程中，爱因斯坦给普鲁士科学院写了一封信，礼貌地请求取消自己的院士资格，并感谢了他们以前的支持，将政治形势作为他辞职的理由。到达比利时的安特卫普港时，爱因斯坦把他的德国护照交给了领事，宣布放弃自己与德国的所有关系。这是他生命中第二次（第一次是在瑞士上学的时候）成了没有国籍的人。

幸运的是，在比利时和邻近的荷兰，有很多朋友向他伸出了援手。伊丽莎白女王对他的帮助尤其大，她出生于巴伐利亚（德国东南部的一个州），后来嫁到了比利时王室。在纳粹没收了爱因斯坦在柏林的银行的所有存款后，他持有的莱顿和纽约的银行账户显得必不可少。虽然无家无国，但在国外他的前途有保障。

幸运的是，爱因斯坦及时离开了德国。3月23日德国议会通过了授权法案，暂停异议权，实际上赋予了希特勒全部权力。很快纳粹就解散了所有的地方议会，巩固了他们的铁律。此后纳粹长达12年的独裁统治将是世界人民见过的最残暴的统治。

在普林斯顿高级研究院为他的职位做好准备之前，爱因斯坦一家一直在寻找暂时的住所。他们在濒临北海的 Le Coq sur Mer 找到了一间小房子暂时租了下来。在爱因斯坦可以去美国之前，这间海边小屋成了他在比利时这几个月里的一个惬意的庇护所，尽管这里不如卡普特的房子舒服。

从很多方面来讲，那段时间对爱因斯坦来说很悲惨。在他被迫逃离故土的那段时间，他的两位亲人遭遇了悲惨的命运。一个是他的儿子爱德华 —— 小名"太特"，他在学校表现非常出色，并且想成为一名心理医生，现在却开始遭受精神分裂症的痛苦，被送到了苏黎世的一家精神病院。爱因斯坦通过跟儿子的通信，了解了心理学界和西格蒙德·弗洛伊德的研究，对他儿子的未来充满希望，而当儿子的职业生涯被突然叫停，这让他非常震惊。后来，在1933年9月，爱因斯坦最好的朋友之一艾伦费斯特自杀了。在自杀前，他想免去妻子看护孩子的开销，先枪杀了自己患有唐氏综合征的儿子瓦西科。

冰冷灰蓝的大西洋很快会将爱因斯坦和处于苦难之中的欧洲分隔开。他会在国外关注欧洲的局势，看着他以前的同胞的生活每况愈下。即使永久流落在新大陆，他永远也不会忘记他们遭受的苦难。虽然他再也回不到欧洲了，但他沉痛和悲愤的内心将一直牵挂着那里。

第 5 章
怪异的联系和僵尸猫

当我们很难做决定、认真做决定、痛下决定、举棋不定的时候，我们可能会找理由；当我们跪在上帝面前请求饶恕时，我们可能也会找些理由。但在这个问题上，上帝却不为所动！我们必须要清楚，生活在继续，该来的总会来。生活中没有波函数。

——埃尔温·薛定谔，"非决定论和自由意志"

柏林血案

薛定谔聪明异常，但不是特别勇敢。他渴望同龄人、公众以及他生命中的女人都来崇拜他，所以他说话时经常会精心打磨自己的言语，以此来俘获人心。他不愿让政治或者宗教成为自己和他人之间的阻碍，在敏感问题上他都尽量保持中立。虽然他的确在文章中表达了自己的哲学观点，但那都是充满智慧的思考，而不是教条。

然而，纳粹崛起了，他们宣扬日耳曼人的优越性，这种论调与薛定谔的性格格格不入，他没办法隐藏自己的情感了。薛定谔跟海森伯不一样，他鄙视任何形式的民族主义。他喜欢外国语言和异域文化，支持宗教多样性。他认为没必要过度宣扬德国的传统，抬升德国民族的地位，让他们凌驾于其他民族之上。

安妮回忆说，埃尔温极其厌恶纳粹行动，这曾让他和愤怒的冲锋队员正面冲突。一次，他去威尔特海姆（柏林最大的百货公司之一）闲逛，发现由于这家公司是犹太人所有而遭到抵制。纳粹已经宣布1933年3月31日为对犹太商人的全民抵制日。戴着纳粹十字臂章的暴徒堵截要进入商店的顾客，看谁是犹太人就攻击谁。据安妮所说，埃尔温不知危险去和暴徒争辩，差点就被打了。在紧要关头，纳粹的支持者——年轻的物理学家弗里德里希认出了他并出面调解。[1]

薛定谔已经开始拒绝出席普鲁士科学院的会议，因为他感觉这个学院似乎会卷入到这样的政治局势中。后来，事实证明它确实卷入其中。爱因斯坦发表声明说自己全面退出普鲁士科学院，并断绝与德国的关系。为此，4月1日，该学院领导层对他进行了严厉的谴责。在一份广为宣传的公告中，普鲁士科学院公开指责了爱因斯坦的"反德"行为。冯·劳厄是该学院的一名正式成员，谴责爱因斯坦的做法让他深感恐惧，他呼吁投票撤回普鲁士科学院的公告。可是领导层中除了他自己，没有人站在爱因斯坦这边，甚至以前大力支持爱因斯坦的普朗克也没有。投票失败了，公告最终也没有撤回。薛定谔没有加入此次讨论，也就没有公开表明立场。

爱因斯坦永远不会原谅普鲁士科学院怯懦的表现。先不说冯·劳厄、薛定谔，从某种程度上说还有普朗克（私下里表达过对爱因斯坦的支持，不过未公开表达过），普鲁士科学院成员对爱因斯坦的抛弃让他感到苦涩。

普鲁士科学院不愿和纳粹作对，这是爱因斯坦再也不会踏上德国领土的一个原因，即使是在战争过去之后。普鲁士科学院对爱因斯坦的公开谴责只是一场小震，预示后来还有更大的地震。4月7日，德国议会通过了万恶的"恢复公务员终身制法律"，禁止犹太人和政敌担任公职，包括教师和专业学术机构的职务。起初，只有第一次世界大战中在前线服役过的老兵，那些在战争中失去了亲人的人以及战前就已经在职的人被排除在外。而这种豁免只是短暂的。

哥廷根大学里犹太教师很多，成为受影响最大的一所大学。马克斯·玻恩虽然是量子物理学的重量级人物，但仍然收到了要求他必须辞职的通知。数学家埃米·诺特（Emmy Noether）和理查德·科朗特（Richard Courant）也同样被解雇了。实验物理学家詹姆斯·法朗克（James Franck，诺贝尔奖得主）在被人要求离职之前就主动辞职了。冯·劳厄再一次设法争取同事的支持来谴责这次人员清理，但是无济于事。普朗克很受人尊敬，他说的话会很有分量，但他不愿公开抗议纳粹，虽然私下里他对纳粹的发展壮大也感到恐惧。

其他国家的大学招聘人员很快意识到，他们可以招揽德国裁下来的那些人才。最先发现这个机会的是牛津大学物理学家弗雷德里克·林德曼，他打算招几位名家到他们系来为其研究增添力量。借助于汤姆孙和卢瑟福等人的理论，剑桥在科学方面比牛津强很多，而林德曼希望两校的水平至少要更均衡一点。林德曼一般被人称作"大教授"，地位很高，傲慢自大，不招人喜欢。他看中了爱因斯坦，想给他一个永久教职，但是爱因斯坦只答应每年进行短期访问讲学。反犹太法意味着在爱因斯坦之后，还会有人步其后尘，离开德国。林德曼心想，或许可以说服他们在牛津安新家。

林德曼出生在德国，在柏林大学读过书，所以对这个国家非常熟悉，一直很关心它的政治局势。同时，他也意识到，纳粹政权会对全世界造成威胁，他把自己的担心跟他一个最亲密的朋友温斯顿·丘吉尔说了。后来，在第二次世界大战期间，丘吉尔出任英国首相，他任命林德曼为首席科学顾问，并出面帮忙，使他进入英国贵族阶层，被封为彻韦尔勋爵。历史的发展也将证明，林德曼对于英国军事政策有很大的影响力，其中著名（在另外一些人看来也是臭名昭著的）的一件事，就是他支持对德国工人阶级的平民住房进行轰炸。虽然他后来在战争中发挥了重要影响力，讽刺的是，1933 年复活节前后，这位教授竟可以优哉游哉地让司机载着，坐在劳斯莱斯汽车里在德国自由转悠，还能会见形形色色的学者。

弗里兹·伦敦是一位造诣颇高的量子物理学家，提出了原子聚集成分子的关键性理论。在索末菲的建议下，林德曼决定要把他挖过来。在去薛定谔家拜访的时候，他提到要给伦敦提供一个教职。出乎林德曼意料的是，薛定谔插了一句说，如果伦敦决定不接受这个职位，请记得还有他。大教授此前从没想过像薛定谔这样的非犹太学者会考虑离开。他同意和背后的出资人讨论一下牛津职位的新人选问题。

带上助手

然而和爱因斯坦一样，薛定谔提出的条件是，他必须有权自行聘用助理，才会接受这份工作。爱因斯坦的助理是迈耶，而薛定谔的助理是亚瑟·马胥。薛定谔问林德曼能否让马胥也在牛津担任教职，这样他们就能一起工作了。

然而爱因斯坦和薛定谔想要助理的目的却有着天壤之别。爱因斯坦50岁之后，无心进行烦琐细微的计算，迈耶是他研究中必不可少的人。而马胥之所以被点名带上，主要是由于他的妻子。薛定谔跟马胥讨论过合作写一本书的可能性，但是他俩其实从没真正合作过。实际情况是，薛定谔迷恋上了亚瑟的妻子希尔德，亚瑟只是个媒介。

林德曼回到英国，急匆匆地为他设立的职位（包括薛定谔和马胥的职位）寻找支持资金。与此同时，德国的状况进一步恶化，5月比4月更糟。越来越多犹太人被解雇。在柏林大学前面的倍倍尔广场上，犹太人和其他被封杀的作家正在大量焚烧书籍，显示出精神生活已经恶化到了什么程度。玻恩去了意大利，剑桥大学承诺在那边为他提供一个职位。

薛定谔和马胥两家人决定在瑞士和意大利过夏天，一方面是为了躲避骚乱，另一方面可以顺便拜访泡利、玻恩和外尔。外尔早些时候接到了在哥廷根的任职通知，但因为他妻子是犹太人，他就决定辞职并逃离德国。后来，他到了普林斯顿高级研究院任职。

意大利北部多山，埃尔温说服了希尔德和他一起长途骑行——只有他们二人。在旅行期间，他们的关系变得热烈起来。差不多就在那时，希尔德怀了埃尔温的孩子。她没有和马胥离婚，薛定谔也没有和安妮离婚，他们决定维持一种不同寻常的关系（本质上是一段复杂的婚姻）。

9月份，在意大利加尔达湖岸边的马尔切西内的一个美丽的村庄里，林德曼又与薛定谔会面。他很高兴地告诉薛定谔说，帝国化学工业公司（一家英国公司，简称I.C.I.）同意资助几个职位，其中包括薛定谔为期两年的职位和马胥的独立访学职位。薛定谔将在牛津大学久负盛名的莫德林学院工作。虽然具体薪资还没定下来，但薛定谔不想再回到柏林，就欣然接受了。他和安妮以及希尔德在11月初就搬去了牛津。亚瑟曾在因斯布鲁克任职，他需要去那里商议辞职的问题，所以就回去待了一段时间。

薛定谔离开德国的做法激怒了纳粹。他是离开的最资深的非犹太物理学家。海森伯虽然不是纳粹党人，但薛定谔离开德国让他很难过。在海森伯看来，对德国和德国科学进步的忠诚应超越政治上的考量。他认为，人们应该一直等到纳粹政权结束，寄希望于出现一个更明智的政府，而不是一走了之。值得赞扬的是，海森伯极力反对勒纳德和约翰内斯·斯塔克的反犹太观点，即为了支持"德国物理学"（德国非犹太物理学）应封杀所有的"犹太物理学"，比如爱因斯坦和玻恩的研究成果。一直到第二次世界大战开始前夜，海森伯一直和犹太物理学家保持友好的关系，而且战争一结束马上又和他们恢复了联系。为了保持科学生活积极活跃，他强烈呼吁像玻恩这样的德国犹太物理学家尽量在德国多待一段时间。因此在他看来，薛定谔决定离开是德国科学界遭受的挫败。

薛定谔离开之时的柏林，已经跟他喜欢的那个城市完全不一样了。

仅仅在一年之前，德国首都的艺术生活、科学生活、政治生活都还是欣欣向荣的。前卫的剧院和轻歌剧吸引着全世界的注意。不论你信仰什么，不论你持有什么观点，这里都欢迎你。但是到了1933年末，这里成了文化的荒原，只有经过纳粹政权批准的艺术、音乐和戏剧能够在这里展示。讨论爱因斯坦对理论物理学的贡献也成了禁忌。对媒体的管制非常严格，只有一家媒体提到了薛定谔的离开。

薛定谔刚到牛津大学就得知自己凭借波动方程获得了1933年的诺贝尔物理学奖，这无疑是往纳粹的脸上扬了更多的沙子，同时让骄傲不已的林德曼更加骄傲。薛定谔和狄拉克分享了这个奖项。林德曼在牛津到处炫耀自己的"战利品"，并要求帝国化学工业公司给他挖来的人涨薪。

直到数月之后希尔德生下了埃尔温的女儿（他们为她起名为鲁思），一切都很顺利。但在那之后，林德曼立即就意识到自己被骗了。他争取来的钱原来是用来资助一位职员供养情妇，这一消息在牛津传得沸沸扬扬。从那以后，薛定谔已经不可能在牛津获得永久的职位——哪怕是他刚刚获得金光闪闪的诺贝尔奖。

狡猾但没有恶意

在比利时王室的保护下度过了1933年的大半年之后，爱因斯坦得和欧洲告别了——结果证明是永别。阿尔伯特、爱尔莎、海伦、杜卡斯和沃尔特·迈耶最后一次乘坐布尔根兰号，于10月17日抵达纽约。这次来没有熙熙攘攘的人群和记者迎接了。根据计划，为了避免纳粹间谍搞破坏，爱因斯坦和随行的其他人10月份下船之后就乘坐小船去了新泽西，然后直接去了普林斯顿。

　　由于普林斯顿高级研究院指定的建筑还没建成，爱因斯坦和其他成员就同数学系共用普林斯顿大学费恩大厅。这个建筑有一个让人十分惬意的特点，那就是每个研讨室里都有一个大壁炉。壁炉上方刻着爱因斯坦用德语说的一句话，翻译过来就是："上帝狡猾，但没有恶意。"这是爱因斯坦表达的一种期许：上帝不会误导研究者去相信一个错误的有关自然的理论，而是提出一个不是很容易克服的挑战。爱因斯坦仍希望找到能统一所有力的终极理论。

　　为此，他面临的一个紧迫的问题就是找人帮他进行计算。尽管他尽全力让迈耶得到了雇用，但他的"计算器"并不愿意完全按他的想法去做。令爱因斯坦大失所望的是，迈耶决定从事他自己的数学研究。因为提供给迈耶的职位是永久性的，所以弗莱克斯纳拒绝为爱因斯坦再配一位助理，这让事情变得更糟了。

　　因为弗莱克斯纳固执地要微观管理爱因斯坦的计划表，让他只专注于自己在普林斯顿高级研究院的任务，所以他们两人很快就陷入了冲突。爱因斯坦发现弗莱克斯纳在审查他的邮件，还在未经他允许的情况下拒绝别人发来的邀请函，这让他感觉受到了屈辱。弗莱克斯纳甚至写信给白宫，自作主张替爱因斯坦拒绝了和罗斯福会面的邀请，最后是爱因斯坦得知了此事，并接受了邀请。爱因斯坦非常恼火，他感觉自己像一个囚犯，被囚禁在高级研究院里，而且似乎没人帮他进行计算。

　　幸运的是，高级研究院里不断有年轻而杰出的研究者来做研究，他们迫切想要做出点成绩，愿意和有成就的科学家一起工作。其中有两个年轻人，他们已经可以进行有用的理论研究工作了。一个是俄裔物理学家鲍里斯·波多尔斯基，他刚刚从加利福尼亚理工学院拿到博士学位。另一个是美国物理学家内森·罗森，他以前就读于麻省理工学院。爱因斯坦抓住时机，然后他们开始合作，对量子物理学进行一项重要的检查。

　　尽管爱因斯坦不喜欢弗莱克斯纳，但他十分清楚返回欧洲的危险。他知道普林斯顿高级研究院给了他最好的机会，这里环境幽静，而且不用教课，让他可以研究统一场论，处理好广义相对论的细枝末节，并且从事他看好的其他研究。所以他决定就留在这里算了。

　　这里还有一点非常好，就是距离海滩比较近，他可以驾船航行。爱因斯坦买了一艘小船，起名为"Tinef"（德语和意第绪语口语词汇，意思是"舢板"）。他夏天大部分时间都在长岛海湾和撒拉纳克湖的不同社区里度过，这两个地方在纽约北部的阿迪朗达克山里。因为不会游泳，所以船偶尔搁浅了，就必须有当地的年轻人去救他。那一幕发生在1935年夏天，他们待在康涅狄格州旧莱姆镇的时候，这件事登上了《纽约时报》头条："落潮和沙坝让爱因斯坦陷入困境：他驾驶帆船在旧莱姆搁浅。"[2]

　　1941年在撒拉纳克湖上还发生了一起航行事故。爱因斯坦落水了，脚被网缠住，可能是一个小男孩挽救了他的生命。多年以后，当时十岁的施救者唐·杜索回顾说："他沉到了水里，当时要不是我在附近，他可能就淹死了。"[3]

　　爱因斯坦和爱尔莎意识到可能要在普林斯顿长住后，就开始找房子。他们找到一个完美的地方，到学校（普林斯顿高级研究院临时的位置）只有几个街区的距离，这样他就可以步行或者骑车去办公室了。1935 年 8 月，他们在美世街 112 号买了一座木瓦房。二楼改造成了书房，透过落地窗放眼望去，满眼都是树，整个房间非常明亮。楼下的房间装饰着古董，这些古董是他们设法从以前在柏林的住所寄过来的。不久他就给比利时的伊丽莎白女王写信，尽管他感觉和这里的社会生活有些隔阂，但在信中他说："普林斯顿是个绝佳的小地方 …… 我已经给自己创造了一个有利于研究且不受干扰的环境。"[4]

阿尔伯特·爱因斯坦在美国新泽西州普林斯顿美世街的住宅。保罗·哈尔彭摄影

　　为了让这里更加舒适温馨，他们养了一只名叫奇科的小猎犬，还养了几只猫。在保护主人隐私的战斗中小猎犬总是冲锋在前。就像爱

因斯坦说的那样："这只狗很聪明。我得收那么多邮件，这让它为我感到难过，所以它老是想咬邮递员。"[5]

然而，有一位联系人的来信是爱因斯坦很乐意打开的，那就是薛定谔的。他们一直保持着密切的交流，在两人背井离乡那段时间关系甚至更加亲密。爱因斯坦也和玻恩继续书信联络，尽管他俩在概率量子力学上有很大分歧，但他很看重玻恩的观点。他也曾试图让弗莱克斯纳邀请薛定谔和玻恩来普林斯顿高级研究院，但没有成功。弗莱克斯纳再也不想帮爱因斯坦了。

请带上我的妻子

薛定谔确实得到了访问普林斯顿的机会，不过是普林斯顿大学的物理系邀请的，而不是普林斯顿高级研究院。这个机会来源于一个被称为琼斯教职的授衔教职，该职位由一对毕业于普林斯顿大学的兄弟设立，意在扩大本校在数学和科学方面的研究。

对薛定谔的邀请可追溯到1933年10月，那时物理系全体委员秘密开会决定这一教授职位的人选。委员会的主任是鲁道夫·拉登伯格（Rudolf Ladenburg），他是从德国移民来的原子物理学家，对海森伯和薛定谔的研究非常熟悉，热切地想要邀请他们两人过来。他们决定为海森伯提供全职，而且利用一部分资金邀请薛定谔来这里一到两个月。薛定谔接受了邀请，但海森伯以德国政治局势动荡不便出国为由拒绝了。

　　1934年4月初，薛定谔暂时离开了他在牛津的职位，访问了普林斯顿大学。多年来，他练成了一种让人印象深刻又有说服力的演讲风格：演讲中运用大量生动的类比。他对文学很感兴趣，比如诗歌、戏剧，这很好地帮他将高难度的科学概念讲得栩栩如生。此外，他的英语讲得非常流利。相比之下，那时爱因斯坦只有在事先准备好稿子的情况下才能用英语演讲，而且读起来还磕磕绊绊的。物理系对薛定谔很满意，建议科学系主任路德·艾森哈特（Luther Eisenhart）让薛定谔担任琼斯教授职位，全职工作。

　　回到牛津之后，薛定谔仔细考虑了普林斯顿大学的邀请，但最后还是决定拒绝了。普林斯顿极大的吸引力在于他又可以和爱因斯坦在同一个城市工作和居住了。他原以为弗莱克斯纳在爱因斯坦的提醒下，也会代表普林斯顿高级研究院发出邀请，但是并没有。看到爱因斯坦工资高，福利好，不用非得教书，薛定谔也想得到类似的待遇。不论从哪方面来讲，普林斯顿大学给出的待遇很慷慨，但和爱因斯坦的相比还是有差距，这让他不免失望。薛定谔想得到一个和爱因斯坦类似的职位，但他没认识到爱因斯坦的情况有多么与众不同。和普林斯顿这样的名牌大学里资深物理学教授的薪水相比，爱因斯坦的薪水比他们的高出近50％。借薪资为主要托辞，薛定谔10月份写信给拉登伯格表达了自己的遗憾。

　　不去普林斯顿，除了钱的原因，还有一个原因是薛定谔得处理他不同寻常的家庭情况。考虑到自己对希尔德的爱，而且想花时间陪着女儿鲁思 —— 那个他一直渴望的孩子，他肯定不想和她们隔海相望。他很想知道如果自己把安妮，再连同希尔德母女二人一起带过去，普林斯顿那里的人会作何反应？他会因重婚罪被起诉吗？据报道，他已经和普林斯顿大学校长约翰·希本提及过他的情况，但校长对他一夫两妻和共同抚养孩子的做法很反感，这让他很失望。[6]

在某个平行宇宙里，薛定谔可能接受了普林斯顿大学的职位，和爱因斯坦关系更近，并在舒适和安全中度过了余生。或许他本可以找到办法让希尔德和鲁思悄悄地移民过来。相反，他却选择了搬回奥地利（恰好在纳粹即将要入侵并吞并它的前夕），这导致他身处险境，被迫出逃。但因果关系取决于过去发生了的事，而不是未来将要发生的事，这一次，原本思维敏捷的他，由于掌握的数据不完备，这次算计得很差。

诡异的联系

到1935年，很多量子理论家对自己的基本设想是正确的这一点感到很满意，继续进行原子核的研究。当量子理论基本尘埃落定之时，原子核理论开始发展起来。那一年，日本物理学家汤川秀树提出一个模型，解释了原子核（质子和中子）如何通过一种叫介子的粒子相互作用，其中的力最终被称为强力。汤川秀树的理论试图解释原子核是如何结合在一起的。（现在我们知道，起中介作用的是胶子，而不是介子。）一年多一点之前，意大利物理学家恩里科·费米就已经开始测量一个称为 β 衰变的过程，即中子通过释放电子和其他粒子转变为质子。这种相互作用解释了某些类型的放射现象，最后将弱核力理论合并进来。

　　薛定谔对这些发展很感兴趣，爱因斯坦却基本上未予理睬。他更愿意拿出精力，让他年轻时的二重奏成员，即万有引力和电磁学，混合产生新的乐章，而不是引入一些未经检验的乐器，搞个三重奏或四重奏。因此，到了 20 世纪 30 年代中期，他努力想建立的统一场论不能再被说成是"万物之理"，而是将其中一部分而非全部自然力统一起来的理论。与此同时，爱因斯坦持续对主流量子方法感到困扰。他上次见玻尔是在 1930 年的索尔维会议上，在那里他们讨论了不确定性原理。1927 年索尔维会议上，爱因斯坦提出了一个思维实验，声称和量子概念互相矛盾，但玻尔经过深思熟虑之后否定了它。

　　爱因斯坦假设的装置是装有计时器的充满辐射的盒子，它可以在精确的时刻释放一个光子。他认为，称一下盒子之前的重量和释放之后的重量就能计算出光子的精确能量。因此，我们可以同时确定释放时间和光子能量，这和海森伯的不确定性原理相悖。

　　然而，玻尔天才般意识到，爱因斯坦忘记考虑广义相对论的影响了。玻尔引用了爱因斯坦自己的理论来反驳爱因斯坦，他争辩说，比如，如果用弹簧秤称量盒子，在这一过程中，盒子在地球引力场中的位置会稍微发生变化。在广义相对论中，引力场中一个物体的时间坐标取决于它的位置。因此，物体位置的变化会引起时间值的模糊不清，这和不确定性原理相一致。玻尔证明了量子逻辑的正确性，因而再一次夺得了胜利的奖杯。

　　五年之后，爱因斯坦仍然没有忘记他和玻尔的辩论。在一系列讨论中，他对波多尔斯基以及罗森提出了一些关于量子的见解。那时，爱因斯坦承认了量子力学和关于粒子和原子的实验结果精确吻合。然而，他向年轻的研究者指出，这不可能是对物理实在性的完整描述。原因是，一对像动量和位置这样的物理量，如果它们都是对自然的真实描述，那么原则上它们应该一直有定值。缺乏这种定值意味着量子力学不是一个全面的自然模型。如果测量了位置，动量实际上就变得模糊而不可知，这意味着这对物理量和现实脱节了。因此，根据爱因斯坦的观点，不确定性原理的模糊性表明了量子力学在理论联系实际方面存在局限性。

爱因斯坦还提出了另一个问题——非局域性或称"诡异的超距作用"。一个粒子对另一个粒子的任何远距离的瞬时的影响都会违背他所说的"分离原理"。他认为因果关系是一个包含了相邻实体（以光速或者稍慢的速度从空间的一点传播到另一点）相互作用的局部过程。遥远的事物应该被视作物理层面截然不同的事物，而不是一个连接的系统。否则地球上和火星（假设如此）上的电子之间会存在"心灵感应"。它们彼此如何能立即"知道"对方在干什么？

到这个时候，冯·诺依曼已经把最初由海森伯提出的波函数坍缩规范化了。在这个形式化体系中，一个粒子的波函数可以通过位置本征态或者动量本征态来表达，而不能同时通过两个来表达。这就像切熟鸡蛋，你可以纵切，也可以横切，但如果你想把它切成片而不是块，那么纵切和横切你只能选一种。同理，当你"切"一个粒子的波函数时，必须得从动量和位置分量选一个来"切"，这取决于你想测量哪些因子。然后在测量了位置或动量之后，波函数立即坍缩，且有一定可能性会坍缩为自身的一个位置本征态或者动量本征态。现在假设造成坍缩的原因来自遥远的地方，研究者在不给粒子任何警告的情况下，确定要测量哪个物理量。波函数是如何快速而且远距离知道它坍缩时应该选哪种本征态的？

爱因斯坦、波多尔斯基以及罗森之间的谈话，最后产生了"物理实在性的量子力学描述能称得上完整吗？"一文，通常被称为"EPR"，文章由波多尔斯基一人执笔并提交发表。它于1935年5月15日发表在了《物理学评论》上，在量子学界引起了轩然大波，尤其是玻尔——他原以为这场辩论早就结束了。玻尔意识到自己必须再一次维护量子力学，而此时他已经转而投身钻研原子核理论了。

这篇论文描述了像一组电子这样的成对粒子移动到不同位置的情形，比如在撞击之后。即使两个粒子分离了，量子力学告诉我们，一个普通的波函数就能描述这个连接的系统。薛定谔后来把这样的情形戏称为"纠缠"。

假设研究者测量了第一个粒子的位置。整个系统的波函数会坍缩为其中的一个位置本征态，也会立即揭示第二个粒子的位置信息。相比之下，如果记录下第一个粒子的动量，第二个粒子的动量也会立即变得显而易见。因为第二个粒子不可能提前知道研究者会怎么做，它必须同时准备好位置和动量两个本征态。因为动量和位置本征态同时存在，第二个粒子会发现自己处于被不确定性原理禁止的状态。这篇论文显示，与其说量子测量理论是无缝的衣服，不如说是矛盾的拼凑。

很快薛定谔就给爱因斯坦写信表示赞成这个结果。"我很高兴……你当众抓住了教条主义的量子力学的颈背，这是我们在柏林已经讨论了很多的东西。"[7]

然而，据科学哲学家亚瑟·法因和唐·霍华德分别所指出的，爱因斯坦小心地将他个人的想法和EPR论文上的论点区分开来了。爱因斯坦在该论文提交之前，没有将它再检查一遍，对于他这位大科学家来说，这一做法让人很惊讶。因此，他对波多尔斯基如何构建他的推理思路有些担心。他这样回复薛定谔："这篇论文是经多次讨论后由波多尔斯基执笔的。但是它的内容和我想象的还是有所不同；实质的内容被埋在过多的学术内容之下了。"[8]

爱因斯坦不想把重点放在不确定性原理的对错上，而是想强调能够给出所有物理量的局域和完整的描述的自然法则的必要性。由海森伯、冯·诺依曼以及其他人推崇的量子力学，似乎有一些非局域及模糊不清的方面需要进行更加全面的解释。

"所有的物理学都应描述实在，"他向薛定谔解释说，"但这种描述可能是完整的，也可能是不完整的。"[9]

为了阐明自己的观点，爱因斯坦为薛定谔描述了一个情景：有两个封闭的盒子，其中只有一个里面有球。从表面来看，根据概率论可知，两个盒子里有球的概率分别是50%。然而，我们不能真的把球劈开分别放在两个盒子里，球一定在两个盒子中的一个里。完整的描述会把在任何特定时间小球在哪个盒子里说清楚。

在论文发表之前，爱因斯坦就让全世界了解了他的观点。在 1935 年 5 月 4 日，一则让人震惊的消息上了《纽约时报》的头条："爱因斯坦抨击量子理论。"文章提到了爱因斯坦的"正确但不完整"的观点。[10]

爱因斯坦的弹药

我们已经反复看到爱因斯坦如何帮助薛定谔塑造他的观点。从他对理论物理学的兴趣到对波动方程的发展，从在柏林任职到获得诺贝尔奖，爱因斯坦一直影响着薛定谔的职业生涯。薛定谔头脑聪明，富有创造性，这点毋庸置疑。正如现在众所周知的他提出的盒子里的猫的巧妙比喻。然而，这也是爱因斯坦给他的灵感。

爱因斯坦的 EPR 实验帮薛定谔重燃了对量子测量的某些模糊方面的厌恶。薛定谔重新有了热情，要探索标准观点的不一致性。而反过来，爱因斯坦则发现薛定谔愿意倾听他的意见。

爱因斯坦在 8 月份给薛定谔的信中写道："其实你是我真正喜欢共事的人 …… 你看待事物的方式也是我喜欢的。"[11] 他觉得几乎其他所有人都陷入了新的教条主义，而没有客观地考虑它暗含的令人忧虑的内容。毋庸置疑，薛定谔很高兴自己在量子物理学方面成了爱因斯坦的知己。

在同一封信中，爱因斯坦接着描述了有关火药的自相矛盾的情况。经验告诉我们，假设火药是可燃的，就会处于已经爆炸了或者还没爆炸这两种情况中的一种。但爱因斯坦指出，将薛定谔方程运用到代表一堆火药的波函数中，它会演化成两种可能性的奇怪混合的形式。在同一时间，火药可以是爆炸了的，也可以是没爆炸的。[12]

因此，在爱因斯坦看来，通过量子力学语言表达出来的庞大的熟悉的体系能变成怪诞的混合物，它将互相矛盾的真相和逻辑上前后矛盾的现实结合在了一起。逻辑上的前后矛盾（包括自相矛盾的陈述）推动了奥地利数学家库尔特·哥德尔提出了自己的主张，他声称希耳伯特的数学体系不完整。他的观点于1931年发表，并于1934年在普林斯顿高级研究院的演讲中提及。爱因斯坦声称量子力学中有自相矛盾的内容，这同样会推翻其自身的方法论。

一只猫的怪诞故事

部分基于爱因斯坦的火药想法，并参考了爱因斯坦的"盒中球"思维实验，薛定谔精心设计自己关于猫的思维实验，用这样的方法来强调量子测量的模糊性。在8月19日的信中，薛定谔先是感谢了爱因斯坦对他的启发，接着宣布自己提出了"类似于你的爆炸火药桶"的量子悖论。

薛定谔向爱因斯坦这样描述了自己的假想实验："将盖格计数器以及可以触发计数器的少量铀放进钢制的密闭空间里，铀量很少以至于在一小时之内计数器记录到或者记录不到核衰变的可能性相同。盒子里有个放大继电器，确保如果原子发生衰变，一个装有氢氰酸（剧毒）的烧瓶会被砸碎。非常残忍的是，一只猫也被放在这个钢制密闭空间里。一个小时之后，在这个体系中叠加的普希函数中，猫处于一半是死一半是活的混合状态。"[13]

　　这意味着，在盒子打开、里面的东西暴露在人们面前之前，因为铀衰变与不衰变的概率相同，猫被毒死或是幸免的概率也是相同的。因此，表现盖格计数器的读数和猫的状态的叠加态波函数会处于奇怪的并列之中，即一半衰变，一半未衰变；一半死了，一半还活着。只有当人们打开盒子时，叠加态的波函数才会坍缩为两种可能性中的一种。

　　通过假设直到实验者打开猫所在的盒子为止，一只猫的波函数是生与死的可能性各占一半，薛定谔突出了一种比爱因斯坦的火药设想更让人难以置信的情况，以此希望显示出量子力学已经变成了一出闹剧。为什么要用一只猫呢？因为薛定谔喜欢创建包含熟悉事物（比如家用物品或者宠物）的类比，通过这些更加贴合实际的东西来引出情景的荒谬性。并不是他憎恨某种特定的猫科动物 —— 相反，鲁斯回忆说，他"喜欢动物" —— 也不是因为他想让某只特别的猫名垂千古。[14]

　　两种事物不论差异多大，不论相距多远，它们能处于相互关联的状态吗？最初应用于小尺度内电子的波函数形式论能被用于描述世界上的一切事物吗？薛定谔认为，将生物的命运和粒子结合在一起的想法是荒谬可笑的。如果量子力学能应用于能呼吸并发出"喵喵"声的生物，那么它已经脱离了最初的使命。

　　爱因斯坦在给薛定谔的回信中热烈地表达了自己的赞成。"你的猫咪实验显示，我们完全同意关于对当前理论的特点的评价。普希函数包含了活猫和死猫两种状态，但不能视其为真实状态的描述。"[15]

令玻尔非常失望的是，薛定谔和爱因斯坦一起嘲笑一个成功的理论，却没有提供其他更可信的东西。代替量子力学的统一论怎么样呢？玻尔认为爱因斯坦（后来还有薛定谔）追求的统一场论也不可信，因为他设计的模型没有以原子数据为基础，甚至没有考虑核力。然而，即使是对待他的批评者，玻尔一直都很有礼貌和耐心。薛定谔把猫之谜写进了论文中，论文题目是"量子力学的现状"，于1935年9月发表，该文中他还创造了"纠缠"一词。正如我们在"导言"部分说过的，几十年之前，这个比喻鲜为人知。那时，只有物理学界才有机会得知薛定谔怪诞的假设情景，并因而或是会心大笑，或是尖叫，或是发出抱怨。

猫佯谬的一个目的就是激起微观层面和宏观层面之间的碰撞。正如薛定谔在他的论文中描述的那样，原子范围内的不确定性，到了人的尺度上，就和模糊联系起来了。因为这种宏观层面的模糊状态从未被观察到，因此微观的不确定性同样不可能存在。[16]

薛定谔认为概率量子定律不能应用于有生命的生物身上。他同时代的人声称，量子掷骰能够解释有感知的生物所做的选择，这让他很受困扰。薛定谔指出，人的行为不像粒子，我们不能为人的行为画一张概率图。为此，他写了"非决定论和自由意志"一文，该文章是用英语写的，并于1936年7月发表在了著名的《自然》杂志上，文中薛定谔解释了粒子相互作用和人类做决定之间的区别，以此反驳了两者之间的类推。

　　"在我看来，整个类推很荒谬，"薛定谔写道，"因为可能的行为很多……这是自欺欺人。想象一下下面这个情景：你正在和重要人物出席一场正式的晚宴，宴会非常无聊。你能只是为了解闷，突然跳到桌子上踢翻杯子和盘子吗？或许你可能那样做，或许你想那样做，但无论如何你不会那样做。"[17]

　　换句话说，像礼仪和个性这种预设因素决定着人们最后会做什么样的决定。这种"自由意志"似乎和叔本华的"表面上似乎自发的行为实际上是不可避免的"这种观念紧密相连。如果你知道了人们的潜在动机和背景，那么就能大体预测出他们在特定情况下会做什么。然而，据薛定谔所说，不会出现这样的情况：说某些人有75%的可能性干件事，而有25%的可能性干另一件事。相反，取决于你对他们以及当时的情况了解的多少，你能预测他们会做什么，不会做什么。

　　对于海森伯的方法可用来计算人们做某些事情的概率，薛定谔进行了揶揄。"如果我早饭前是否吸烟（一件非常有害的事！）和海森伯的不确定性原理有关系，"他说，"那么在这两件事之间，不确定性就能计算出一个确切的统计数据……但我可以凭借自己的坚定让这个数据无效。如果这样行不通，那么，既然我做错事的频率是由海森伯的不确定性原理决定的，到底为什么我感到要为自己所做的事负责？"[18]

本应拒绝的聘书

没有历史学家提出一种算法，能准确解释薛定谔的决定 —— 不利用不确定性原理或其他手段。1935年底，薛定谔发现自己在牛津的职位还有两年就期满了。他需要换个地方，但该去哪儿呢？

此时，亚瑟·马胥带着希尔德和鲁思回到了奥地利。希尔德患上了抑郁症，需要在疗养院接受治疗。埃尔温又找了一个情人 —— 汉斯·鲍尔博姆，她是一位来自维也纳的犹太摄影师，那时她住在英国。和希尔德一样，她也是一位有夫之妇，但比希尔德自信得多，也更加有主见。他们一起生活了好几个月之后，她告诉薛定谔自己打算回到家乡。一个情人在奥地利，另一个很快就要回去，或许这注定了他要冒险再回奥地利了。

而此刻，机会、命运或者不可思议的学术决策机制恰好赶在了一起。薛定谔收到了来自两所奥地利大学的联合聘书：格拉茨大学的教授职位，外加维也纳大学的荣誉教授职位。后者是他学生时代的老朋友汉斯·瑟林给争取到的。此时，他桌上仅有的另一份聘书是爱丁堡的教授职位，他也曾简单地考虑了一下这个职位，不过在得知这里的薪资比较低之后就放弃了。他接受了格拉茨大学的聘用，玻恩作为第二人选到爱丁堡任职了。

事后看来，他恰好在德奥合并（奥地利被纳粹德国吞并）之前返回奥地利是一次愚蠢至极的搬家，尤其对于他这个从柏林的重要职位离开并且激怒了纳粹的人来说。就像安妮说的："不管是谁，只要稍微想一想政治情况，就会说，不要去奥地利。那里已经非常危险了。"[19]

薛定谔回来后，发现奥地利和他十五年前离开时已经大不相同。奥地利从 1933 年 3 月就处于法西斯的专治之下，被称为"爱国阵线"的民族主义运动所统治。该党派和意大利的法西斯主义者贝尼托·墨索里尼的统治一样，压制左翼社会民主党和右翼奥地利纳粹党。带头进行镇压的是恩格尔伯特·陶尔斐斯，直到 1934 年 7 月，奥地利纳粹党发动了一次未遂政变，将其刺杀。政变策划者的目的是和希特勒统治下的德意志帝国统一起来。政变失败了，库尔特·许士尼格接任了总理一职。面对迫使奥地利和希特勒结盟的压力，他极力反抗，主张奥地利继续保持独立。然而，奥地利的纳粹运动持续发展。和德国纳粹一样，这里的纳粹运动组织起愤怒的失业工人和其他支持者，形成了强大的准军事部队。希特勒（出生于奥地利）发表讲话，说要建立一个所有说德语国家的帝国，就像神圣罗马帝国时代一样，这些人受到了这一讲话的鼓动。

1936 年 7 月，许尼格和希特勒签署了一份协议，表面上似乎保证了奥地利的独立。奥地利和德国承诺互相尊重主权，互不干涉内政。作为交换，许尼格承诺会确保自己的外交政策与一个"德语国家"一致，还会让一些倾向纳粹的政治家加入他的政府。这些看上去无关紧要的条款给了希特勒一匹特洛伊木马，以此来吸收奥地利领导阶层的支持者，而且开始从内部施加压力让其臣服。

同年 10 月，薛定谔履任格拉茨大学的教授职位。他再一次试图忽略政治，专注于自己的研究。近来，爱丁顿提议将量子物理学和广义相对论合并，通过宇宙论解释不确定性，薛定谔对此很感兴趣。因此，在奥地利的混乱之中，他的注意力一直放在他的方程式上。

量子和宇宙

20世纪10年代末到20年代初，爱丁顿作为广义相对论的主要拥护者、解释者以及检验者，在物理学界备受尊敬。然而，从20年代中后期开始，他的研究变得越来越注重通过用数学关系将非常大和非常小的事物连接起来，对自然属性进行解释。尽管从许多方面来讲他富有洞察力，是最先将粒子物理学和宇宙学融合到一起的人之一，但很多物理学家把他后来的理论研究视作数学而非科学。例如英国天体物理学家赫伯特·丁格尔把他的研究（连同其他的推测性理论）称为"无脊椎动物宇宙论的伪科学"。[20]

同时，爱因斯坦和薛定谔都非常尊重爱丁顿富有主见的想法。和他俩一样，爱丁顿是个卓尔不群的人。他们俩虽然不同意爱丁顿开出的处方，但欣赏他对量子力学所患疾病的临床观察以及有关如何改善这种情况的建议。现代物理学中最重要的关系中的两个是薛定谔的波动方程和爱因斯坦的广义相对论方程。他们的研究领域其实大不相同。薛定谔的方程描述了在整个时间和空间里物质和能量的分布和行为，而爱因斯坦的方程显示了物质和能量的分布如何塑造时空构造本身。因此，这两个方程之间主要的区别就是，在薛定谔的方程中，时间和空间是被动的；而在爱因斯坦的方程中，时间和空间是主动的。另一个区别是，至少在量子力学的哥本哈根诠释中，薛定谔方程的解

法 —— 波函数 —— 和实际观察到的东西只有间接联系。正如猫佯谬直截了当地描述的那样，实验者完成测量并且使波函数坍缩为其中的一个本征态之后，观察到的物理量就会显现出来。当然，对于广义相对论，我们不需要实验者来提供明确的值。否则，在宇宙演化的138亿年里，又有哪个观察者？1928年，狄拉克证明了重新调整薛定谔方程使其和狭义相对论相符合其实很简单。狄拉克方程式旨在描述半整数自旋的粒子（即费米子），提出了名为"自旋量"的解法。"自旋量"和矢量相似，但通过抽象空间旋转时的转化方式不同。狄拉克方程中处理自旋量解法的代数学比薛定谔方程的波函数解法更复杂一点，它包括了称为泡利矩阵的对象的相乘。

狄拉克方程引导出了一个令人震惊的预测：电子有其对应物，它们电荷相反，但质量相同。狄拉克认为，这些是宇宙的能量海中的洞穴，是电子出现时留下的。它们最后变成了实际存在的粒子，称作正电子，即电子的反物质形式。1932年，卡尔·安德森首次通过对宇宙射线的研究找到了它们。与狄拉克方程和狭义相对论的融洽相比，将量子力学和和广义相对论联系起来是一个困难得多的问题。纵观整个20世纪30年代，很多物理学家试图将这两者合并，但都失败了。甚至连爱因斯坦都曾一试身手，虽然他对量子问题一般都是敬而远之的，除非是要批判或者试图取代它的时候。1932年到1933年是他在柏林的最后两年，在此期间他和迈耶一直研究一种利用和自旋量（称为半矢量）有关的四分量数学对象来表达广义相对论的方法。

爱因斯坦的一部分动机是为了构建统一场论，它允许质量不同的带相反电荷的粒子的存在，即质子和电子。他早期的所有统一场论

（包括远程平行手段）只能处理质量相同的粒子 —— 电子。为了将质子纳入设想中，他和迈耶希望扩大狄拉克方程的应用范围，以便使其和广义相对论相融洽并且预测出不同质量的粒子。不幸的是，他的半矢量方法和以前的统一方法一样，没能产生物理上合理的结果。爱因斯坦搬到普林斯顿后，迈耶就不再和他一起共事了，他就决定放弃半矢量方法。他在理论的二手车库里，挑出一辆，进行多年的试驾，结果发现这是辆破车，然后再换一辆。

爱丁顿同样对狄拉克方程很感兴趣，而且被它与量子物理学以及狭义相对论的四维领域之间的联系所吸引。和前一年海森伯提出的不确定性原理一样，狄拉克方程激励他自上而下地建立一幅关于宇宙的全新图景。在分析中，他从一些基本命题出发，比如宇宙是弯曲的有限的（这和爱因斯坦包含宇宙常数的宇宙原始模型相似），而且所有物理量都是相对的。要测量位置或者动量这样的物理量，爱丁顿认为研究者必须将其与其他参照点的值进行比较。在时空受引力弯曲的条件下，比较就会产生一定程度的模糊，进而产生了不确定性原理。因为将比较小的事物的位置和动量与其他已知对象联系起来以测量较小事物会更难一些，不确定性在原子尺度比在天文尺度要大得多。因此，量子不确定性是人类没办法以绝对精度测量宇宙中一切事物的结果，而不是大自然的根本特质。

爱丁顿认为波函数是复合体而不是基本法则，他用经过自己的相对物理量思想改进的广义相对论，测量粒子集合位置的分布、动量和其他物理量。然后爱丁顿将这些数据结合起来以创建波函数和波动方程。人类在确定位置和动量时具有局限性，他的目标是表明，当透过这样的模糊镜头观察时，时空定律引导出了像量子物理学那样的方程。

基于宇宙中粒子的数量、宇宙曲率以及其他物理量，爱丁顿提出了自己对普朗克常数的估算。他认为，有关宇宙的量子跳跃的离散性具有有限的空间和有限的粒子。他将宇宙看作是类似黑体的东西，计算出了宇宙每一部分可用的能量，试图以此和普朗克的数据相匹配。

虽然爱丁顿的论文文笔清晰，引人入胜，但是他关于"基础理论"，即后来他称之为量子及宇宙的联系的计算却很不清晰。薛定谔一直喜欢宏观的东西，所以对爱丁顿的理论很感兴趣，但是却跟不上他的计算步骤，不知道结果是怎么得出来的。1937年6月，薛定谔写信给爱丁顿，请他说明对普朗克常数的计算步骤。爱丁顿回信了，但薛定谔还是不满意。

那时意大利和奥地利结成了紧密的联盟，所以前往那里相对还算容易。在1937年之中，薛定谔去了好几次。6月份的时候，他去了罗马，为的是接受成为教皇科学院成员这一荣誉。10月份在另一趟旅行中，他一直到了博洛尼亚，在那里发表了关于爱丁顿理论的学术演讲。听众里面有玻尔、海森伯和泡利，他们就爱丁顿的计算向他提了很多尖刻的问题，这让他很沮丧。他身陷险境，需要捍卫自己并没有真正理解的理论。

尽管薛定谔对爱丁顿的理论心怀疑虑，但这个理论成了薛定谔尝试提出自己的统一理论的跳板。跟爱因斯坦和爱丁顿一样，他开始看到，在完善广义相对论的基础上，可以通过一个更伟大的理论来解释量子力学困扰人们的一些方面（比如不确定性、状态等之间的快速变化、纠缠等）。

统一目标的另一维度

就在薛定谔苦苦思考爱丁顿的基础理论的时候，爱因斯坦回归到了卡鲁扎和克莱因的高维领域。他又回到了起点，决定再一次利用第五维度的高维空间来拓展广义相对论，以将电磁学定律和万有引力包含在内。不像以前他和迈耶付出的努力那样，这次他决定引入物理上的高维空间，而不仅仅是数学上的。将第五维空间包含在内，让广义相对论方程多出了5个分量。通过将那些额外的元素纳入其中，他希望能够描述粒子的全部行为 —— 电磁力结合万有引力，以及量子物理学结合经典物理学。为了研究统一论的新方法的具体细节，爱因斯坦很幸运地雇到了两个得力助手。一个是德国犹太物理学家彼得·伯格曼，他于1936年9月加入了普林斯顿高级研究院。他在布拉格大学师从菲利普·弗兰克并获得博士学位，并接替了爱因斯坦在该大学的教职。第二个是数学物理学家瓦伦丁·巴格曼，他也出生于德国，但是有俄罗斯犹太血统，于第二年开始成为爱因斯坦的助理。他在泡利的指导下，获得了苏黎世大学的博士学位。作为德国犹太人，他们在欧洲几乎没有未来，因此他们来到了美国，而爱因斯坦也欢迎他们。海伦·杜卡斯评论说他俩的姓出奇地相似，给他们分别起了绰号 —— 伯格和巴格。[21]

除了和助理见面，爱因斯坦不再有很多时间限制，因为他已变成了鳏夫。爱尔莎的肾脏和心脏有问题，久病之后于1936年12月逝世。

两年前，他们的女儿伊尔莎死于癌症。杜卡斯和爱因斯坦家都在美世街，他承担了爱因斯坦大部分的家务活。玛戈特和后来的玛雅（爱因斯坦的妹妹）也和他们住在一起。爱因斯坦逐渐形成了每日工作的常规。每天早晨大约11点钟，伯格曼和巴格曼都会去他家。他们会随便聊聊，并做好当天的计划，包括进行计算所需要的时间，或者可能计划晚上玩一下室内乐。杜卡斯先要确定爱因斯坦按当天的天气穿了合适的衣服，然后会把他们送出门。

爱因斯坦、伯格曼和巴格曼会徒步穿过枝繁叶茂的街区，到达爱因斯坦在普林斯顿高级研究院的办公室。1939年之前，他们都会来到普林斯顿大学校园的费恩大厅109房间；1939年之后，地点变成了富德楼（这里是新的总部，建在以前的欧登农场，就在市中心外围）。他们边走边讲述前一天在研究中遇到的困难以及取得的胜利。偷听他们谈话的人肯定不知道他们在谈论什么。

新泽西州普林斯顿高级研究院爱因斯坦办公室所在的富德楼。保罗·哈尔彭摄影

一到他的办公室，爱因斯坦就会仔细检查他们最新的成果，探究其中存在的问题。他在富德楼的办公室分为两个部分：一个部分是装有一块大黑板的大房间，另一个是装有一块小黑板的小房间。这两块黑板用于不同的目的。大黑板上标有"擦除"字样，用来快速写一些随意的计算、杂乱的演草和记录他们认为只是一时用得着的东西。小黑板上标有"禁止擦除"的字样，那上面用来写"终极"方程。[22] 实际上，"终极"通常意味着数周或者数月。然而，如果方程式恰好是正确的，那么有这个记号会避免它们被无意擦掉。

那时，爱因斯坦判断方程是否正确的标准已经完全偏离了经验的世界。尽管从传统意义上说，他一直是无神论者，但是指导他进行判断的却是基于斯宾诺莎的哲学形成的"宇宙性宗教"。他时常让自己的助理思考一下上帝在设计万物之理时会作何选择。[23] 按他的说法，无法用方程决定的奇点（物理量无限大的点）和其他任何数值都是"原罪"。这个方程必须像一张建筑设计图一样严密，没有任何随机的东西。

考虑到爱因斯坦很渴望得出一个关于宇宙的完整描述，其中没有模棱两可的东西，他对第五维度重新燃起的热情有点违背了自己的想法。利用这样的额外维度，可以允许远距离事物之间存在非局域联系，只要这样的联系存在于观察不到的更高维的"飞地"中即可。在EPR实验以及他跟别人的通信中，爱因斯坦竭力反对波动方程具有关于粒子的隐藏信息的说法。所有物理量始终都得是"真实"的，即使它们没有经过测量。然而在他努力研究五维空间的统一论的过程中，信息可能会埋藏在难以接触的空间里。这就好像是某个政客跟媒体说："我的对手没有记录跟海外公司的任何联系，但我记录了，文件都锁在保险柜里，但永远无法打开。"

五维空间统一论的主要优点就是广义相对论本身保持不受影响。附加的动力学在建构的时候，对引力的四维空间描述，与日食和其他实验检验相吻合，这些结果也将会保留下来。爱因斯坦提出的一些其他统一论没有保留这些重要结果，这让它们从一开始就受到怀疑，比如远程平行理论。这个爱因斯坦梦寐以求的取代量子力学的方程，会因为从四维空间拓展到五维空间产生的附加条件而产生出来。这就像是针对一座宏伟的历史悠久的宅邸，其主人决定再加造一所房屋以满足自己对额外空间的需求，而不是推倒重建，使其丧失原有的吸引力。

爱因斯坦的助理很羡慕他的毅力。每次有了一个统一论的想法，他们都会全力向前推进，直到遇到阻碍。一旦他意识到他们研究方向错了，他就会耐心地引导他们回到正确的轨道上来，很少表达自己的沮丧或后悔。他内心一直坚信，他们最后一定会实现目标，这只是时间的问题。

徒劳的让步

在1937年的最后几个月里，薛定谔最紧迫的挑战就是应付教学工作、研究方向，以及花时间和生命中的三个女人在一起：安妮、希尔德和汉斯（正如预料的那样，她已经搬回了奥地利）。他在格拉茨拥有一个看似稳定的教授职位，在维也纳还拥有一个访问学者的职位（这成为他访问深爱的故乡和会见好友瑟林的充分理由）。

　　但是所有的一切在1938年初彻底崩塌了，那时德奥合并，薛定谔被置于纳粹的牢牢控制之下。由于希特勒野心勃勃，加上德国比奥地利在军事上有更大的优势，奥地利成为战利品或许不可避免。许尼格一方面竭力保持奥地利独立，一方面竭力安抚独裁者。他的努力最终使自己得以和希特勒在2月12日进行会面，期间他同意调整对德国的内外政策，并允许奥地利纳粹完全自由行动。不过他有一步失算了 —— 当时他决定为了奥地利的独立地位举行公民投票，时间定于3月13日。希特勒勃然大怒，下令入侵奥地利。眼看奥地利会战败，许尼格在3月11日辞职了。第二天清晨纳粹军队进入奥地利，并将其变成了第三帝国的一个省，报道中说奥地利没有任何抵抗。

　　众所周知，薛定谔反对纳粹，是爱因斯坦亲密的朋友。他不喜欢政治，所以通常不大谈自己的观点。在格拉茨，纳粹很受欢迎，他对自己的信仰闭口不谈。然而，德奥合并的前几周，他在维也纳发表了一个关于爱丁顿研究的演讲，在讲话结束之前，他谴责了有的国家试图控制他国的行为。听众立刻领会了他谈的所谓大国是谁，爆发出热烈的掌声。纳粹控制了奥地利之后，开始迅速清理大学里的社会主义者、共产党员、和平主义者、奥地利民族主义者，以及所有处在政治对立面的人。所有的犹太人被从大学和其他公共职位上解雇。瑟林是一位积极的和平主义者，立即就丢掉了工作。当然，薛定谔看出了不祥之兆。可是他厌倦了当一个漂泊的研究者，决定尽最大努力保住自己的教授一职，不论付出什么代价。由于汉斯的犹太背景，薛定谔和她的关系也冷了下来。薛定谔的薄情让汉斯很失落。他还去纳粹任命的格拉茨大学校长汉斯·赖歇尔特那里寻求建议。赖歇尔特建议他给大学理事会写一封信，表明自己对德意志帝国的忠心。薛定谔害怕被解雇，就同意了。

后来让他万分尴尬的是，他支持德奥合并的声明在3月30日登上了德国境内的多家报纸，广为传播。国外的科学家很快就通过《自然》杂志的报道知道了这个消息。他以前的同事读了他的"告白"颇为震惊，其内容听起来就好像他是一个"获得重生的"希特勒信徒。

"我自始至终都搞错了我的真实意愿以及 …… 我的国家的命运，"薛定谔写道，"流淌在血液中的声音召唤着'以前的怀疑者'回到人民中间，并找到回到阿道夫·希特勒身边的路。"[24]

4月，薛定谔希望进一步给自己的忠诚度加分，他回到柏林参加了庆祝普朗克80岁寿辰的宴会。他的参会让他有机会争取让"时光倒流"，并试图恢复他在德国物理学界的位置。

尽管如此，薛定谔摆出的与纳粹政权亲善的姿态最终还是劳而无功。他回到格拉茨后，很快就发现自己被维也纳大学解除了荣誉职位。同年8月，他又失去了在格拉茨的教授一职。纳粹觉得他不堪信任，没保留他的职位。他和希特勒政权的浮士德式的交易只是让他坠入了没有学术角色的炼狱。

再见

一部好莱坞电影对一个奥地利家庭做了浪漫的描述。在电影《音乐之声》中，冯·特拉普音乐之家偷偷越过群山逃往了瑞士。实际生活中的冯·特拉普一家，是利用和意大利的关系悄悄逃离了纳粹政权。格奥尔格·冯·特拉普一家有意大利公民身份，因此他们可以自由乘火车前往这个国家，然后从那里继续前往伦敦，并最后到达了美国，他们已经计划好了在美国举行巡回演唱会。

与此类似，薛定谔在失去自己的学术职位之后，他认为是时候和安妮一起离开故国了，而意大利就是方便的离开通道。然而，他们的出逃比冯·特拉普一家要惊险得多。一方面，虽然薛定谔收到了一份新的间接工作承诺，但是条件十分模糊。而且，因为奥地利不再是一个独立的国家，所以薛定谔没有正式的旅行证件。

拯救他的人，是他素昧平生，从未谋面的一个人：埃蒙·德·瓦莱拉，爱尔兰的总理。他出生于美国，母亲是爱尔兰人，父亲是古巴人，12岁时随家人移居到了爱尔兰的利默里克。他在都柏林的皇家大学学习数学专业，研究了汉密尔顿的成果，之后，他在梅努斯的圣帕特里克大学以及爱尔兰的其他地方讲学。1916年，人们越来越意识到爱尔兰文化受到了压迫，这驱使他加入了爱尔兰志愿军，参加了复活节起义。这场起义的目的是推翻英国统治，建立民主的爱尔兰共和国。他在博兰磨坊（一个大型面粉仓库）的一个邮局指挥第三营。

由于寡不敌众，而且火力远不敌英国军队，爱尔兰志愿军被迫投降了。德·瓦莱拉和其他领导人被捕了，但除了他一个人之外，其他人都被枪决了。德·瓦莱拉幸免于难，也许是因为他出生于美国，也许是因为英军受到了压力，停止枪杀战俘。德·瓦莱拉入狱一年之后，回到了爱尔兰，领导新芬党，帮助制定了爱尔兰独立的条款。[1]由于在与英国谈

---

1. 新芬党（爱尔兰语：Sinn Féin，中文译为"我们"），是一个北爱尔兰社会主义政党。新芬党也是爱尔兰共和军的官方政治组织，主张建立一个全爱尔兰共和国。——译者注

判中，他与新芬党出现了分歧，最终他建立了共和党（Fianna Fáil），成了爱尔兰共和国的总理。[1]

作为党派领导人，德·瓦莱拉几乎独自起草了1937年的爱尔兰宪法，使爱尔兰走上了中立，并且从英国独立出来。作为一名数学家，汉密尔顿以前的研究中心——丹辛克天文台的衰落让他忧心忡忡。他不仅想为爱尔兰带来新的荣耀，而且打算让它成为数学和科学领域的强国。为了实现这个目标，他决定效仿普林斯顿高级研究院，在都柏林建一所高级研究院。但谁能成为研究院的相当于爱因斯坦的那个人呢？得知薛定谔在维也纳被解雇后，德·瓦莱拉认为他是计划的研究院中主讲教授一职的最佳人选。因为直接联系薛定谔很不明智，而且有惊动纳粹的风险，德·瓦莱拉就通过关系链发出试探。他和在爱丁堡的数学家埃蒙德·泰勒·惠特克说了这件事，惠特克是他以前在都柏林的一位导师。惠特克又将此消息传达给了自己的同事玻恩。玻恩又写信给理查德·贝尔，他住在苏黎世，是薛定谔的朋友。贝尔请求一位荷兰的朋友去维亚纳将这个消息转给薛定谔和安妮。那个人到了之后没有见到他们，因为他们那时正在格拉茨，于是他就给安妮的母亲留了口信。最后安妮的母亲寄给他们一封简短的便条，告诉他们德·瓦莱拉想聘用他。埃尔温和安妮将便条读了好几遍，然后扔到了火里烧掉。埃尔温知道自己别无选择，只能接受这份聘用。在内心里他还是希望能在牛津大学拥有一份永久的职位，但由于资金问题和林德曼对他的憎恶，他感觉这不可能实现。他"向希特勒的忏悔"实际上让林德曼对他更加恼火了。

---

1. 共和党，Fianna Fáil，爱尔兰共和国两大政党之一，是一个左倾党派。——译者注

安妮驾车来到位于瑞士边界的康斯坦茨和贝尔见面，表示他们对在都柏林的这一职位很感兴趣。贝尔给玻恩回了信，玻恩又告知了惠特克。惠特克又将这个好消息传达给德·瓦莱拉。9月14日，埃尔温和安妮开始从格拉茨出逃。由于担心出租车司机可能会举报他们，安妮自己开车将行李拉到了火车站，然后把车放在了一个汽车修理厂里，让人把车清洗一下。这将是她最后一次看到自己的这辆车。他们登上了去往罗马的火车，而口袋里只有十马克。

到达了永恒之城罗马后，薛定谔想写信给德·瓦莱拉和林德曼，让他们知道自己现在的状况。他想接受德·瓦莱拉的聘用，不过又问林德曼自己能否此间先在牛津大学逗留。费米当时是罗马大学的教授，他告诉薛定谔，他寄出的任何信件都可能被审查。因为薛定谔是教皇学院的成员，所以暂时住在梵蒂冈似乎是一个更安全的选择。置身于梵蒂冈花园的美景之中，他写了信并寄出，给德·瓦莱拉的信寄往了日内瓦的国际联盟。那时德·瓦莱拉是这个国际组织的干事。两天后，德·瓦莱拉打电话给薛定谔，邀请他们来日内瓦面谈，并让爱尔兰的领事给他们订了头等舱票，并给他们每人一英镑路上零花。

薛定谔一家兴奋地登上了开往瑞士的快速列车。在边境他们吓了一大跳，那时一个警卫手举一张写着他们名字的报纸，要求他们下车并且单独过安检。工作人员瞪着安妮，她非常紧张地把手提包和其他私人物件放在了 X 光机上传送过去。很幸运他们获准回到火车上，然后到达了日内瓦，在那里德·瓦莱拉热情迎接了他们。在日内瓦待了三天，讨论了关于研究院的计划以后，他们前往英格兰。

到了牛津大学，薛定谔对林德曼冷淡的反应非常失望。林德曼不愿意原谅他支持纳粹的声明。薛定谔解释说他这么做不关别人的事，而且他是迫不得已的，但这都无济于事。幸运的是，他没必要依靠林德曼的帮助，因为他很快就得到了比利时根特大学为期一年的职位的聘用。考虑到研究院还在计划阶段，启用时间还遥遥无期，薛定谔就抓住了这个机会。

等待研究院启用

在 11 月 19 日短暂访问都柏林期间，薛定谔对爱尔兰总理的计划有了更多的了解。正如预期的那样，研究院会包括理论物理学院和凯尔特语研习学院。薛定谔提出了自己的关切，包括想让希尔德（和鲁思）来爱尔兰和安妮以及自己住在一起。[25] 这是一个很不寻常的要求，因为希尔德有自己的丈夫。

德·瓦莱拉没有反对。薛定谔的要求其实是德·瓦莱拉最不担心的事情。德·瓦莱拉需要得到众议院（爱尔兰议会）对创建研究院的批准，这将会是一个持续好几个月的政治角力过程。薛定谔在根特的时候，德·瓦莱拉和议会成员反对党的理查德·马尔卡希将军讨论过此事。马尔卡希认为这个研究院是多余的，当时在爱尔兰已经有不错的大学了，这些大学需要更多的资金。另外，在一所学院中，将理论物理学和凯尔特语研究两个有着天壤之别的领域结合在一起，这引来了批评家的嘲笑。这两个领域唯一的共同点，似乎就是爱尔兰总理对这两个领域都感兴趣。马尔卡希争论说，或许放弃物理学院就行了。

德·瓦莱拉反驳说，这两个部门可以互相加强彼此的声誉。德·瓦莱拉援引了汉密尔顿留下的遗产，声称科学领域的国际成就会给爱尔兰带来新的荣耀和尊重。因为共和党占大多数，所以他知道自己最终能让议案通过。他提出这样的论点是为了争取那些犹豫不决的人，好让他们帮助加快议案通过的进程。

薛定谔听说了这次讨论，尤其是废除物理部门的想法，这让他很紧张，但德·瓦莱拉向他保证一切问题最终都会解决，薛定谔只需耐心等待就行。因为自己没有其他好的选择，他只能相信德·瓦莱拉。

薛定谔在根特等待都柏林的职位的这段时间，产生了一个有益的结果。薛定谔有机会认识了乔治·勒梅特，他是比利时的理论家兼神父，首次提出了宇宙是从一种高密度状态膨胀而来的观点，这就是后来被称为宇宙大爆炸的理论。薛定谔受到了鼓舞，想为宇宙学做贡献，包括展示某些类型的宇宙扩张如何导致物质和能量的产生的推测。他的结果预测出了宇宙的稳态理论，这是20世纪40年代末期弗莱德·霍伊尔、托马斯·戈尔德和赫尔曼·邦迪等提出的理论，还预测出宇宙中大部分物质产生于原始膨胀时期的这一现代理念。

在比较失意的那段时间，薛定谔想着转向宗教和哲学问题上来，加入到斯宾诺莎、叔本华和韦丹塔的行列中。他将带去都柏林的一份未出版的手稿表明了自己探求自然秩序的想法是如何凝聚到一起，变成一个类似爱因斯坦"宇宙宗教"的信仰体系的。薛定谔这样写道：

在一个科学问题的展示中，另一个演示者是上帝。他不仅设置了问题还制定了游戏的规则，但人们并不完全知道这些规则，有一半的规则有待去发现和推导。[26]

1939 年 9 月，薛定谔在根特的职位期满，也到了他离开比利时的时候了。希尔德和鲁思搬到了埃尔温和安妮的住所，而亚瑟还留在因斯布鲁克。几个复杂的问题出现了。一个是高级研究院还没获得批准。而且，纳粹入侵波兰后，第二次世界大战已经爆发了。此时，不仅薛定谔没有再一次被聘用，而且从盟国的角度来看，从严格意义上讲，他是敌对势力的公民。这是个大问题，因为他需经英国到达爱尔兰。幸运的是，他的几个救星（这里面有德·瓦莱拉，而且令人吃惊的是，林德曼也给予了帮助）介入其中，给他以及他的"大家庭"提供了所需的文件，这让他们得以穿过英国到达都柏林。他们于 10 月 7 日到达。

直到 1940 年 6 月 1 日爱尔兰议会才最终通过了建立都柏林高级研究院的法案。董事会在同年 11 月进行了第一次会面。那时推迟会面的主要原因是战争。在薛定谔等待期间，为此感到抱歉的德·瓦莱拉帮他安排了一个在爱尔兰皇家学院的客座教授的职位，并且安排他在都柏林大学教课。

与此同时，薛定谔和家人在克隆塔夫僻静郊区的金科拉路 26 号找到了一个住所。那是在都柏林湾附近的一处绝佳的地方。他非常热爱骑自行车，这个地方距离市中心远近合适，正好可以骑行，这让他非常高兴。

埃尔温·薛定谔位于都柏林郊区克隆塔夫金科拉路的住宅。乔·梅希根摄影；感谢罗南和乔·梅希根

　　爱尔兰文化历史学家布莱恩·法伦指出："1940年创建的都柏林高级研究院在同类学院中具有划时代的意义。"[27] 它是一个里程碑，一些人称其为"盖尔语的复兴"。有谁还能比薛定谔这样的文艺复兴似的全才领导物理学院更合适呢？研究院在梅瑞恩广场的总部启用的时候，可能没人比德·瓦莱拉更高兴了。

第 6 章
爱尔兰人的运气

　　"爱因斯坦和爱丁顿的理论"不成立，他们放弃了。为什么现在就成立了呢？是因为这里的爱尔兰气候吗？很好，是的，或者是因为 64 号梅瑞恩广场气候适宜，在这里一个人有时间进行思考。

　　　　　　　　　　　　——埃尔温·薛定谔"最后仿射场律"

　　在科学上，绝对不要倚赖权威。即使最伟大的天才也不能避免犯错——不管他得了一个还是两个诺贝尔奖，或者一个也没得。

　　　　　　　　　　　　——埃尔温·薛定谔"最后仿射场律"

怡人的梅瑞恩广场

　　一块雅致翠绿的飞地位于都柏林中心地区，周围是成排的豪华乔治亚式排屋。梅瑞恩广场离三一学院、政府大楼和博物馆都很近，环境优美，所以这里成了都柏林高级研究院自然的选址。这里十分安宁，是学者的庇护所，德·瓦莱拉选择在这里建立了研究院的两个分部：凯尔特语研习学院（School for Celtic Studies）和理论物理学院（School for Theoretical Physics）。随后，广场的另一侧会建起宇宙物理学学院。

都柏林梅瑞恩广场64-65号，理论物理学院和埃尔温·薛定谔的办公室所在地。
乔·梅希根摄影；感谢罗南和乔·梅希根

这么多年来，薛定谔第一次感觉到了安全，且被人接受。他有了充裕的时间去探索新的兴趣点，例如生物学，他在这个领域的探索集中体现在他的《生命是什么？》这部极具影响力的著作中。德·瓦莱拉对于挖来了薛定谔感到非常骄傲，多次让整个国会去听他的讲座。

薛定谔对侨居国爱尔兰，也对德·瓦莱拉给予他的关注心存感激，因此薛定谔渴望成为爱尔兰各种事物的专家。他迷上了凯尔特设计。参观薛定谔住宅的访客会发现，他的家里有一些精致的小家具模型，上面的织物都是他用爱尔兰织布机亲手织出来的。他尝试学习盖尔语，他的桌子上一直放着一本名为《爱尔兰语写作助手》的书。虽然他擅长好几种语言，爱尔兰语法对他来说很不容易掌握，最终他放弃了。尽管如此，他的很多爱尔兰同事对他所做的努力都很钦佩。最重要的是，他跟人说，比起傲慢自大的牛津，他更喜欢都柏林，他这么说让都柏林人很高兴。

薛定谔在研究所工作勤奋，与同事关系融洽。他晚上总是工作到很晚，所以从来不喜欢早起。尽管如此，他一般都能骑着自行车准时参加上午茶会，与其他研究者切磋交流，相谈甚欢。[1]

在这里，有很多原因让薛定谔感到舒服和安全。生活在一个中立国，他可以躲开可怕的战争以及因表达敏感的政治观点而带来的危险。此外，德·瓦莱拉是他的良师益友和保护者，允许他自由地追求与众不同的生活方式。

德·瓦莱拉不仅是爱尔兰总理（Taoiseach），还是国家报《爱尔兰新闻》的创办者和拥有者。德·瓦莱拉是报纸编辑部的成员，显然该报的立场与德·瓦莱拉的态度一致。很久之后，该报纸陷入了一桩重大丑闻，虽然有来自美国和爱尔兰的许多其他投资者，该报纸的章程却让他把大部分利润转到了他自己和亲人的名下。在他的精心谋划下，几乎所有的投资者持有的股票都是伪造的，而且从未收到股息，真正持股的是德·瓦莱拉及其家族成员，他们从中获取了大量财富。[2]

报纸的新闻记者们则要忍受拥挤的办公环境以及混乱的状况。在某种程度上，维护德·瓦莱拉和他的朋友的形象是他们分内的工作。或许是因为这个原因，再加上薛定谔天生才华出众，富有魅力，让这些记者印象深刻，他的言行经常见报，而且往往刊登在头版或是第二版。

比如，《爱尔兰新闻》刊登过薛定谔的家庭生活的闲趣报道。1940年11月，一篇题为"居家教授"的报道称薛定谔为"当今世界上数学物理学领域最伟大的学者"。记者一开始以为薛定谔可能很清高孤傲，但是"当这位谈吐优雅，话语幽默的男子打开都柏林郊区一栋房子的大门，和气地跟我说话时，我知道我错了。他非常和蔼，易于接触"。[3]

享有盛名如爱因斯坦者，如果仅仅是乘帆船出海航行，不出事故，就几乎没有报纸会关注。比如，1935年，他的船在康涅狄格海岸搁浅了，才上了报纸。相比之下，对于《爱尔兰新闻》来说，即便薛定谔去度假也要报道一番。比如，他决定在1942年8月骑行去克里，《爱尔兰新闻》马上就刊登了报道。[4]

另外一篇报道，题为"居家原子人：埃尔温·薛定谔博士休假一天"，登在1946年2月的一期上，详细记述了薛定谔与安妮、希尔德和鲁斯的私人生活。报道中根本没有提他们的关系有什么不寻常。报道中直接引用了薛定谔对于希尔德和鲁斯为何会留在爱尔兰所作的解释，对于这种有误导性的解释，报道没有提出疑问。报道中说鲁斯刚刚跟他下了一盘国际象棋，还打败了薛定谔。薛定谔说："战争爆发的时候，她和她的母亲马赫夫人正跟我们在一起。我们就把她们一起带来了。"[5]

鲁斯对都柏林的生活总体上很满意，也很享受三个父母角色人物的关心。有一天，她的一位好友问她，为什么她有两位母亲，而"父亲"（指亚瑟）却不在。[6] 鲁斯不知道。对她来说，这十分正常。后来，她在回忆起爱尔兰的生活时，说这段日子"非常平静"。[7] 有了德·瓦莱拉的支持，薛定谔无须担心他的感情生活会成为丑闻。在这种情况下，他只是享有了更多自由，追求其他的女人。有安妮和希尔德照顾鲁斯和家庭，薛定谔继续拈花惹草。这些都是偷偷摸摸干的，但是记录在了他的日记里。在公众面前，他是"最强大脑"——这是《爱尔兰新闻》对他的描述。

每个工作日，薛定谔都会从郊区整洁的房子骑自行车去他舒适的办公室，然后再返回。他经常休假，一年只需做几次讲座。他的思维可以在理论物理的乐土上自由翱翔。在战乱年代，当薛定谔的很多同事都饱受战争苦楚的时候，德·瓦莱拉保证了薛定谔生活安逸。

他虽然如此幸运，但是大家都知道，他也有个债要还。人们都期望他能让该研究所以及爱尔兰的整个科学领域闻名于世。爱因斯坦当年到柏林大学的时候，他曾表达过自己的担忧，说自己只是一只失去了"下蛋"能力的"荣誉母鸡"。[8] 薛定谔也面对类似的要有所表现的压力——不仅如此，这个国家的领导人还一直在关注他。他被视为爱尔兰最大的希望，能帮助这个国家的物理学获得国际声誉——他是爱尔兰的"新汉密尔顿"，是这个国家唯一的诺贝尔奖获得者，是最近几乎可以和爱因斯坦相提并论的人。《爱尔兰新闻》更是提升了这一形象，给他设置的目标无与伦比的高。

薛定谔渴望创新的动力一部分也来自他的内心。他厌倦日常的工作，喜欢挑战自己，重塑自己。他喜欢人们把他看作文艺复兴式的人物，甚至也许被当作古希腊哲学家的继承人。他思维活跃，经常从一个话题跳到另一个话题，希望找到全新的道路，进行智力冒险。

有一些物理学家，在需要进行创新的时候，会选择与他人合作。不过，在20世纪40年代初期，这种合作的可能性非常有限。当薛定谔在国际物理学界享有盛誉的时候，其他大多数物理学家还身陷在战争中。理论物理学家都转向了其他研究方向，例如核物理学和粒子物理学。而薛定谔的兴趣则偏离了主流。

不管怎样，都柏林高级研究院虽然处于中心，但在一段时间内，还是跟爱尔兰的其他科研机构比较隔绝。1949年，爱因斯坦的前助手利奥波德·因菲尔德在造访这里时说："这个研究所吸引了世界各地的学生，让爱尔兰在科学事业上也拥有了自己的名声。然而，它对本国、本国的知识界以及大学所产生影响，依然很小。"[9]

笑柄

薛定谔是《爱尔兰新闻》的宠儿，而该报的对手《爱尔兰时报》，虽然也很尊重薛定谔，却没有那么热心。《爱尔兰时报》对德·瓦莱拉的治国方式以及政策都持批评态度。《爱尔兰时报》追求独立和开放，经常为政府的审查以及对报纸提出的诽谤指控进行交涉。

在德夫（德·瓦莱拉）的对手看来，特别是那些爱尔兰统一党（Fine Gael party）的成员看，都柏林高级研究院就是那些爱炫耀的领导人的面子工程，他们觉得自己与世界上最出色的数学家、科学家和语言学者是一类人。因此，《爱尔兰时报》不如《爱尔兰新闻》那么看重这个研究所。该报纸的一位专栏作家甚至模仿斯威夫特的口吻，写过一篇文章讽刺研究所的研究员，结果报社受到诽谤诉讼的威胁，关张大吉。该文将研究所做的研究工作描述得毫无意义，滑稽可笑，就好像《格列佛游记》提到的拉普他岛上那样。

这篇有争议的戏谑文章发表在该报1942年4月的幽默专栏中，题目是"Cruiskeen Lawn"（这是都柏林俚语，意思是"一满瓶威士忌"）。主持该专栏的是作家布赖恩·奥诺兰，使用了"Myles na gCopaleen"的笔名，他的文章笔调离奇怪异，充满想象力，对现代爱尔兰生活进行了辛辣的讽刺。奥诺兰是科学和哲学的业余爱好者，谙熟盖尔语，一直关注有关都柏林高级研究院的新闻。他满怀好奇地注意到，凯尔特研究学院的F. O'Rahilly教授提出了圣帕特里克是两个人的合体。[1]他觉得很奇怪 —— 可能到了亵渎神明的程度。

奥诺兰还记得1939年，薛定谔在都柏林大学形而上学学会发表了一次演说，名为"关于因果关系的一些想法"。像往常一样，薛定谔在这个问题上含含糊糊，说不出来什么，最后只是留下宇宙是否有因果的问题，让大家自由讨论。他意识到薛定谔已经在这个问题上摇摆

---

1. 圣帕特里克（天主教将其名字译为圣博德）（公元约385—461），爱尔兰主保圣人，天主教圣人，出生在威士，少年时被绑架到爱尔兰成为奴隶，后来逃走。他冒着生命危险回到爱尔兰传播天主教，成为爱尔兰主教，后成为圣人。—— 译者注

了好多回，就像是暴风中门廊里的秋千一样，他引用了西班牙作家米格尔·乌纳穆诺[1]的一句话："一个人如果从来不会否认自己，我们就有足够的理由怀疑，他什么也没说。"[10]

在演讲最后，学会主席鲁斯牧师（Rev. A. A. Luce）感谢薛定谔留给了大家充分表达自由意志的机会，因此是"现代的伊比鸠鲁"。然而，奥诺兰对此有不同的解释，他把薛定谔关于因果关系的不确定性，曲解为怀疑是否有"本因"。换言之，根据奥诺兰的解释，他已经准备好迎接不可知论了。无本因，也就不需上帝。

奥诺兰的专栏文章以这两次谈话为例子，对都柏林高级研究院进行了尖刻的抨击，将其看作是研究院所做的一系列与其职责不相配的离经叛道的研究的例子。"研究院的第一个成果，"他写道，"是向大家表明，存在两个圣帕特里克，而没有上帝。异教说和不信宗教的宣传与博雅教育毫无关系，我们要是不小心，这个研究院会让我们成为世界的笑柄。"

对该研究院，奥诺兰还用了"臭名昭著"一词，说道："对于上帝，我愿意拿一个席位去交换……在这个席位上可以做一些大多数人看作是娱乐的'工作'。"[11]

薛定谔看了奥诺兰的评论文章倒是挺开心，看出了其中的幽默，然而都柏林高级研究院的领导层却勃然大怒。他们强迫《爱尔兰时

---

1. 乌纳穆诺（1864—1936）西班牙作家、哲学家。生于毕尔巴鄂，卒于萨拉曼卡。是"九八年一代"的代表作家，20世纪西班牙文学重要人物之一。——译者注

报》登报道歉。编辑很快同意进行道歉，并承诺奥诺兰再也不会在他的专栏文章里提到该研究院。

薛定谔并不是奥诺兰在科学领域唯一的讽刺目标。1942 年 7 月，爱丁顿在都柏林高级研究院举行了一场有关大统一理论的座谈会，解释说只有少数人真正理解相对论，奥诺兰在专栏中提出，爱尔兰的中小学可以用盖尔语开设这门课程。他开玩笑说，这样一来，学生们不仅是"两种语言的文盲"，而且还是"四维空间里的文盲"。[12]

奥诺兰也是一位小说家，他的小说作品都是用另外一个笔名"弗兰·奥布赖恩"发表的。最出名的小说之一是《第三个警察》(The Third Policeman)，写于 1939 年至 1940 年，这跟薛定谔到爱尔兰并做了有关因果关系的讲话的时间重合。这部书在奥诺兰在世的时候没有任何出版商愿意出版；该书在 1967 年他去世之后首次出版。

小说中担任"画外音"的角色是一位不循常理的学者，叫"德赛尔比"，读者通过一系列脚注才知道了他。德赛尔比拥护关于自然的各种奇怪理论，包括把黑夜解释为是由于火山喷发而产生的"黑空气"和燃煤等现象。[13]

奥诺兰对愚蠢的科学思想的嘲讽引起了很多人的关注和分析。或许，德赛尔比这个人物至少是受到了另外一个有着各种高尚观念的人的名字的启发，那人名字开头也有个"德"：德·瓦莱拉。不过，他身上也会有爱因斯坦和薛定谔的影子，因为在那个时候，这两人非常著名。

汉密尔顿的印记

再也没有一位数学家比汉密尔顿更让德·瓦莱拉感到更亲切了。对全世界来说，1943年是毁灭性的一年。德国和苏联军队为了争夺斯大林格勒展开了殊死战斗。犹太士兵英勇地与纳粹军队在华沙展开了激烈战斗。然而，对德·瓦莱拉来说，1943年是庆祝四元数一百周年的时机。四元数是汉密尔顿在爱尔兰发明的数学方法。

四元数是由四个元素组成的复数的延伸。它包含实数和虚数（负数的平方根），复数表示为二维平面中的点。汉密尔顿想在三维空间中找到对应的点。有一次在经过都柏林的布鲁厄姆桥的时候，他的尤里卡时刻来了。他意识到他需要4个元素而非3个。他的脑袋里突然蹦出了四元数的定义，立刻把这个公式写在了桥上。

在德·瓦莱拉当政的时候，爱尔兰政府发行了纪念汉密尔顿及其发现的邮票。同年11月，德·瓦莱拉主持了庆祝活动，并邀请国际社会参加。不过，由于战争的缘故，参加活动的外国学者很少。

为什么在世界大战正在进行的时候，德·瓦莱拉对纯数学如此着迷？即使爱尔兰是中立国，它的经济也遇到了困难。就像世界上的许多国家一样，食物定量配给，许多供应受限。然而德·瓦莱拉还是坚持着自己的爱好，这让很多批评他的人疑惑不解。

英裔爱尔兰贵族格拉纳德勋爵有一次在和德·瓦莱拉见面之后说，德·瓦莱拉"就在天才和疯子的分界线上"。当然，对于很多有着超乎寻常的关注某事的观点的人来说，这种表述都说得通。尽管有重重困难，他的目标也不同寻常，德·瓦莱拉在政治上总是受人欢迎的，他就像一个带有书呆子气但受人敬佩的老师，他似乎总是在寻找学生最感兴趣的东西。

　　四元数百年纪念对薛定谔来说是一个额外的压力，他需要满足大家的期望，成为新的汉密尔顿，还要使爱尔兰科学获得重要地位。他把爱丁顿和其他一些有名的科学家请到了都柏林高级研究院，比如狄拉克等（他从未来过爱尔兰的这个绿宝石岛），他开始让爱尔兰出现在世界科学的地图上。他还协助招募到了颇有成就的物理学家沃尔特·海特勒作为助手教授，给理论物理学院增加了新的智囊人物。尽管如此，他身上一直担负着责任，要让外界对他的评价名副其实，比如《爱尔兰新闻》评论道："埃尔温·薛定谔教授是爱尔兰在继承汉密尔顿的传统方面贡献最多的人。"[14]

　　由于爱因斯坦当时是天才的标准，薛定谔采取了一种矛盾策略，一方面炫耀他与这位受人尊敬的物理学家之间的关系，另一方面巧妙地贬低对方的成绩。就像索末菲那样，他曾在全班面前朗读爱因斯坦的来信，薛定谔也设法让同事和报纸都知道，他和爱因斯坦一直保持着稳定的通信联系。但是，索末菲与薛定谔的动机显然是不同的。索末菲认为爱因斯坦的话会激励他的学生。薛定谔则很享受这种"吹嘘权"，让公众知道他与爱因斯坦的友谊。"这两个最强大脑之间往来的书信中夹杂着代数公式，就像是拉娜·特纳凸起的肚子。"报纸的同一篇文章写道，指的就是好莱坞女明星拉娜·特纳。[15]

尽管他与爱因斯坦的关系很近，但是在提到汉密尔顿的另一篇文章中，薛定谔对他颇有轻视之意。提到对汉密尔顿的纪念，薛定谔写道："汉密尔顿的数学法则成了现代物理学的基石，物理学家希望每一种物理现象都能符合该法则。不久之前，爱因斯坦提出了一个'无须汉密尔顿法则的理论'，一时满城轰动……事实上，后来该理论被证明是错误的。"[16]

那个时候，在某些方面，薛定谔主张量子叠加原理，这是把爱因斯坦对海森伯的态度和海森伯对爱因斯坦的态度结合了起来。他跟爱因斯坦一起攻击海森伯等概率论者，说他们脱离了世俗的经验。猫的比方就是这种批评的好例子。然而，当他认为爱因斯坦并没有"倾听"的时候，他会暗示这位年迈的物理学家已经失去了对学术的把控力；这也恰恰是海森伯可能会暗示的。不过，还要再过4年，爱因斯坦才明白自己被他耍了。

普林斯顿的隐士

在战争年代，爱因斯坦颇有些与世隔绝。即使是在普林斯顿这么一个小城里，也很少有人认识他。爱尔莎去世之后，爱因斯坦无心打扮，甚至懒得去理发。他和几个助手一起，为了统一论继续奋斗，其实更多是他一个人在奋斗。

他给在柏林时认识的已经移居以色列海法的朋友汉斯·米萨姆博士写信说："我现在成了一个孤独的老头。一个有名望的人，出名的原因是不穿袜子，像个怪人，出席各种场合。但是我对工作比以前更加狂热，并且我满怀希望，希望可以解决物理场统一的老问题。然而，这就像乘飞艇一样，自由自在地在云中翱翔，但却看不清楚，不知如何回到现实，也就是说，回到地球。"[17]

　　大家对爱因斯坦态度的反映，可以从一曲幽默小调看出来，这是1939年普林斯顿大学高年级学生创作的。开教授的玩笑是普林斯顿学生的传统。即使爱因斯坦从未担任过学校里的任何教职，学生们还是吟诵了如下诗句：

　　　　所有学数学的男孩哟，
　　　　阿尔比·爱因斯坦是你的指路明灯，
　　　　虽然他很少到外面吹吹风，
　　　　我们祈祷他剪剪头发别再乱蓬蓬。[18]

　　爱因斯坦在普林斯顿高级研究院新建造的有殖民地风格的富尔德大厅的总部工作，他再也不需要跟其他员工合用一个办公室。他也不需要再和弗莱克斯纳打交道，他已从主任的位置上下来，换上来的是温文尔雅的弗兰克·艾德洛特。办公室周围有几英亩的树林，中有几条林间小道，在这样的田园风光中，爱因斯坦十分享受与同事在此悠闲地散步，比如新加入的哥德尔以及其他访客。

　　其中一位访客是爱因斯坦已经多年未见的玻尔。1939年冬天，他在这里待了2个月。两位老对手久别重逢，人们原以为他们之间会有很多相互的打趣，但是奇怪的是，两人之间弥漫着一种奇怪的沉默。每个人都沉浸在自己的想法里。爱因斯坦与伯格曼、巴格曼十分热切地想通过现实的物理方法，找到广义相对论的五维延伸空间。

玻尔思索的问题更严肃。他从奥地利物理学家奥托·弗里希那里了解到，柏林的奥托·哈恩和弗里茨·斯特拉斯曼成功地进行了一些实验，其中包括用中子轰击铀。弗里希的姨妈是核物理学家莉泽·迈特纳，曾经与他们一起研究过一个课题，后来，因为她有二分之一的犹太血统，逃到了瑞典。在分析完结果之后，她和弗里希总结，实验中发生了核裂变（原子核分裂）。弗里希把消息告诉玻尔之后，玻尔十分惊恐，担心纳粹会发现原子弹的秘密。确实，在战争期间，海森伯被任命负责核研究，成员就包括哈恩等人。

虽然玻尔满脑子都是一些更紧急的问题，但他还是礼貌地出席了爱因斯坦关于统一论研究最新进展的演讲。他一脸呆滞，听着广义相对论的奠基人的演讲，支持猜想中的"万物理论"，该理论似乎忽略了从那个时代以来科学所有的发展。高速旋转发生了什么？中子发生了什么？ 核力发生了什么？他中间可能打了个盹，不过并没错过最重要的结论。在演说最后，爱因斯坦盯着玻尔，说他的目标是取代量子力学。玻尔也盯着爱因斯坦，不过什么也没说。[19]

玻尔到访的几个月之后，爱因斯坦也接到通知，让他亲自谈谈原子弹的问题。1939年7月，在长岛乘帆船度假期间，匈牙利物理学家利奥·西拉特和尤金·魏格纳带着骇人的警告到了他家。他们极其担心，纳粹意图从比属刚果开采铀，用来造炸弹。西拉德进行了计算，某一种铀的核裂变会释放出中子，引发原子核不断分裂发生链式反应，产生巨大的破坏力。

8月，爱因斯坦起草了一封警告信，由西拉德翻译成英文，他签字并寄给了富兰克林·罗斯福总统。两年后，罗斯福设立了曼哈顿工程，这是一个绝密项目，罗伯特·奥本海默任首席科学家，负责开发原子弹。虽然对于是否参与了曼哈顿工程，爱因斯坦从未澄清过，但是在战争期间，美国政府曾多次咨询他，请他运用自己的知识为军事项目研究做贡献。同时，在全世界四分五裂打得一塌糊涂的时候，他继续全身心投入宇宙统一的研究中。

在统一场论方面的研究进行了几乎20年后，平时乐观积极的爱因斯坦会不时陷入绝望。例如，1940年5月15日，在给华盛顿的美国科学大会的演讲中，他"承认这个任务似乎毫无希望，所有按照逻辑对宇宙的研究最终都走进了死胡同"。[20]

即使是在如此黑暗的时刻，爱因斯坦仍拒绝接受世界是受随机性控制的。他在会议上说，虽然"毫无疑问，海森伯的不确定性原理是正确的……他不能相信，我们必须接受自然法则可以用掷骰子游戏进行类比这种观点"。

这种自我怀疑是稍纵即逝的。就像航海者寻觅西北航道一样，如果一条路行不通，他们会选择另一条路，继续探索。[1]在他为新的研究方法冥思苦想时，音乐抚慰了他的心灵。接着，他会和助手讨论，重新开始走一条不同的道路。

---

1. 西北航道，从大西洋经欧亚两洲北部诸海到达太平洋的航道。——译者注

　　1941年，爱因斯坦、伯格曼和巴格曼推出了关于五维统一论的论文，这也是他们的绝唱。同年，伯格曼离开高级研究院，在美国北卡罗来纳州的黑山学院谋到了教席。最终，他在美国雪城大学组建了一支重要的广义相对论研究团队，并且提出了他自己的关于引力的量子理论。巴格曼则在普林斯顿当上了数学教授。爱因斯坦需要寻找新的助手。

上帝之鞭

　　爱因斯坦研究统一论的下一个合作者，是他的老朋友，也是经常批评他的泡利。泡利认为对朋友和敌人一样尽可能的诚实是一种天职。埃伦费斯特曾称他为"die Geissel Gottes"（上帝之鞭），他认为这是一种荣耀。他有时在信上用这个作为签名。爱因斯坦似乎很感激泡利认真地阅读他的论文，但是在面对他无情的批评的时候，又必须使劲振作。泡利不知怎么的在爱因斯坦的宇宙宗教中占有一席之地。对于自己误读上帝关于自然法则的想法的"罪"，他要面对泡利的嘲笑所带来的折磨。

　　1940年，普林斯顿数学高级研究院邀请泡利做临时研究员。文件显示他们选择了他而非薛定谔（也在他们的考虑中），因为他们认为他没那么有风险。他们对薛定谔的评价是"才华横溢，但不如泡利沉稳。早在1937年，比较他们各自的优点的时候，我们更倾向于泡利"。[21]

　　数学高级研究院为什么认为薛定谔"不沉稳"？在那里，有人知道他不同寻常的家庭情况吗？据传闻，他曾经与普林斯顿大学校长讨论过这个问题，或许他们之间的话不知怎么的传到了旁边的研究所。又或者是薛定谔出版的作品中，既有哲学论文，也有基于计算的论文，看起来比较凌乱。无论如何，泡利成了他们的人选。

泡利也很乐意离开战火连天的欧洲，去一个更安静的地方。虽然那时苏黎世还相对安全，但是，由于他有犹太亲戚，住在靠近希特勒的德意志帝国的地方，显然也不是那么理想。因此，他选择在普林斯顿度过战乱时期。

他们同在富德楼中工作，爱因斯坦决定利用他与泡利相同的工作地点，一起研究自然力。他与泡利一起推进曾和伯格曼、巴格曼研究的五维统一论模型。他平时都是和助手一起研究，这是少有的几次机会，他会和知名的物理学家合作。

泡利谨慎的方法，帮助他们得到了正确的结论，即对这种模型来说，没有物理上现实的方法，可以摆脱奇点的存在（非限定条件）。他们能找到的唯一没有奇点的解，就是无质量且电中性的粒子，比如光子。然而，统一论的目标之一就是描述有质量的带电粒子的行为，比如电子。

1943 年，爱因斯坦和泡利联合发表了一篇论文，指出缺乏可信的解。他们指出，虽然人们"感觉卡鲁扎五维理论是正确的 …… 但是它的基础不令人满意"。[22]

爱因斯坦对更高维度的追求进入了死胡同。他决定抛弃卡鲁扎和克莱因的方法，转而研究有着标准维度的理论：三个空间维和一个时间维。虽然还有其他人会采用卡鲁扎 - 克莱因理论，并且进行尝试，但是爱因斯坦认为他已经穷尽了该理论的可能性。他的"不要擦除"的黑板，现在需要擦干净了。显然，是时候继续前进了。

对仿射理论的狂热

具有讽刺意味的是，就在爱因斯坦刚刚在统一论上进入死胡同的时候，薛定谔开始对其变得热衷了。爱因斯坦、爱丁顿和外尔是薛定谔最敬佩的三位理论物理学家，受到他们的激励，他也决定试试运气。他仔细阅读了三人早期关于广义相对论和统一场论的论文，开始设计自己的方法。

由于薛定谔和爱因斯坦是在各自的研究所中开展研究，很自然地，他们在通信中谈及了共同的兴趣。从1943年冬天开始，薛定谔定期给爱因斯坦写信，讨论扩展广义相对论，使其可以包含其他力。新年前夕，薛定谔致以爱因斯坦的节日问候，只有理论物理学家才会那样表达。这是基于汉密尔顿的最小作用量原理，使用拉格朗日法对广义相对论方程式的一个推导。在附言中，薛定谔提出修改拉格朗日法，并研究所产生的有关场的方程式。

正如我们此前已经谈过的，汉密尔顿提出了最小作用量原理和拉格朗日法，这是通过想象物体运动的时候会在所有可能路径中选择最高效的路径来描述运动。这就像边疆开拓者在穿越崇山峻岭的时候，会尽可能缩短行进和攀爬的路径。如果他们将海拔和其他因素考虑在内，地图上最直的那条路未必是最佳之选。同样，粒子在空间中运行的路线取决于势能所构成的地形。对这种地形绘制出量化地图，引入拉格朗日算法，就可以确定运动的公式。

正如希耳伯特所证明的，爱因斯坦的广义相对论方程可以使用拉格朗日算法重新推导出，其中包括两个标量（变换中的不变量）的量，一个与测量距离的度规张量有关，另外一个与描述曲率的里奇张量（与以前提及的爱因斯坦张量有关系）有关。度规张量和里奇张量各自可以用 4 乘 4 的矩阵形式表达。每一个矩阵有 16 个数，但是因为对称，只有 10 个是独立的（其余 6 个是重复数）。在标准广义相对论中，这 10 个独立曲率分量与应力能量张量的 10 个独立分量有关，代表物质和能量。简而言之，物质和能量使时空弯曲，通过 10 个独立关系与之联系在一起。

然而，曲率只是时空几何学的一个方面。为了更好地理解物体在空间中的运动路线，你需要了解度规张量的分量，它们告诉我们如何确定一点到另一点的距离。这些分向量对该特定领域产生了毕达哥拉斯的替代版本。正如我们先前所作的类比，度规张量就像在酷热的沙漠上编织一个遮篷，沙漠里的沙子由于散落的岩石（物质和能量）而高低起伏（曲率）。为了构建度规遮篷，我们需要建造一个脚手架，告诉我们一个杆子（当地的坐标系）如何从一点弯曲到另一点。脚手架之间的联系就是仿射联络。标准的广义相对论中有 64 个放射联络，对称性限制认为 40 个是独立的。

这就是爱因斯坦对引力的标准描述。为了包含与电磁学相关的分量，要求对方程进行修改，例如增加维度（薛定谔没有严肃考虑这个选择）、额外的结构，例如远距离平行（薛定谔也未认真考虑这个），或者放宽对称性的要求，让仿射联络成为基本原则。薛定谔追随爱丁顿的脚步，同时也是爱因斯坦在1923年短暂思考过的问题，他选择放弃对称性要求，把焦点放在仿射联络上。他称此方法为广义统一论。[后来大统一理论（Grand Unified Theories）缩略为G.U.T.，该理论提出了将电弱力和强力统一的方法。]

爱因斯坦还没来得及回复新年前夕的信，薛定谔已经构建好了研究方法的雏形。他从最普通的仿射联络开始，使用这些去构建里奇张量和拉格朗日算法的更灵活的类型。这样的灵活性为包含电磁分量打开了大门。他还希望加入"介子场"分量（现在称之为强力），但决定将来再研究这个（他很快就开始着手去做了）。接着，在某个特殊案例中，他使用特定的数学性质去限定拉格朗日算法，得到的结果和希耳伯特的拉格朗日算法不同。他的方程式作出了不寻常的推论，磁场（例如地球和太阳磁场）随高度减少比常规理论预计减少得更快。这种衰减是由于电磁学中的一种"宇宙常数"造成的，这与爱因斯坦多年前引入的跟引力相关的术语相似。理论的雏形出来之后，他认为是时候将结果告知其他学者了。

生活、宇宙和万物

1943年1月25日，薛定谔在爱尔兰皇家学会上公开了他的广义统一论（General Unitary Theory）。5个月之后，他的论文发表在学会会刊上。他在演讲中解释了他是如何继续爱丁顿和爱因斯坦未完成的工作的。在纪念汉密尔顿的这一年里，薛定谔很乐意使用他的方法，为爱尔兰的数学做出更多贡献。

《爱尔兰新闻》大肆报道了这一事件，强调了该成就"超越了爱因斯坦"。

在2月1日的报纸上，记者迈克尔·J.劳勒以标题"从爱因斯坦向前迈出的一步"报道了这一令人震惊的消息："该重大科学理论的意义如此深远，它比得上爱因斯坦著名的相对论，改变了现代物理学家对宇宙本性的认识，埃尔温·薛定谔教授研究提出了这一理论……而爱因斯坦，为人类的思想打开了一扇新的大门。薛定谔教授的结论是建立在广义相对论的强大基础上的，现在向前迈出了一大步，就像爱因斯坦理论已经对我们产生的影响一样，假以时日，这一新理论将会对我们产生重大的影响。"[23]

第二天，报社刊登了对其他几位爱尔兰科学家的采访，让他们谈谈对薛定谔所做工作的看法。三一学院的麦康奈尔博士（Dr. A.J. McConnel）是受访者之一，他肯定了薛定谔的努力，特别是考虑到这些成就是在"追求纯科学的研究所的艰苦日子里"做出的。他把薛定谔的成就描述为"该国科学史上发生的大事"。[24]

那个月，薛定谔安排了3次公开演讲，是关于完全不同的话题的"生命是什么？"虽然他没有接受过生物科学的训练，也没有任何研究经验，但是他小时候受到了对生物着迷的父亲的影响，他想就该问题发表自己的看法。

第一次讲座的时候，他刚到三一学院的物理学堂，发现整个讲座大厅都挤满了人，还有很多人进不来。他答应过几天为那些进不来的观众再重复做一次演讲。自然地，他最大的粉丝总理也坐在几百人中间，听他的演讲。演讲结束的时候，薛定谔赢得了阵阵掌声。

薛定谔讲座中提到的重要见解包括原子属性和生物习性之间的关系。他指出，绝大多数自然系统中的熵都倾向于增加（无序），而生命体则可以通过吸收能量保持有序，例如从太阳吸收能量。他还推测，非周期性晶体（原子以不重复性模式排列）在生命发展中扮演了重要的角色。因此，他是第一个提出生命是由某种化学物质序列进行编码的人之一。根据薛定谔演讲出版的书，在20世纪50年代成了生物学家灵感的来源，比如詹姆斯·沃森和弗朗西斯·克里克，他们建立了DNA双螺旋模型。这些大受欢迎的演讲也引起了《时代》周刊的注意，该周刊报道说："薛定谔很有天赋。他演讲时语调温柔、令人愉悦，神秘的笑容很吸引人。都柏林人因有一个诺贝尔奖获得者住在他们中间而感到自豪。"[25]

《爱尔兰新闻》第一次报道了薛定谔的广义统一论后，报社给爱因斯坦寄去了报道的副本，看看他有什么反应。到了4月份，爱因斯坦终于寄回了一封语气委婉、十分有礼貌的回信。"薛定谔教授十分谨慎，富有批判力，"他写道，"因此，对于他对这一可怕的问题所做的新尝试，每一位物理学家都十分感兴趣。此刻，我还不能说太多。"[26]

在同一篇报道中，报社还问了薛定谔看了爱因斯坦回信后的反应。"当然，爱因斯坦教授在没有看到完整的科学论文之前，确实不能说太多。"他说。

在报纸的报道中，两人的过招非常礼貌，并没有影响他们之间的友谊——到目前为止是这样。然而，随着薛定谔对自己的理论越来越有信心，他也越来越大胆，说自己的理论比爱因斯坦的更优越。

爱因斯坦的希望的坟墓

6月28日，在爱尔兰皇家学会的一次会议上，薛定谔再一次宣称，他的广义统一论已经通过了实验检验，这一下再次激起了大家的兴趣。他解释说，他使爱因斯坦在20年前放弃的观念获得了重生，他吹嘘自己做到了爱因斯坦未曾做到的事情。在会上，他还大声朗读了爱因斯坦写给他的私信。在信中，爱因斯坦把他早期在仿射理论方面的尝试称为"他的希望的坟墓"。

"我认为现在是挖掘他希望的好机会，"薛定谔说，"因为稍后我就可以确保理论的这个方面是有说服力的观察证实。"[27]

这则报道的标题是"爱因斯坦失败了"，《爱尔兰新闻》在没有事实依据的情况下说薛定谔成功了，而爱因斯坦"承认失败"。这篇报道很有误导性，因为它暗示爱因斯坦早已放弃对统一论的研究，而事实恰恰相反。他经常说先前的想法错了，但他还始终对取得最终成功抱有信念。

薛定谔理论的关键性实验证据是什么？实际上，并没有什么实质性的证据。所谓的证据，是关于在调查地球磁场的时候，指南针如何反应。有点讽刺的是，爱因斯坦从小珍爱的这种设备，竟然成了企图证明他的理论过时的理由之一。

他引用的研究甚至都不是最近的研究 —— 一个是1885年做的，另外一个是1922年。那时已经有了更多的最新研究数据，但是他并没有提到。例如，薛定谔做演讲的那个月，地球物理学家乔治·伍利发表了一篇文章，在文章中，他系统地分析了北美地区的地磁和引力剖面。[28] 然而薛定谔却从故纸堆里扒拉了一些数据。

地球物理学家发现，地球磁力线的实际行为有时与预期行为有所不同。这些不一致，通常表明地表之下存在从前未知的磁化结构，比如，岩石中含有更高的磁性物质。因此，如果一位地球物理学家发现指南针的指针异常倾斜，他可能会考虑，哪种地下构造造成了这种情况。

总体说来，地球磁场的读数随着时间和地点的改变而存在波动。这是因为，整个磁场是由一个复杂的发电机产生的，这个发电机会因地心、地幔、地壳的磁化物质的变化而受到影响。

然而，薛定谔用一种截然不同的方式解释了这种指南针表现的不一致。他以此现象来说明，经典的电磁理论与预言有一点偏差，并且应该用他提出的统一论取代（标准的广义相对论也一样）。正如《爱尔兰新闻》头版上的报道所说的：

> 指南针指针的反应，记录了地球磁场强度的变化，出
> 乎意料地，支持了薛定谔教授的伟大理论。这与恒星的移
> 动证明了爱因斯坦的相对论是有效的几乎如出一辙，薛定
> 谔教授的新理论补充了并在一定程度上取代了相对论。[29]

薛定谔在提出波动方程的时候，是以已知的物理定律为基础的，比如能量守恒定律和波的连续性。它的成功是因为能精确吻合原子谱线。爱因斯坦提出广义相对论时，是在等效原理的基础上提出来的，这是一个基于物体穿过空间的时候如何加速的有说服力的假说。该理论经过了多个独立实验的验证，包括太阳使星光弯曲，这种现象很难用别的理论解释。

然而，对于薛定谔的广义统一论，用指南针针尖的异常表现来"证实"，则缺乏强有力的理论证据，也缺乏权威的实验证据。他的结论，纯粹是通过抽象的数学推理提出的，而不是根据长期存在的物理定律（哪怕是假说）得出的。此外，用来证明薛定谔的理论的"证据"，可以用地球磁场的自然变化来更简单地加以解释。在那时，就连薛定谔自己也觉得他的理论还不完整，还未最终完成。他后来又继续进行了好几年的研究，才再一次宣布获得了成功。但是报纸的报道让人觉得，这个理论已经是既成事实，是科学上无可争辩的一大进步。

8 月，薛定谔给爱因斯坦写信，提到电磁方面的"证据"，说明他的理论是正确的。[30] 爱因斯坦持怀疑态度。他在 9 月的回信中列举了一些原因，说明地球磁场为什么是不对称的，包括南、北半球海洋

覆盖的面积也不平衡。[31] 10月，薛定谔的回信中，承认"一如往常，你可能是对的"。[32]

尽管爱因斯坦提出了批评，薛定谔还是勇敢无畏。薛定谔兴奋地给爱因斯坦解释，他如何计划用仿射理论包含3个领域：万有引力、电磁学和"介子场"（强力）。引力和"介子场"可以用仿射联络的对称分量对付，而电磁学则与反对称分量有关。这个想法激发了爱因斯坦的好奇心，他们之间多次书信往来进行讨论。

爱因斯坦继续为有这样的一个统一论"笔友"而感到高兴，他们之间可以不断地进行思想的碰撞。他给薛定谔的信中饱含真挚的热情："你能开诚布公地跟我分享你的研究工作，我万分感激。在某种程度上，这是我应得的，因为几十年来，我一直不停地迎着石头撞过去，撞得鼻子都出血了。"[33]

由于最近人气大增（这是因为"生命是什么？"的讲座，以及广义统一论），又得到了爱因斯坦的热情回应，而且在物理学上也有了很大的进展，薛定谔有些得意扬扬了。即便聪明如他，自我陶醉也让他失去了判断能力。他渴望获得女性的崇拜，而诱惑他人的刺激感也让他渴望更多的风流韵事。在接下来的短短的几年里，他就有了两个情人，每一个都怀了孕，各自生了个女儿。

第一个是一位已婚妇女，名叫希拉·梅·葛瑞尼，是一位社会活动家，对德·瓦莱拉政府持批评意见。他们在1944年春开始有了感情。当年秋天，希拉怀孕了。1945年6月9日，他们的女儿布莱斯内德·尼科莱特出生了。女孩是希拉和丈夫大卫抚养的 —— 他们两人分手后，他还是单身。除了这个小女孩，这段感情还产生了一个结果：埃尔温为希拉写了一本爱情诗，最终出版了。

　　第二段感情是和一位名叫凯特·诺兰（为保护隐私使用的是假名[34]）的女人，她是政府工作人员，在参加红十字会志愿者活动的时候，和希尔德成了朋友。他们之间短暂感情的结果是一个名叫琳达·玛丽·特蕾莎的小女孩，出生于1946年6月3日。最初，突如其来的怀孕让凯特措手不及，她让薛定谔抚养生下的孩子琳达。然而，两年之后，她决定要回女儿，自己抚养。有一天，她看到琳达在婴儿车里，薛定谔雇的保姆推着她在附近玩。凯特把她从婴儿车里抱起来就带走了。埃尔温对此无能为力，因为凯特是孩子的合法母亲。凯特把孩子带到了南部非洲（今津巴布韦），女孩在那里长大成人。琳达的儿子（薛定谔的外孙）特里·鲁道夫于1973年出生在那里。[35]他成了一名量子物理学家，目前在英国伦敦帝国学院工作。

留住物理学家

　　在战争时期，由于生活在一个中立国家，薛定谔不用面对艰难的道德抉择，以决定是否要为军事做贡献。而生活在德国的海森伯，却很难推却这样的责任。他的家庭与海因里希·希姆莱关系紧密，后者是纳粹党卫军和盖世太保的重要头子，这使他免于因与玻恩等犹太科学家过于友好而受到批评。这些关系也让他在战争时期获得了科学方面的领导位置。海森伯既没有畏缩，也没有抱怨，接受了为他的国家服务的机会 —— 即使是在一个他并不支持的政权之下。

关于海森伯在战争年代指导纳粹核项目中所扮演的角色，有很多相关书籍。第二次世界大战后，他对于所率领的团队在核弹的研制方面的工作轻描淡写，大说特说核能的和平利用。他的同事，物理学家魏兹舍克（Carl Friedrich von Weizsäcker）后来说他们故意放慢了脚步，从来没有希望希特勒获得原子弹。他们还认为，德国科学家表现得比盟国的科学家更有道德情操，因为他们没有那么迫切地想要得到核武器，也从没使用它们。海森伯还指责爱因斯坦为人伪善，从一个有影响力的和平主义者变成了坚定支持盟军战争行为的人。

然而，2002年，玻尔的一些写给海森伯但未曾寄出的信被公之于众，信中他记录了1941年他们在哥本哈根的讨论内容（这些会议是迈克尔·弗雷恩的著名话剧的根据）。玻尔从未把这些信寄给海森伯，因为他不想揭开旧的伤疤。他回忆道，海森伯曾经告诉他，德国人正在积极研发原子弹，而且他们最后一定会成功。海森伯如此自信让玻尔很震惊。1943年9月，玻尔被迫从丹麦乘渔船逃到瑞典，接着在林德曼的安排下，乘军用飞机到英国，在那里加入了盟军的核武器研究计划。

监控海森伯和德国的核项目成了盟军情报部门的一项重要任务。大约在玻尔逃离丹麦的同时，塞缪尔·高德斯密特（量子自旋的联合提出者）被委派负责阿尔索斯小组，任务是评估轴心国制造原子弹的进度。

一位最不可能的间谍是前猎手（芝加哥白袜棒球队队员、华盛顿的参议员）兼教练（波士顿红袜队）莫伊·贝格，他是一位平凡的职业棒球手，但同时是外语大师，善于假扮科学家。他以前的一个队友曾揶揄他"会12种语言，但是用哪一种语言都打不到球"。[36] 1943年，伯格加入了战略情报局，它是美国中情局的前身，他很快就参与了组织纳粹核研究的绝密项目。

　　在听别人介绍了一下量子物理和核物理学的细微差别之后，1944年12月，伯格作为物理学家出席了苏黎世会议，海森伯会在这次会议上发表演讲。伯格带了一把手枪和氰化物胶囊，接受了严格的指令。如果看起来海森伯在原子弹研究上取得了进展，那么伯格就要暗杀掉他。而如果他只是做无害的研究，那么伯格就不去管他。幸运的是，历史发生的情况是后者。他演讲中说的是量子物理学中散射矩阵的话题，这与核弹一点关系都没有。伯格决定，放海森伯一条生路不会有事。

　　1945年，随着盟军迫近柏林，英国和美国意识到，德国科学家发现的原子的机密会落到苏联人的手里。他们启动了艾普西隆行动（Operation Epsilon），目标是俘获德国顶级核物理学家，把他们带到英国。海森伯和其他九位物理学家，包括哈恩、冯·魏兹舍克，以及冯·劳厄，被带到了剑桥附近的农园堂（Farm Hall），在那里滞留了6个月之久。虽然这里与外界隔绝而且有人看守，但他们得到了很好的照顾，生活舒适。

　　这座房子里装了很多监听器，农园堂是一所特殊的实验室，而这里的实验对象就是那些科学家。"实验"的目的是看看，研究者如果处于放松的环境中，待遇良好，而且他们也不知道自己受到了监视，那么他们是否会去做自己想做的事，又会有什么发现。8月，盟军在日本广岛和长崎投下了原子弹，人们仔细分析了录下的这些科学家的反应。从任何层面说，他们都对盟军的核弹研究竟然如此神速而感到震惊。而他们虽然也确实尽心竭力地研究核弹，但是他们缺少资金，海森伯也不善于设计实验，他们的研究遇到了瓶颈。对研制核弹来说，他的想法太抽象了。因此，他们给上级报告说，研制核弹是一项耗费时日的大工程，短期内不可能完成。

海森伯从农园堂获释后，重新开始了他的学术生涯。战争结束，盟军获胜，德国边境又回到了战前的状态，但也有一些调整。德国被划分成4个占领区，每个占领区由一个盟军成员国管理。柏林单独被划分为4个区。海森伯定居在哥根廷，在英国管理下。

看到奥地利获得解放，重新建立了共和政体，薛定谔十分高兴。然而，它也被划进了占领区，东部还包含一个苏联占领区。他开始考虑回国，但是因为当时的政治状况，他暂时留在都柏林，结果这一留就是10年。在这个过渡期内，他决定辞掉理论物理学学院的院长职务，把职务让给海特勒，他继续当高级教授。他跟外人说，辞去职务是为了更多地关注他的研究工作。然而，据报道，他是和研究所的管理人员产生了争执，所以对于管理职务心灰意冷。

他的家庭也发生了变化 —— 希尔德和鲁斯去了奥地利。安妮在金科拉路生活的这些年，让她与鲁斯越来越亲近。她的身份相当于这个孩子的第二个母亲。希尔德决定回因斯布鲁克与亚瑟团聚，她带走了鲁斯，这让安妮心烦意乱。她心情十分低落，易怒 —— 毫无疑问，这与埃尔温一直跟其他女人有染有关。

爱因斯坦则完全没有回德国的心思。如果他回去了，就会发现德国现在有多荒凉。与柏林中央大多数地方一样，他原来位于巴伐利亚地区的公寓现在都被破坏了。而他的卡普特的湖边小屋，此时在苏联占领区，也被征用了。德国大部分城市已经面貌大变，重建需要几十年。然而，最令人吃惊的还是死亡人数。纳粹有计划地杀死了几百万欧洲人，其中有六百万犹太人。另外数百万人因战争而死。无数人变得无家可归、残疾、失去配偶、失去父母，或者受到其他影响。爱因斯坦永远也不会忘记或者原谅这些难以诉说的可怕的事。

不管他有多悲伤和愤怒，他还是继续投身到统一场论的研究中。他和恩斯特·施特劳斯一起开始探索他称为"广义相对论的引力理论"。就像薛定谔的努力，它涉及了仿射联络，将时空中的一点与另一点关联，看看这些改变如何影响场方程。开始，他是独自研究这个项目，发表了一篇独立署名的论文，但是计算中出现了一个错误，随后被施特劳斯改正。1946年，他们共同发表了一篇论文。

但爱因斯坦认为统一场论的研究还远未结束。在人生最后十年的时间里，他采取了一个折衷的研究方式，把广义相对论的修正论当作备选，而不是最终结果。虽然如此，他的不朽名声还是让他一直拥有忠实的听众，不管他提出什么，也不管有多抽象或者不成熟。他也要跟很多竞争对手较量 —— 特别是在都柏林的那个老伙计。

第 7 章
公共关系与物理学

　　我不喜欢斯坦家族；又是格特（斯坦），又是艾普（斯坦），还有爱因（斯坦）。格特的诗都是胡话；艾普的雕塑都是垃圾；爱因则无人能懂。"

—— 佚名，转引自《时代》周刊报道

爱因斯坦的奥秘

　　战争结束之后，爱因斯坦的公众形象明显更复杂了。讽刺的是，广岛和长崎的原子弹爆炸让公众把他和战争联系在一起，其实他一直没有获得审查许可，从未参与军方的原子弹研究项目。原子弹爆炸时，质量转化为能量这一事实，让蘑菇云的图像和相对论永远联系在了一起。（即便到了现在，好多人还坚持认为爱因斯坦是"核弹之父"。）如果说，战前人们认为爱因斯坦聪明无比，那么，战后的结果赋予了他超级英雄的能力。

　　这一形象的一个反映就是1948年5月23日，出现在沃尔特·温切尔广受欢迎的专栏中采用的一个奇怪的流言，题目是"科学家发现光束可以熔化钢块"。他向几百万读者宣布，爱因斯坦正在跟10名前

纳粹科学家合作，共同研制超强的死亡射线！他在报道中提道："这 11
位科学家（爱因斯坦为首）穿上了石棉衣，并观察到一个光束…… 一
块 20 × 20 英寸大小的钢块瞬间熔化，就好像打开家里的开关灯马上
就亮了一样快…… 这种新型秘密武器可以从飞机发射，可以摧毁整
个城市。"[1]

　　近几十年《信息自由法案》公开的美国联邦调查局有关爱因斯坦
的档案表明，有关方面非常重视该流言，甚至美国军队情报处还专门
驳斥，说"该信息没有任何的事实依据，而且…… 不可能造出能在几
英尺范围之外起到这种作用的机器"。[2]

　　美国联邦调查局的爱因斯坦档案也提到了有人担心他会叛变，投
靠苏联。其中一部分原因，大概是担心他会泄露严密保护的有关核武
器的秘密。当然，这种审查有点过火，尤其是他其实并没有获得参加
原子弹研究的许可，他对原子弹的技术细节也一无所知。

　　讽刺的是，美国联邦调查局并不知晓，爱因斯坦曾与一个俄国女
人有段恋情，她叫玛格丽塔·科恩科娃（Margarita Konenkova），被疑
为苏联间谍。1935 年，爱因斯坦与科恩科娃结识，当时，她丈夫谢尔
盖·科内科夫（Sergei Konenkov），一位出色的雕刻家，正在为普林
斯顿高级研究院创作爱因斯坦的半身像。后来，两人有了婚外情，而
且一直持续到第二次世界大战结束。直到 1998 年，爱因斯坦在 1945
年至 1946 年写给科恩科娃的书信被公开拍卖，历史学者才知晓了他
们之间的关系。[3] 他们甚至是把两个人的名字组合起来这一时尚的
开创者，比如后来布莱德·皮特和安吉丽娜·朱莉就曾把两人的名字

组合起来叫"布莱吉丽娜"（Brangelina），当年阿尔伯特和玛格丽塔曾把二人的名字组合起来，叫"阿尔玛"。就在信件被公开的前后，一位苏联间谍声称科恩科娃的身份就像是玛塔·哈里，目的是引诱爱因斯坦说出美国原子弹项目的秘密。[1]她确实把他引荐给了驻纽约的苏联副领事。然而，迄今为止，并没有确凿证据证明她是间谍，更不用说引诱爱因斯坦泄露军事秘密了——而且，爱因斯坦并不掌握这些信息。幸运的是，当年的小报并未打探到这一故事。当时，爱因斯坦已经很不相信报纸了。

报纸上的一些报道对他构成了骚扰，他不断发现，报纸上的一些内容十分荒谬可笑。他总是尽量不去读那些报道。有一次，一家瑞士报纸问他，年轻人适合读什么，他的回答充满了对报纸的鄙夷："一个只读报纸的人……让我想起一个人深度近视却羞于戴眼镜。他完全依赖同时代的其他人的判断与时尚，对其他一切充耳不闻，视而不见。"[4]

来自都柏林的消息说薛定谔似乎在统一场理论研究领域打败了他，人们一下子都关注起他来，这让爱因斯坦措手不及。他被迫直面接受记者的采访，以正视听。新闻报道蜂拥而至，其诱发因素至少有一部分是德·瓦莱拉面对的情境决定的。

当时，爱尔兰面临严峻的经济形势，德·瓦莱拉希望都柏林高级

---

1. 玛塔·哈里（Mata Hari，1876年8月7日至1917年10月15日），是荷兰人玛格丽莎·赫特雷达·泽莱（Margaretha Geertruida Zelle）的艺名，是20世纪初知名交际花，第一次世界大战期间与欧洲多国军政要人、社会名流都有关联，最终在巴黎以德国间谍罪名被法军处决。——译者注

研究院（他的奥林波斯山）能继续光芒闪耀，而他的明星队员薛定谔则需要为爱尔兰科学取得更多胜利，他的喉舌《爱尔兰新闻》则有义务为主队摇旗呐喊，宣扬其功绩。不然的话，政治上的反对派就会抓住时机反扑。他们小心翼翼，避免犯任何错误，在与很多过失打过交道之后，他们热切想要成功。

德夫的流星

在战后时期，爱尔兰总理在执政十年之后下台。大批民众失业、食物定量配给，人们因饥荒而流离失所，让人想起"马铃薯大饥荒"，这些让他失去了民心。[1]一个新的社会民主党，Clann na Poblachta，开始争得民众的支持。爱尔兰国会众议院内的争论日益激烈，以至于政治家们在抨击政府政策的时候，需要有人提醒他们在提及德·瓦莱拉的时候加上他的头衔。

德·瓦莱拉继续深入卷入都柏林高级研究院的事务。他和他的政党继续将创立都柏林高级研究院作为其主要的成就，尽管只有一些有限的证据表明，该机构达到了国际知名的水平。例如，1948年爱尔兰大选期间，他的政党把"建立高级研究院"当作其功绩之一。[5]

在社会动荡时期，德·瓦莱拉和都柏林高级研究院的领导层决定建立一所宇宙物理学学院，继续扩大研究规模。虽然增加新的项目属

---

1. 马铃薯饥荒（failure of the potato crop）为爱尔兰大饥荒的俗称，是一场发生在1845年至1850年间的饥荒。在这5年的时间内，英国统治下的爱尔兰人口锐减了将近四分之一；这个数目除了饿死、病死者，也包括了约一百万因饥荒而移居海外的爱尔兰人。——译者注

于研究院原本的计划范围，但是他意识到，为此他需要请求众议院为新的学院追加投资。为了在这一困难时期打开财政的钱箱子，他遭遇了一系列的反对。

1947年2月13日，在议会辩论期间，爱尔兰统一党代表詹姆斯·狄龙，此人一贯对德·瓦莱拉政府持批评态度，主导了对他的恶毒攻击。

"我认为这样做的目的是替毫无信用可言的政府获取廉价且有欺骗性的公共宣传，"狄龙说，"这让我想起了'德·瓦莱拉的生活'里面描述说，对他而言，政治是不可忍受的折磨。没错，他的幸福要和所有俗事剥离开，让他能自由地在更高级的数学世界里徜徉，只有极少数的人能够跟随他。这就是我们所看到的情形 —— 他和他的那位在梅瑞恩广场的宇宙物理学家，高高在上，在宇宙的以太之中飘飘然，而我们这些爱尔兰统一党、Clann na Talmhan 党以及工党里的愚人，却要为退休金、牛奶以及其他卑微的事情操心。"[6]

我们不清楚，狄龙评论中所说的"在梅瑞恩广场的宇宙物理学家"指的到底是薛定谔还是其他人。除了德·瓦莱拉之外，不管狄龙嘲讽的对象还有谁，都柏林高级研究院都遭到了严厉抨击，因为这个机构有精英主义的倾向。在那段物质极端匮乏的时期，薛定谔面对着巨大的压力，需要证明他的收入和职位都是理所应得的。

不对称的友情

从20世纪20年代早期他们有关波动力学的对话，到20年代晚期在卡普特附近的短途旅游，直到30年代中期关于量子理论的讨论，爱因斯坦和薛定谔之间的友谊日益加深。40年代早期，他们关于统一场论的通信说明共同的兴趣让他们之间的关系更密切了。然而，大概他们的理论目标和研究水平最接近的时间是1946年1月到1947年1月的这段时间，两人都想通过去除对称性来扩展广义相对论。他们几乎是共同在寻找统一论。他们的观念只有一些小的不同之处。那一年，几乎从任何意义上讲，他们都是合作者，只不过他们没有共同发表过论文。然而，他们的合作突然结束了，这是因为薛定谔受到了来自德·瓦莱拉的压力，戏剧性地向爱尔兰皇家学会宣布他胜过了爱因斯坦。

为什么薛定谔会突然脱离二人的合作，独自开展研究？虽然爱因斯坦和薛定谔在理论上的兴趣是对称的，但是他们的生活状况完全不对称。爱因斯坦一点也不用操心去讨好他的上司。那时候，普林斯顿高级研究院的领导和整个物理学界都把他当作是某种纪念物 —— 展示意义高于科学价值 —— 他自己也知道这一点。他也不需要忧心忡忡地急于做出什么成果以养活家庭。爱尔莎此时早就去世了。驱动他继续进行没有尽头的奋斗的，是他内心的动力。

而在薛定谔这边，他仍然觉得 —— 这也许有道理，也许没道理 —— 需要证明自己，证明自己应得这样的薪水，甚至是再多一份薪水。他的有关"生命是什么？"的谈话，得到了国际媒体的关注，巩固了他的地位。而偶尔做出"像爱因斯坦"那样的功绩，更是有助于此。因此，他开始关注爱因斯坦做了什么，看看他能不能帮上忙，或者做得更好。他好像一个学习武术的学生，仔细观察教练的每一

个步伐，努力模仿每一步，希望认为自己有一天也可以成为一流的
大师。

但薛定谔并没有为此不择手段。他对这个项目很感兴趣，这跟他
的数学天赋也非常吻合。他最不愿意做的事情就是伤害或背叛爱因斯
坦。他总觉得自己既可以让德·瓦莱拉以及高级研究院的支持者满意，
同时又不对爱因斯坦本人造成影响。等到他发现他宣布成功的做法让
朋友受窘并受到了冒犯，事情已经无法挽回了。

通过他们之间的通信，我们可以看到他们的想法是如何发展的。
1946年1月22日，爱因斯坦给薛定谔寄了一封信，信中提到了如何通
过保持度规张量的不对称来扩展相对论。这是他刚刚和施特劳斯一
起完成的工作。度规张量规定了时空中距离的测量方法，是对毕达哥
拉斯定理的扩展，用来测量弯曲空间，可以表述成由16个分量组成的
4×4矩阵。一般情况下，由于对称性，只有10个分量是独立的。然而，
爱因斯坦决定去除对称性，让其他6个分量也成为独立个体。他之所
以要给度规张量增加更多的独立分量，是因为要给电磁学留出足够的
空间 —— 就像他之前尝试增加额外的维度一样。

爱因斯坦向薛定谔指出，泡利已经对他的新方法提出了异议。泡
利通常不喜欢把对称分量和不对称分量混在一起，认为这样做系统就
不能正确转换，因此就是非物质的了。有一次，泡利引用了一小节圣
经，对外尔说："所以上帝所配耦的，人不可分开。"[7]

"泡利冲我吐了舌头。"爱因斯坦跟薛定谔抱怨说。[8]

这有什么新鲜的呢？泡利一直都是这样，只要爱因斯坦提出某种方法，泡利立即就会提出批评。而且泡利居然每次都是对的，这对爱因斯坦来说真是走霉运。但是，这一次，他可以避开"上帝之鞭"吗？爱因斯坦希望得到薛定谔的指导。

2月19日，薛定谔写了回信，提出了些建议。他在信中提到了一种表述度规张量的方法，而"泡利可以闭嘴了"。[9] 他还建议爱因斯坦把"介子场"（强相互作用）融合进来，使得对自然力的统一的表现更完善。

"介子场"就成了二者中的突出部分。但是爱因斯坦并不想加入其他的相互作用使事情变得更复杂。他认为目前的方法足以找到合理的理论，将万有引力和电磁学结合在一起，避开讨厌的奇点。对薛定谔来说，把当时已经提出的三种相互作用中的二者结合起来是不够的。他想要一个三连胜，征服所有的力。

整个春天，他们都在讨论这个问题，但是他们各执己见，不愿让步。

薛定谔一度觉得，爱因斯坦想避开奇点理论，试图描述电子的完整行为，这么做野心有些过大。他于是用动物打了个比方，来描述此时的想法。这是他的一贯风格。3月24日他给爱因斯坦的信中写道："就像英语中的一个说法，你在猎狮，而我讨论的是打兔子。"[10]

来自魔鬼奶奶的礼物

不管他们在研究方法上有多少分歧，爱因斯坦和薛定谔的关系还是越来越近。4月7日，爱因斯坦写了一封信，高度赞扬了薛定谔："咱们之间的交流让我很开心，因为你是我最亲近的兄弟，你的想法和我的是如此接近。"[11]

对于自己能成为爱因斯坦的知心好友，薛定谔也感到非常激动和荣幸。对一个物理学家来说，赞许他的思维和爱因斯坦的相似，是无上的荣耀。读着这位伟大人物的来信，信中还是表扬自己的话，再也没有比这更美好的事情了。在另外一封信中，爱因斯坦称薛定谔是"淘气的小坏蛋"，这更让他自大了起来。

在他们话题广泛的交流中，一般一个月通一次或两次长信，对共同面对的困难一笑置之，这其中一个不变的梗是爱因斯坦对一个数学问题的评论，他称此为"来自魔鬼奶奶的礼物"。爱因斯坦的意思是，从巫术上来说，他有种不祥的预感，觉得自己注定会失败，但是薛定谔觉得他的这种说法很有趣。

在薛定谔的回信中，他讲述了一个故事。"看到'来自魔鬼奶奶的礼物'这一说法，我放声大笑，我已经很久没笑得这么疯了，"他写道，"在这之前，你已经准确地描述了我也去过的骷髅地，但结果呢，却道出了一个如此不合时宜的结果。"[12]

爱因斯坦回复道："你的上一封信太有趣了。而且你也这么关注

'魔鬼奶奶',这让我也很受触动。"[13]

他们一起面对了数学中方方面面的魔鬼。其中一个让这两位物理学家坐立不安的问题是不变性的概念。标准的广义相对论有一个理想化的特性,即简单的变换,比如坐标系的改变或旋转不会影响物理结果。然而,广义相对论的一些扩展却缺乏这种不变性。一些分量转化之后就和另外一些分量不同了。这就使理论还不够完美。这就像开着一辆车,行驶平稳,加了挂车之后,你会希望在车子左转的时候,挂车也会以相同的速度跟着。否则,车头和挂车就会散架。

1946年底,他们俩的关系变得非常的近,薛定谔甚至劝爱因斯坦搬到爱尔兰,这样他们就便于一起做研究了。爱因斯坦婉言谢绝了,写道:"没有人会在新花盆里种旧花。"[14]

1947年1月的某一天,薛定谔做出了一个在他看来是研究上的重大突破。他发现了一个简单的拉格朗日算法,与他的大统一论很契合,可以产生万有引力、电磁学和"介子场"论的场理论 —— 至少他是这么以为的。他兴奋地给爱尔兰皇家学会写了一份报告,计划在1月27日的会议上发布。

平生最重要的演讲

1947年,爱尔兰的冬天非常寒冷。严寒和暴风雪使本来就存在的燃料短缺局面变得更加严重。政府那么不受人欢迎也就不奇怪了。1月底,都柏林的气温降到了结冰温度,开始下起了小雪。随着严冬来临，天气变得更差。

　　虽然路面上有积雪，但骑自行车的人还是继续在城市中心艰难行进。薛定谔并没有被恶劣的天气吓退，因为他有任务在身。他沿着道森大街骑行，这是跟都柏林格拉夫顿主街道平行的大道，经过这条路，他背着"开启宇宙的钥匙"的书包到了皇家学会。这是一堆字迹潦草的简单符号的组合，是他认为的可以代表世界上一切事物的拉格朗日函数方法。把这个拉格朗日算法代入到汉密尔顿发明的运动公式中，宇宙中所有的力都会奇迹般地出现。

爱尔兰皇家学院的会议室，薛定谔在这里做了许多重要讲座。摄影师和日期未知；经爱尔兰皇家学院许可

　　汉密尔顿的灵魂出现在了这个庄严的砖混建筑里。1852年，研究院搬到道森大街19号的那一年，他是爱尔兰科学界的领军人物，几乎所有的科学会议都会出席。他对时间和空间有浓厚的兴趣，所以对

物理学家如何把这二者与数学理论联系在一起很是着迷。他有一次说道："时间的一维，空间的三维，如何能被一组符号表述出来。"[15]

学院的会议室由建筑学家弗雷德里克·克拉伦登设计，陈设非常优雅。阳光透过阳台上方的长窗照射进来，屋里还有巨大的枝形吊灯。书架上是一排排的学术巨著，提醒会员们过去的学者所创造的价值。每一系列的讲座都被记录在会刊中，供后代查阅，这些会刊也会加入到藏书中。

总理与其他20名出席者来到了学术大厅，其中有学生和教授。毫无疑问，比起在众议院与对手唇枪舌剑进行争辩来说，这里让他很开心。他的出现也肯定会见报。《爱尔兰新闻》和《爱尔兰时报》的记者提前得到了消息，说这次会议十分具有新闻价值。他们都睁大了眼睛，盼望着得到值得报道的内容。

学会主席，集医师、藏书家、医学史家于一身的托马斯·珀西·克劳德·柯克帕特里克走上了演讲台。他也是骑着自行车前来的，因为他没有自己的车。柯克帕特里克介绍了一位新的成员——罗斯公爵，以及第一位发言人，植物学家戴维·韦伯，他做的演讲是关于爱尔兰本地植物的。接下来就轮到薛定谔了。整个大厅安静了下来，所有的眼睛都注视着这位奥地利的诺贝尔奖获得者。

"一个人越是接近真理，事情就会变得越简单，"薛定谔的演讲开始了，"今天，我很荣幸能站在这里，给大家介绍仿射场理论的关键，因此也是针对一个存在了30年的老问题的解决办法：这是对1916年爱因斯坦提出的伟大理论的合适总结。"[16]

　　记者小心翼翼地快速记下了这些新的科学革命的内容。他们的脑海中已经预见到了吸引读者的报纸标题。他们希望自己能有本事把其中涉及的数学简明扼要地给读者讲明白。

　　接下来，薛定谔解释了，爱因斯坦和爱丁顿差一点就发现了这个正确的拉格朗日的解法，就是里奇张量的行列式之负的平方根，不过，是他最终解决了这一问题。（里奇张量是描述空间曲率的一种方式；它的行列式是计算分量之和的一种方式。）薛定谔指出，他的研究与此前研究的关键不同在于，他使用的是不对称仿射联络。他提到有同事也曾试着劝过他，他没有说是谁，但是他坚持自己的看法。

　　薛定谔拿动物来打比方（他喜欢这么做），证明他所使用的这种仿射联络的合理性：该放射联络不是对称的，因此还包括其他独立的分量。"一个人想策马越过栅栏，"他说，"他看了看马，说：'可怜的家伙，虽然你有四条腿，但是你很难控制全部四条。'我知道我该做什么。我会分步骤地教它。我会把它的两条后腿绑在一起。它就会学着先用前腿跳。这样事情就会变得简单了。接着我们就会看到，或者稍后就能看到它学会四条腿一起跳。这个比方能很好地描述这一情形。这个可怜的家伙——仿射联络通过对称性把后腿绑起来，去掉了64个自由度中的24个。其效果是，它跳不起来；它因毫无价值而被放到一边。"[17]

　　讲话的最后，薛定谔作了一个野心勃勃的预测，说他的理论能够解释诸如地球这种自转的物质为何会产生磁场。从1943年起，他的目标就从阐释地球磁场的异常，一下子提高到了试图解释有关磁场的一切。这真是有些急于求成了！他对地磁学所知甚微，而且似乎也不了解当时人们通过地球核心模型对地磁学的了解有了多大的进步。

例如，1936年，丹麦地球物理学家英格·莱曼（Inge Lehmann）通过分析地震波，揭示出地球有内核和外核。1940年，美国地球物理学家弗朗西斯·伯奇（Francis Birch）根据对地球内部高压的铁的假设，建立了地球磁场的模型。虽然他的模型还停留在初级阶段，而且也不准确，但是它却是阐释地球磁场来源的合理出发点。鉴于这段历史，薛定谔对地磁学的尝试不仅没击中靶心，甚至可以说他连靶子都没有找到。

冬天里的禽龙

会议结束时，薛定谔骑上自行车飞奔回家，躲开了好奇的记者。他在雪地里奋力地蹬着，在车流中快速地穿梭。记者们一直追到了他位于金科拉大道上的家门口。他递给了记者准备好的演讲稿，另外还给了他们一份专门给外行准备的几页解释。于是乎，新闻报道纷纷登出来了，有的报纸放在国内版，有的甚至放在了国际版。

薛定谔给报纸的新闻简报，标题是"新场论"，开始先阐述了历史上有关粒子和力的一些观点，从古希腊开始，最终谈到了爱因斯坦。他向人们阐述道，有史以来，一个不变的想法是通过几何学来描述力和物质。这都是他自己的努力的背景。他假定自己是正确的，这段对历史的叙述似乎暗示，他将成为古希腊思想家及爱因斯坦的合乎逻辑的继承人。在描述完他的理论的根本内容之后，他重复道，如果爱因斯坦和爱丁顿的思想能更开放一些，那么，他们在20世纪20年代恐怕就建立了这一理论。他还提道，他相信自己几乎肯定是正确的。其证据就是对地球磁场的测试，他坚信只需通过他的理论就能解释地球的磁场。

《爱尔兰新闻》在第二天的报道中称薛定谔的演说创造了历史。报道中引用他的话说，"这个理论可以解释场理论中的一切"。在简单总结了他的演讲内容后，报道还加了一段对他的采访。在采访中，记者请他用更简单的语言解释他的理论。他回答道："要想让这个理论简化到使每一个人都理解是不可能的。它开创了物理学场研究的新领域。这是我们科学家可以做的事，而不是去研究原子弹。这是一种广义的泛化研究。现在，爱因斯坦的理论就成了一个特例。就好像，直着向上扔一块石头，其实是广义的抛物线中的一个特例。"[18]

有人问起，更早的时候，爱因斯坦曾否定了一个他赞成的理论，薛定谔说这对年轻的物理学家来说是很好的一课，即使是最聪明的科学家也会犯错。换句话说，他已经足够睿智，可以抛开爱因斯坦的权威，按自己的路子前进，直到找到正确的解。换一种方式理解，就是说他曾被误导。薛定谔说，在那一情况下，当时他似乎就是一个"大傻瓜"。

国际媒体很快就注意到了《爱尔兰新闻》中的这个报道。例如，1月31日，《基督科学探测》报道说，薛定谔对自己的统一场论十分自信，认为他已经打败了爱因斯坦，也实现了30年来的追求。[19]

最初的自信心爆发之后，薛定谔就开始不停地唠叨，担心人们会如何看待他的这种逞强好胜。爱因斯坦发现的时候，他会怎么想呢？当然，他也明白当时的环境——都柏林高级研究院陷入了资金短缺的困境，他还想让观众席中的德·瓦莱拉关注他，此外他还被记者包围着。毕竟，这只是一个学术讨论。他是在学术圈里说的这些话，而把它们宣传出去的是媒体。薛定谔对自己行为曾经做了一些解释。

2月3日，他给爱因斯坦写了一封信，信中解释了他最近的结果，并提醒他注意报纸上的情况。他提醒爱因斯坦，那些记者们很可能很快就会对他穷追猛打，询问他对于这个成果的反应，对此，薛定谔还表达了些许的歉意。薛定谔解释道，都柏林高级研究院提供的薪水和退休金都不够好，所以他为了博得更多关注，才会这么自夸。换言之，他有点夸大了自己的发现的重要性，这是为资金短缺的研究院做的必要宣传。

在信的结尾处，薛定谔提到了，如果他的基于行列式的拉格朗日算法是错误的，他会怎么做。"我准备与行列式同睡同醒，"他写道，"很明显，不存在其他合乎理性的解……如果那是错误的，那么我会管自己叫'禽龙'，一边说'好冷，好冷，好冷'，一边把头埋进雪里。"[20]

薛定谔还给爱因斯坦解释说，禽龙是拉斯维兹小说里的形象。他没过多地讨论自己所引用的这个文学形象，所以这里有必要多解释一下，让我们看看他是什么意思。拉斯维兹是著名的科幻小说家。在他的小说《晚白垩世动物传说》（*Homchen – Ein Tiermärchen aus der oberen Kreide*）中，禽龙是史前时期的一种长颈龙。它住在茂密的蕨类植物丛林里，喜欢炽热的阳光。有一天，它不安地发现外面冷得要命。它把脖子从巢穴中伸出来，又迅速缩了回去，还不断抱怨"好冷，好冷，好冷"。由于气候变化，它躲在巢穴里，没有早饭吃，除非天气重新暖和起来。可是，谁知道它要等多久？

确实，在1947年大雪纷飞的冬天，薛定谔就像禽龙一样尖声咆哮，但咆哮完又必须缩回去等待。这份过于自信的火焰烧掉了他与最亲密朋友的友谊。他们一起研究场理论的努力烟消云散了。有一段时间，爱因斯坦没有给他回信。确实就像他担心的那样，他成了孤家寡人，叫着"好冷，好冷，好冷"。

对都柏林的蔑视

一则国际新闻反击了都柏林，狠狠地打击了它的骄傲。在德·瓦莱拉的指导下，都柏林给自己的定位一直是科研中心。2月10日刊登在《时代》周刊的一则报道，不仅无视这些努力，甚至还把它描绘成反科学的城市。文章开头：

"上周，来自都柏林非科学界的新闻传遍了世界，说有个人不仅了解爱因斯坦，而且像一只野兽一样跳踉大喊，冲进了朦胧的、电磁的无限之中……如果真是这样，他就获得了科学的大满贯。" [21]

　　这则报道还在首页刊载了薛定谔提出的拉格朗日算法和其相关方程，并且说，"对不懂科学的人来说，它看起来就像令人费解的涂鸦之作。"

　　该记者对爱尔兰科学如此不屑一顾，引起了生于都柏林的数学家约翰·莱顿·辛格的注意，他当时是匹兹堡卡内基技术研究所的教授。辛格给编辑写了一封信，发表在 3 月 3 日的期刊上，要求允许他人引用该文，并指出汉密尔顿是都柏林人。[22]

　　编辑没有接受辛格信中说的都柏林也有著名科学家的说法，反而拿辛格的私人情况大谈特谈。在针对该来信的反证中，他举出了辛格叔叔的例子，剧作家约翰·米林顿·辛格，阐述都柏林应该让人联想起作家，而不是科学家。"让出生在都柏林的数学家辛格想起该城市一些伟大的灵魂（在他们之间就有他的叔叔 ——《西方世界的花花公子》的作者），并且承认都柏林是作家的故乡。"

　　毫无疑问，辛格不想借自己的叔叔成名，并想说明都柏林是各种天才人物的摇篮。而编辑的反馈则显示了抛开成见有多难。

　　有趣的是，第二年，辛格被派到都柏林高级研究院，在这里他和薛定谔一起工作了许多年。在那里，他对广义相对论的研究做出了巨大的贡献，他的传记作家说，他"大概是继汉密尔顿之后，爱尔兰最伟大的数学家和理论物理学家"。[23]

　　爱尔兰报纸注意到了这场有关都柏林科学功绩的论战。《爱尔兰时报》称赞辛格是"杰出的数学家"。[24] 爱尔兰的另外一份报纸 *Tuam Herald*，提到了议会关于建立宇宙物理学学院的争议。在简述了《时代》周刊的报道和辛格的评论之后，报道这样总结道："最近，在众议院的辩论中，我们一些议员对宇宙物理学的态度引人深思。"[25] 确实，大西洋两岸对都柏林是否是"无科学"有争论，显示了德·瓦莱拉想要通过建立都柏林高级研究院并且请来薛定谔来纠正的这一谬误是多么地强大。不管他有多努力，似乎距离让爱尔兰科学复兴并享誉世界的目标都差了一点点。

爱因斯坦的反击

很自然地，公众对相对论之神是否认为在完成统一论的研究中被打败了很感兴趣。《纽约时报》记者威廉·劳伦斯在爱因斯坦晚年时经常跟他打交道，他寄给了他一份薛定谔的论文的副本，以及相关的新闻稿，想得到他的反馈。劳伦斯还将这些文件副本寄给了魏格纳、奥本海默和其他重要的物理学家。劳伦斯在给爱因斯坦的信中写道："读完这些论文之后，如果你同意薛定谔博士的观点，希望您能跟我回信说一下。我将感激不尽。"[26]

《时代》就所谓的突破发表了3篇报道，包括爱因斯坦的评论，说他"拒绝置评"（最终证明，他只是暂时拒绝置评）。[27] 另外一篇描述跟爱因斯坦的对话的报道，甚至在标题中写道："据报爱因斯坦的理论得到了扩展：都柏林的科学家声称他完成了已经进行了30年的统一场论的研究。"[28] 第三篇文章提道，虽然薛定谔有可能是正确的，但是他"知道这条路径上的陷阱"。[29]

不久后，另外一个新闻集团"海外通讯社"也寄送薛定谔文章的副本给了爱因斯坦。通讯社的执行总裁雅各布·兰道也问他对"方程式的优点和蕴含的意义"有何观点，这简直是往他的伤口上撒盐。[30]

据爱因斯坦的反应判断，他毫无疑问是非常恼火。在施特劳斯的帮助下，他写下了他的陈述，发给了媒体。一开始，他的态度是中立的、科学的，但是最后变得有些刻薄。爱因斯坦写道："理论物理学的根基不是当前就能决定的。我们首先是要寻求一个可用的（逻辑上简单的）理论物理学基础。对于这一发展道路，门外汉自然会倾向于认为，不断地对理论进行普遍化（抽象），就能从实践的事实中得出这一基础。但其实不然……"

在解释了薛定谔的理论其实不是真实的物理结果，而只是一个简单的数学习题，而且这个习题做得并不好之后，爱因斯坦转而批评起了媒体："用这种耸人听闻的字眼描述这样的消息，使大众对研究的性质产生了误解。让读者以为科学界每五分钟都会有一次革命，就像一些政局不稳的小共和国内部时常发生小政变一样。事实上，在理论科学的发展历程中，需要一代又一代聪明的大脑不知疲倦地辛苦劳作，慢慢让我们加深对自然法则的理解。媒体应该好好报道一下从事科学研究工作的那些人。"[31]

爱因斯坦对新闻报道的评论很恰当。不过，这也适用于对于他自己的统一场论研究的报道，在许多情况下，媒体对他的工作也描述为突破，而不是不断进步的研究工作。例如，在媒体对他1929年所提出的远距离平行理论大加宣扬的时候，他不仅没有站出来请大家理性看待，而是发表公开讲话，宣传它的重要性。

华盛顿当地的期刊《探路者杂志》以及《爱尔兰新闻》等发表了爱因斯坦的批评意见之后，薛定谔也发表了自己的观点，还把这事儿跟学术自由扯到了一起。"当然，对于一个学者是否有权向学会汇报自己的学术成果，是否有权自由发表意见，爱因斯坦教授是拥有最后决定权的人。"[32]

安妮回忆，两人各自甚至都讨论到了诉诸法律的可能，想控告对方剽窃。当泡利发现事情的进展有些不妙的时候，决定出面调停。他警告他们，法律诉讼等做法会带来很大的负面宣传效应。

"此外，"他说，"我实在是不知道为何要为此大动干戈。这个理论先天不足。如果你把我的名字和它用任何方式联系在一起，我觉得我都有权控告你。"[33]

不久之后，薛定谔认识到再争论下去就不明智了。他和朋友的麻烦已经够大的了，事情变得有些失控了。他开始把这件事称作"爱因斯坦小麻烦"（Einstein schweinerei）。

虽然薛定谔决定保持克制，不再争论，可是一位幽默作家却要替他出头。爱尔兰作家奥诺兰以迈尔斯为笔名写了一篇文辞犀利的专栏文章，谴责爱因斯坦高高在上的态度。"你知道吗，我一点都不喜欢那个讲话，"他评论道，"首先，讲话开头的轻蔑口吻像是披着德鲁伊教的袍子……我，实在的，是一个门外汉。而门外汉对一些事的看法当然很愚蠢，比如树上会长金子 …… 这就是一种侮辱而已。"[34]

　　跟薛定谔一样，爱因斯坦也放弃了争吵。(他没有回应奥诺兰的文章，也许他根本没听说过这篇文章。)然而，过了3年之久，他恢复了跟老朋友的通信。

里程碑

　　1948年，普林斯顿物理学家约翰·惠勒住得离爱因斯坦很近，经常去拜访他，跟他说一些新闻。惠勒杰出的学生理查德·费曼曾经为量子力学创造了一种独特的方法，这种方法叫作历史求和（sum over histories，或称路径积分法），将汉密尔顿的最小作用原理进行了泛化，用来研究光子如何在电子和其他带电粒子间传递，产生电磁力。在产生力的时候，光子起的作用是"交换粒子"。（外尔的电磁学规范理论要求它的存在。）经典力学中要求粒子有独特的轨迹，但是量子力学不同，费曼表明，在量子的相互作用中，所有可能的路径都会被采用，根据其可能性能够产生一个最终结果。

　　我们可以打一个比方，想象一个小男孩穿着靴子从学校回家，来试着理解经典力学和费曼的路径积分法。假设他有3条路径可以选择：穿过沙地的近路，稍远一点的穿过泥地，最远的路是走石子路。在经典力学中，他可能会选择最便捷的路，但是鞋子上就会沾满沙子。与之对比，量子力学中，结果是路径的积分表述（历史求和）。在此情况下，他的靴子会沾很多沙子、少量的泥和一点石子。就好像他同时选择了3条路，但是他身体的"大部分"选择了最省时的路。

费曼方法的最初的一个问题是会出现我们不希望有的无限项。然而，他和物理学家朱利安·施温格（Julian Schwinger）以及朝永振一郎（Sin-Itiro Tomonaga）共同想出了一种可以消除这些无限项的方法，这种方法叫作重正化。重正化包括把增加项和减除项进行整理，得到一个有限的和。

费曼、施温格和朝永振一郎的贡献称作量子电动力学（QED），为更深一步了解粒子的相互作用打开了大门。虽然他们的方法是专门为电磁学的交互作用设计的，但后来经过改进，也适合描述强弱核力。这一理论是通往力的标准模型的决定性一步，是通过一种统一的解释，理解电磁学、强相互作用和弱相互作用的方法。

爱因斯坦对这些观点一点兴趣都没有。惠勒回忆说，他对费曼的路径积分不感兴趣。问题在于它是依赖概率的。"我无法相信上帝会玩骰子，"爱因斯坦对惠勒说，"但是，也许我获得了犯错误的权利。"[35]

同年，薛定谔（与安妮一起）入了爱尔兰籍。从各个方面来说，他对这个国家都感到满意，只不过他仍对奥地利的高山充满留恋——当然，还有对希尔德和鲁斯的思念。爱尔兰唯一不好的地方就是他的良师益友不再是爱尔兰总理了。1948年2月选举后，德·瓦莱拉被迫下台，他的敌对党派组成了议会联盟，迫使爱尔兰共和党退出执政。这次政党交替证明爱尔兰的民主制度是健康的。很快，爱尔兰正式成为共和制国家——其实自20世纪30年代末期开始，该国实际上已经是共和政体了。

1949年刚一开始，距他70岁生日还有几个月的时候，爱因斯坦需要做一个腹部手术。他在新年的前一天晚上住进了布鲁克林犹太医院，随后做了手术，然后休息了好几天。当他从医院后门出院的时候，成群的狗仔队围着他，让他摆姿势拍照。他大叫"不行！不行！不行！"激烈地拒绝了。[36] 过了一会儿，摄影记者还是不放他离开，他只好叫警察护送离开。那年，他生日庆祝的亮点是邀请了很多因战争而无家可归的孩子，其中有一个他的远房亲戚，11岁的伊丽莎白·科尔泽克。威廉·罗森沃尔德是犹太联合捐募协会（United Jewish Appeal）的负责人，他把这些难民带到了爱因斯坦家里。罗森沃尔德向爱因斯坦保证会在年底之前为他们找到新家。爱因斯坦自己也是难民，他强烈主张为那些无家可归的欧洲人寻找新家和工作的地方，并为这类事情写了无数信件表示支持。

当时，普林斯顿高级研究院的领导是奥本海默，他从第二次世界大战末期开始就担任这一职位。为了表示对研究院这位最出名的科学家的尊敬，他专门组织了一场学术会议，普林斯顿大学是会议的联合承办单位。外尔此时已经放弃了统一理论很久，专心研究纯数学问题，也和很多大科学家一样，出席会议表达敬意。物理学家们已经开始将外尔的规范理论应用于粒子世界，并且取得了很好的成果。

玻尔无法出席会议，但是寄来了朗读贺词的录音。他说自己很享受和爱因斯坦之间的对话，他认为这些对话是一种对量子物理学的棘手问题的"烈火考验"。他感到，他本人以及他人针对爱因斯坦提出的诘问所做的回答，有助于量子力学变得更加坚实。

另外一个发言人，物理学家I.I. 拉比（I.I. Rabi）预测，到爱因斯坦80岁生日的时候，引力对原子钟的影响就可以精确测量到了。他的猜测与事实很接近。爱因斯坦没有活到80岁，不过到了1959年，爱因斯坦如果在世的话（80岁的时候），哈佛大学的物理学家罗伯特·庞德（Robert Pound）与他的学生格伦·莱布卡（Glen Rebka）一起做了一系列实验，成功测量了引力红移——这是根据广义相对论对万有引力对光的频率的影响所作的预言。这是爱因斯坦的理论的另一个巨大成功。

另一位出席者魏格纳也赞美了爱因斯坦。在魏格纳的后半生里，对EPR、薛定谔的猫思维实验和量子测量理论等难题充满了兴趣。他的"魏格纳的朋友"的思维实验，将猫的困境扩展了，该实验是想象一位朋友打开了盒子，观察了那只猫，但是却没有报告结果。魏格纳想知道，在这种情况下，从外界观察者的角度看，在报告结果之前，这位朋友是不是处于震惊和放心的混合量子状态。这个思维实验也更加凸显了意识对于量子力学的正统阐释扮演的角色。各家报纸也对爱因斯坦表达了敬意，提到了他正在进行的有关宇宙真理的研究。《纽约时报》适时地提到他"有生之年会继续研究……一个无所不包的概念，包容引力和电磁学，以及将宇宙结合为一体的原子核内部的各种巨大的力"。[37] 提及此，到了那一年年末的时候，他再次预感到了成功。这位七旬老人仍然能点燃世界的想象力。这次他把竞争者推到了一边，自己站在了聚光灯下。

第 8 章
最后的华尔兹：
爱因斯坦和薛定谔的晚年

> 一个人存在的意义自己几乎察觉不到，自不该搅扰他人……甘苦来自外在，而坚强则来自内心，来自切身的努力。余生所做，多半是天性驱使。以此而获得诸多赞誉实感羞愧……我生来感受的孤独，在少时痛苦，长大后却是另一番美妙滋味。
>
> ——阿尔伯特·爱因斯坦，《自画像》

愈加完善的新版本

爱因斯坦71岁生日之前的数月与50岁时的岁月何其相似：公布并宣传一个崭新的统一论。为了迎合这个盛事，普林斯顿大学出版社决定于1950年3月出版《相对论的意义》的修订版，原版是基于爱因斯坦于1921年在普林斯顿大学就此学科发表的演讲成书的。新版将收录爱因斯坦用通俗的语言解读"广义引力理论"的附录。

关于此大事件，爱因斯坦最不想看到的就是另一场媒体之争了。他不需要担心薛定谔，薛定谔态度谦卑、行事端正。毫无疑问，两人之间的沉默令薛定谔烦恼不堪，但他逐渐意识到了，为了一时的荣耀毁掉二人的友谊是多么愚蠢。然而，爱因斯坦无法避开论战。有关新材料被提前泄漏出去了，导致背后起了风波。

普林斯顿大学出版社的主管达特斯·史密斯和编辑赫伯特·贝利万事都准备好了，只待完美时机到来，公布爱因斯坦的最新理论。他们准备在2月份发布一篇新闻稿，届时成书也预备好出售了。大众购买此书研读附录后，对于传闻中的对自然的开创性全新视角，就能有所了解了。

然而，1949年圣诞节前后，史密斯和贝利发现，爱因斯坦也与《科学美国人》进行了单独接洽，要发表一篇关于广义理论的文章。《科学美国人》打算立刻公开此消息。出版社编辑们最不想见到的就是大众追捧那篇文章而忽略新书。因此他们决定提前发布新闻稿。

令人震惊的是，就在新闻发布会不久，他们在1月9号的《生活》杂志里读到一篇文章，作者是林肯·巴奈特，他近期写了一本名为《宇宙与爱因斯坦博士》的书。[1] 文章用外行话解释爱因斯坦的广义理论，独家报道了他们计划好的附录，却没有提及新版图书，甚至根本没有提及普林斯顿大学出版社。反而，该文透露说爱因斯坦的理论已经发表了。那种说法并不全对；他是已经发表了其他版本，但其间又做了修改。史密斯和贝利担心读者会混淆，还担心新书的销售势头会减弱。

史密斯生气地写信给巴奈特，质问为何未提及新书，随后巴奈特回信深感歉意，解释说未提及此书并非有意为之。[2] 首先，《生活》想凭借这篇热门消息抢去《科学美国人》的风头。其次，有关爱因斯坦新理论的信息他是独立获得的，是早先通过美国科学进步协会（A.A.A.S.）会议公布的版本。最后，他觉得《生活》杂志会有其他文章提到新理论，那些文章会引用新书的信息。史密斯接受了他的合理解释和诚挚歉意。[3]

令史密斯和贝利感觉雪上加霜的是，就在那时爱因斯坦致电二人说广义理论的方程式可以用更简便的方式表达时，他坚持让他们停止新书的印刷，等他修订好附录（需要巴格曼的妻子索尼娅由德语译为英语）后再继续。这毫无疑问会让出版社浪费一些钱，但他们照办了。那可是爱因斯坦，他们又能怎么着呢？新书印成后，爱因斯坦发现了一些计算错误，纠正后以勘误表的形式贴在每本书对应书页上。

然而，故事再起波澜。1 月中旬，爱因斯坦收到一封来自新泽西梅普尔伍德的信，寄信人是弗朗西斯·哈格曼夫人。她声称《生活》杂志刊登的文章中，使用的一个表达法"宇宙法则的单一和谐大厦"（single harmonious edifice of cosmic laws）的著作所有权属于她，是爱因斯坦通过原子能协会偷来的。

她写道："此次来信是为警告你不要再窃取我的知识产权。我虽尚未读过您的书，但如若读后发现您侵犯我的著作权，我会尽最大程度依照著作权法起诉您。"[4]

哈格曼同时抄送了一份给贝利。贝利回复解释说，那个术语是《生活》杂志的问题，不是爱因斯坦的。[5] 但哈格曼依然不依不饶。她生气地回复贝利，同时也抄送了一份给爱因斯坦，著作权保护的不单单是她的文字，主要是她的思想。[6] 档案中并未记录她是否曾正式提起过诉讼。

关于这个理论的消息还传到了国际媒体那里。《爱尔兰时报》的一位记者说，除了像薛定谔那样的少数大腕儿外，大部分民众所受的教育不足以让他们理解爱因斯坦的新理论。这位记者写道："不幸的是，爱因斯坦博士独自一人在这片土地上漫游，世界其他地区能够透过这片土地周围的篱笆墙一窥究竟的人屈指可数 …… 爱尔兰在这方面很富有，她的一位子民，薛定谔博士就属于这类旷世奇才，能够理解，甚至解释新理论的某些方面。"[7]

《纽约时报》称赞这份新的研究为爱因斯坦的"大师级理论"。文章写道："他最新的智力大作，将给人们揭开人类想象不到、尚未看到的巨大力量。"[8] 爱因斯坦那年71岁了，距离他上次发表开创性的论文已超过四分之一个世纪，那时他仅仅发表了一套统一论的方程，还未经任何实验的检验就引起巨大的轰动。爱因斯坦的每一个理论，对于记者和物理学界的追随者来说，就像是蜂群眼中的花蜜，无论可信与否，他们都一哄而上，甘之如饴 —— 有时甚至要为之争抢，只为尝一口鲜。[9]

谦恭且充满希望

对三年前二人之间的风波，薛定谔感觉非常过意不去。为了弥补，他不惜溢美之词赞美爱因斯坦对统一论的努力，对自己的研究工作则轻描淡写了一番。

薛定谔说道："世界上很多人付出太多努力却无法获得令人真正满意的成果，我就在其列。如果现在他成功了，真的非常重要。"[10]

虽然薛定谔很想与爱因斯坦和解，但两人对于构成完整理论的标准依然存在重大的分歧。与爱因斯坦不同，薛定谔仍然迫切想把核力囊括进去。爱因斯坦似乎已经放弃试图去预言任何实验验证方法，而薛定谔一向重视实验预言的重要性——即使他对证据的感知可能大错特错。他不断提到地球的磁场的例子，虽然他真的不怎么理解地球物理学。同样的，作为波动方程的发起人，薛定谔似乎比爱因斯坦更重视标准量子力学预言的成功。最后，追溯到他在广义相对论方面最早的论文（发表于1917年），薛定谔对于宇宙常数方面始终保有积极的兴趣，而爱因斯坦已经抛弃了这一概念。

鉴于哈勃发现了宇宙在扩张，爱因斯坦就将宇宙常数扔在一边了。然而薛定谔却认为宇宙常数的值尽管很小，但至关重要。他在1950年出版的《时空结构》一书中对宇宙常数专门做了论述，综合考查了广义相对论及相关理论。在一篇文章中他争论道，他的仿射理论的一大优势是它用一种自然的方式解释了宇宙常数的来源，并指出它的值很小，但不为零。[11] 薛定谔坚持保留很小但非零的宇宙常数的确很有先见之明。它与今天的宇宙膨胀加速相吻合，宇宙加速由一种不知名的暗能量驱动。不管怎样，他的预感恰恰算到了点子上。

在他的书中，薛定谔也提到，也有可能最终无法找到一种统一理论，但他觉得这并不是一种阻碍。他还说，假如能找到实现统一论的经典方法，这些方法或许无法与所研究的粒子的量子特性相吻合。[12]

不同于爱因斯坦，薛定谔认为单靠扩展广义相对论，不足以得出现实的粒子的解。他承认，简单的波函数，即他的波动方程的解，在揭示量子力学的微小差别上要更有用些。

诉诸最高法院

到了1950年秋天，爱因斯坦与薛定谔重修旧好。或许他们意识到了，自己其实非常珍视彼此之间的友谊，视对方为自己的"共鸣板"。薛定谔继续极为小心地不去冒犯自己的好朋友。他反思己过，不再张口就说自己理论的优势，而爱因斯坦也继续对他的广义理论进行修修补补。9月3日在给薛定谔的一封信中，他承认自己的努力或许看起来有点狂想家的感觉。"所有这些都让人嗅到老堂吉诃德的味道。"他在提及他的一个数学假设时如是写道："但如果你想表现现实，别无他法。"[13]

他们的讨论转向了量子测量令人不满的方面 —— 这是他俩最中意的共同话题。薛定谔摇摆不定的兴趣又转回到了哲学上。他急于表明，在历史的长河里，量子力学的正统解释终有一天会成为陈迹。他在1952年的一篇论文"量子会跃迁吗？"中写下了自己的观点，文中将量子不连续性比作了被哥白尼体系取代的托勒密本轮天文学。他给爱因斯坦寄了一份论文的副本，无疑是希望得到热烈的反应。

之后不久，基于仿射概念的统一场论开始遭受抨击。1953年发表的多篇论文，包括物理学家C. 彼得·约翰逊和约瑟夫·卡拉威的文章，阐述了爱因斯坦的广义理论的扩展，而且，扩展到薛定谔的研

究 —— 不会得出自然界中带电粒子的适当行为。爱因斯坦快速回击了评论，但薛定谔进一步失去了信心。

1953年5月，收到爱因斯坦最新思想的副本之后，薛定谔提出了自己建设性的评论，并附上一些数学建议。因为不想让爱因斯坦失望，他开头几句是这么写的："对于我的叛逆，你不要生气。"[14]

6月份，爱因斯坦在回信中对两人间的戏谑也幽默了一把："关于仿射理论的自然性，我们已经争论过很多次，且都没成功。只有上帝能够评论直觉的决定。就像是对于隶属地球上最高法院的案件，上帝也没必要去处理。"[15]

量子测量的玻姆自旋

20世纪40年代或50年代早期在普林斯顿大学待过的物理学家，好多都对爱因斯坦有着自己的个人记忆。有人见到他步行穿过小城，或有助理相伴左右。有人听过他的演讲，通常用的是德语。有幸有机会与他面对面探讨的人为数不多，对那些珍贵的时刻都拥有不可磨灭的记忆 —— 那些故事他们对朋友对家人肯定不知讲过多少遍了。

艾摩斯特市的物理学家罗伯特·罗默写过"与爱因斯坦的半小时"—— 1954年他曾受邀到爱因斯坦家做客。会面令人既开心又难忘。他回忆道："杜卡斯女士迎我进门，并把我带上楼，走进爱因斯坦窄小又杂乱的研究室。爱因斯坦就在那儿，看起来'很爱因斯坦'：卡其布裤子，灰色运动衫，打扮很时髦，就像我现在的穿着。"[16]

在罗默的记忆里，其中一件事记得非常清楚，是他们关于 EPR 思想实验的讨论。他记得爱因斯坦的问题是："某个人在这儿测量原子自旋，就会影响那边（指着楼下的梅沙大街）的另一个原子自旋测量，你当真相信吗？"回想起来，罗默非常惊讶于爱因斯坦提到实验说起了自旋，而不是原论文中的动量和位置。这可能是较早提及有关自旋的 EPR 实验，这个实验是物理学家戴维·玻姆引入的。玻姆与亚基尔·阿哈罗诺夫在1957年的一篇论文中介绍了这一实验。

20世纪40年代后期，玻姆在普林斯顿做助理教授，那时爱因斯坦就认识他了。玻姆对量子力学兴趣浓厚，打算写一本与之相关的教材。书出版后，他开始怀疑正统解释的一些方面，包括"鬼魅般的超距作用"。他跟爱因斯坦表达了自己的怀疑，他们就量子理论的逻辑漏洞问题进行了多次讨论，得到了很多见解。他决定使用隐藏变量发展出一份替代性的确定性解释，隐藏变量包括未检测到的、隐藏在背后的因素。那时候，他因在麦卡锡时期对怀疑共产党员的政治迫害中拒绝在"国会非美活动委员会"作证而被迫离开普林斯顿。在爱因斯坦的帮助下，他在巴西圣保罗大学谋得一职。在那里，他继续为标准量子力学探索因果性的解释。结果是理论还是回到了20世纪20年代德布罗意和薛定谔的思想上：波函数在物理上是实在的，不光是有关粒子概率信息的"知识库"。1927年，德布罗意基于物质波发表了一篇量子力学的确定性解释，物质波引导粒子的行为，他将其称作"领航波"。因此，这一理论虽然是各自独立研究出来的，但有时候人们把它合起来称作"德布罗意-玻姆理论"。

EPR 思想实验的玻姆-阿哈罗诺夫的版本，是想象同一能量级的两个电子被推向不同的方向。泡利的不相容原理确定，两个电子一定有两个相反的自旋状态。就是说，如若一个"上旋"，另一个则为"下旋"。只有测量过后，才有可能知晓哪个是哪个。因此，两个电子形成了纠缠的量子态，这是两种可能性的平等混合："上—下"和"下—上"。现在设想一个实验人员使用磁性设备测量其中一个电子的自旋，另一个研究员同时快速记下另一个电子的自旋。根据正统的量子诠释，该系统会立刻坍缩成它的其中一个旋转本征态。要么是"上—下"，要么是"下—上"。因此如果第一个电子读数为"上旋"，则另一个自动为"下旋"。两者之间如果不存在穿越空间的相互作用，那第二个电子又如何立刻"知晓"该呈现什么状态呢？

1964 年物理学家约翰·贝尔对此问题进行了深入探索，研究提出了一个数学方法，以区别纠缠态的标准量子解释和涉及隐变量的可替换性解释。他的想法是基于 EPR 思想实验的玻姆－阿哈罗诺夫的自旋版本之上的。贝尔定理对于进一步分析当观察者在测量量子系统时到底发生了什么至关重要。1982 年法国物理学家阿莱恩·阿斯派克特与同事做的极化实验，验证了他的理论。

玻姆和贝尔的研究工作与其说是属于量子力学的应用，不如说是属于对量子力学的解释。一个更实用的问题是关乎扩展量子场理论的，除了电磁力外，还要把其他力包括进去。目标是将量子电动力学（QED）扩展为能够描述其他相互作用（如核力和引力）的理论。

在此领域，大约在罗默"与爱因斯坦的半小时"前后，一个重大的理论突破产生了。1954 年早期，物理学家杨振宁（英文名弗兰克·杨）和数学家罗伯特·米尔斯发表一篇论文，扩展了外尔的规范场论的思想，将其他简单圆圈之外的对称群涵盖进去。大家可以回顾一下最原始的、应用在电磁学上的规范论，有点像扇子或风向标，可以绕着圆圈指向任何方向。所以它具备一种圆圈旋转对称。

围绕圆圈的旋转对称群称作U（1）。U（1）的一个关键特质是交换律（Abelian），意味着运算顺序并不重要。比如旋转风扇，先沿顺时针方向旋转四分之一，再沿逆时针旋转三分之一，所停留的位置与颠倒顺序旋转是一样的。

杨振宁和米尔斯的研究工作扩展了外尔对非阿贝尔对称群的方法。自然界中的简单例子是三维旋转，可以用SU（2）群表示。选一个鸡蛋，在上面小心翼翼地做个标记，然后绕其长轴顺时针旋转四分之一，再绕其短轴逆时针旋转三分之一。与二维圆圈的例子不同，如果改变旋转顺序，鸡蛋上的标记所达到的位置是不同的。换言之，对非阿贝尔群［如SU(2)］来说，操作（计算）顺序是有影响的。

杨-米尔斯规范理论的一个重要特点（之后由诺贝尔获奖者荷兰物理学家赫拉尔杜斯·霍夫特和马丁纽斯·韦尔特曼证实）是重正化（与QED相像），意味着计算中可得出有限的答案，它的属性经证明对于适合建立弱核力、强核力和电磁力的模型非常理想。当然，爱因斯坦对这类建立在量子场理论上的、包含概率的统一论是不感兴趣的。

1954年秋，海森伯在美国做巡回演讲，拜访了爱因斯坦，爱因斯坦就曾表示过对此没有兴趣。喝过咖啡吃过蛋糕后，海森伯最后一次试图劝服这位相对论的创始人接受大自然概率性的一面。他提到了自己已经着手研究的、基于量子原则的那一套统一场论，希望能借此打动爱因斯坦。为了让整个下午平稳顺利，二人对政治均不提一个字儿。然而，爱因斯坦并没有心动。为了驳斥海森伯，他不断地重复他那句总是挂在嘴上的金句："但是你真的无法相信，上帝掷骰子。"[17]

铅笔和笔记本

令人悲伤的是，爱因斯坦与海森伯会面后，他只剩约半年的生命时光。1948年之后，他就得知他的胸腔内长了一颗定时炸弹——心脏室壁瘤——随时会破裂。脆弱的健康状况使他必须限制旅行，大部分时间都待在普林斯顿。他曾为了修养身心到过佛罗里达州的萨拉索塔，但像这种旅行少之又少。

1951年妹妹玛雅的去世令他极度伤心，感到前所未有的孤独。最后几年中，他与儿子汉斯·阿尔伯特的关系越发亲密。那时汉斯已经移居美国，在伯克利担任水利工程学教授，这对他是一种安慰。无论汉斯何时去看他，二人都会聊聊对科学的兴趣，以弥补逝去的岁月中的亏欠。

爱因斯坦对未来可能的核战争感到惶恐，花了很多时间精力成立万国政府。他觉得，各国把大规模杀伤性武器交出来，由一个中央的全球性权威机构控制，是阻止使用这类武器的唯一出路。知道自己时日无多，他希望尽自己最大努力去保护这个星球。

他一直以来也是犹太复国运动的强烈支持者，1948年犹太人建立了以色列国，但是随之而来的以色列跟周边国家爆发的激烈冲突让他备感伤心。他希望中东地区的犹太人和阿拉伯人能够和平、平等共处，于是敦促他们协商解决领土纷争。爱因斯坦梦想中的以色列，能够与邻国和睦共处，被周边国家接纳。

1952年，以色列第一任总统查姆·魏兹曼去世，爱因斯坦接到正式邀请，请他担任以色列的总统。虽然他对此深感荣幸，但是很快婉拒了邀请。毫无疑问，他的心脏状况和不喜旅行的性格是部分原因。但主要原因还是他喜欢独处，不喜欢成为关注中心，并无兴趣担任一国首脑 —— 尤其考虑到与政府决策有异议时。

签署《罗素–爱因斯坦宣言》是他人生后期最主要的公益行为，该宣言由哲学家伯特兰·罗素倡导，呼吁世界和平。大家担忧下一次世界大战有可能使用核武器，比如氢弹，摧毁重要城市，甚至对全人类的生存造成威胁，这份请愿书呼吁停止武装斗争，用和平方法解决争端。1955年4月11日，爱因斯坦在这份文件上签了名，仅一周后便与世长辞。

爱因斯坦最后几天承受了剧烈的痛苦。即便如此，他依然勇敢而警觉。4月13日，杜卡斯吃惊地发现爱因斯坦瘫倒在地板上。她打电话叫来医生，医生给他注射了吗啡，让他能休息一下。第二天，几位内科医师赶到，通知杜卡斯爱因斯坦的动脉瘤已不稳定，大动脉很快就会破裂。他们建议实施手术，但爱因斯坦拒绝了，他说自己活的时间已经够长了，是时候走了。紧接着第二天他疼得不能动了，杜卡斯打了急救电话。他被送至普林斯顿医院。

即便疼痛难忍，爱因斯坦依然想继续研究统一场论。去世前一天，他还要来了一支铅笔和他的笔记本，好继续计算。儿子赶来，一整天都陪在他身边，还有杜卡斯和他信赖的遗嘱执行人奥托·纳森也在身边。

4月18日凌晨，爱因斯坦的世界线抵达终点 —— 生命最后的奇点。正如医生所警告的，动脉瘤突然破裂了。临死前他用德语对护士咕哝了几句话，而那位护士却不懂德语。子孙后代永远无法知道他在临终前说了什么，这一点的确令人惋惜。

爱因斯坦从未想过为自己立纪念碑，甚至连墓穴都没考虑。除了他的大脑之外，他的遗体被火化，骨灰撒在了大地上。怪诞的是，火化前，病理学家托马斯·哈维对爱因斯坦的遗体做了检查，并单方面决定摘除并保存爱因斯坦的大脑，用作科学研究。接下来的几年中，他对大脑一部分做了切片，并对其进行分析。今天，部分大脑切片存放在费城的穆特博物馆展出。

爱因斯坦去世几个月后，人们为他举行了一场追思会。此外，泡利在伯尔尼组织了一场重大的纪念狭义相对论创立50周年的会议。这场会议吸引了世界各地顶尖的研究者参加，比如伯格曼，这是他在战争结束后第一次返回欧洲。爱因斯坦最后一位助手布鲁利·考夫曼向众人宣读了他的最后一篇关于统一场论的论文，令在场人士无不动容。

维也纳的召唤

爱因斯坦过世，薛定谔失去了一个最亲密的通信伙伴。虽然二人的友谊在1947年出现过危机，但双方依然看重彼此的意见。庆幸的是爱因斯坦去世之前二人已重修旧好，不然，薛定谔肯定会懊悔不已。

自1946年起，薛定谔一直希望能够重返奥地利。然而，当时维也纳的部分城区被苏联军队占领，城市外围也是苏军占领区，这让他很犹豫。由于厌倦了政治，他一点也不想在冷战中被人利用。在他的字典中，中立是最佳之策。

后来，第二次世界大战中的盟国达成协议，奥地利的所有外国军队都将在1955年撤离，这让他非常高兴。作为回报，奥地利要郑重承诺保持中立，并无限期不谋求拥有核武器。在他看来，在经历了奥匈帝国时期的帝国主义、奥地利的法西斯主义和纳粹下德奥合并的法西斯主义之后，这是他有生以来听到的最好的政治新闻。

他得到了维也纳大学的聘请，他希望离开都柏林后能再开始一番富于创新的职业生涯。他和安妮准备离开寄居的城市返回家乡，登船之际，德·瓦莱拉最后一个赶来向他们道别。那是个亦苦亦甜的时刻，他一方面热爱爱尔兰，但另一方面更渴望回到祖国的群山环抱之中。抵达维也纳时，联邦教育部的人前来迎接。对于自己光彩耀人的子民归国，奥地利举国欢庆。

但是令人悲哀的是，归国生活并没有薛定谔预想的那样欢欣和安逸。晚年，埃尔温和安妮的身体都很差，两人都患有严重的呼吸道疾病。安妮不仅患有严重哮喘，还饱受抑郁症的折磨，一度接受电击疗法。那时还没有抗抑郁药物，电击疗法被认为是标准的治疗方法。埃尔温一向患有支气管炎和肺炎，更因他终生吸烟的习惯而恶化。除此，在接受白内障手术之后，他需要佩戴厚厚的眼镜。他还患有静脉炎、动脉硬化、高血压和心脏疾病。徒步的时候，通常需要停下来喘口气。原来能轻松爬上的山，如今爬不上去了，这令他颇感失意。

就在离开都柏林的前些日子，他犯了一次支气管炎，非常严重，为了休息，他服用安眠药过量，而且是用威士忌冲服的。第二天清晨，安妮发现他基本上没了意识，叫不醒他。她惊慌失措，赶紧给医生打电话。所幸医生救醒了他，让他过了鬼门关。

在维也纳大学安定下后，薛定谔努力集中进行他的研究。虽然小病不断，但他晚年仍完成了几个研究项目。年轻的物理学家利奥波德·哈尔彭就承蒙他指导，另外他也是薛定谔的最后一位研究助手。哈尔彭后来又与狄拉克一同做研究工作，狄拉克于1933年获得诺贝尔物理学奖。

回归青年时候的哲学沉思，薛定谔写了一篇杂文《何为真？》，旨在补充他1925年时的文章《寻路》。他把一些文章结集，出版了《我的世界观》，这本书是他对生活、意识及现实的本质的理解的最终阐述。几年前他曾出版一本有关希腊哲学的书，书名是《自然与古希腊人》。受柏拉图和亚里士多德的影响，通常薛定谔更多地把自己视作自然哲学家，而非精于计算的专家，虽然他在第二个方面也很精通。

转变与终结

1957年8月12日，埃尔温70岁了。不久，他觉得是时候从大学退休了。就在学年终了的时候，他刚被授予荣誉退休身份，这可以给他保留很多作为教授的待遇，但不用再承担教学任务。虽然在得到新的学术任命后不久就辞职有些反常，但是薛定谔过去也做过很多快速转变——尤其在他职业生涯早期。只有都柏林的学术任命维持了十多年的时间。

1957年6月，普林斯顿博士生休·埃弗雷特三世发表了一篇论文《量子力学的相对状态构想》，没有记载表明薛定谔对此有何反应。论文详细表述了后来名冠天下的量子力学"多世界诠释"，这是正统观点的一种聪明的替代。虽然这篇论文现在已被奉为经典，但当时鲜有物理学家阅读。惠勒，埃弗雷特的博导，鼓励他发挥天马行空的思想，但也担心像玻尔那样的主流物理学家会认为它荒诞不经。的确，玻尔对埃弗雷特的研究没有兴趣，也没什么印象。直到物理学家布莱斯·德维特在20世纪70年代发表该假说之后，才开始吸引来支持者。

有趣的是，爱因斯坦在很早之前就与埃弗雷特有过接触。1943年，他只是个12岁的小男孩，曾写信给爱因斯坦，询问宇宙到底是随机的还是拥有一个统一的规则。爱因斯坦诚挚地写了回信，说实际上他已经创造并超越了自己的哲学障碍。

多世界诠释为薛定谔的猫这一思想实验场景提供了明确的分析。它声称每次量子观测都会产生一个现实分支，进入到无数的平行路径中。埃弗雷特巧妙地解决了确定论的问题和观察者的角色问题，指出观察者的意识存在会与现实分支一起在人们毫无察觉的情况下分裂。因此，每个观察者的副本会认为他或她的情景是真的，是提前确定好的现实 —— 他或她会刚好对应那个分支。不会发生坍缩，这就消除了测量者对测量对象的影响。因此，在一个钢制的盒子里放一只猫，还有一个靠辐射启动的装置，会引向衰变的可能性所导致的分支。一个分支中，放射性物质会衰变，猫就会死掉，观察者会难过。另一个分支中，放射性物质没有衰变，猫安全无事，观察者心情愉快。

埃弗雷特逐渐认识到，他的诠释暗含了永生。[18] 对于任何导致死亡的因素，该因素总会有平行分支，对应的，生存是可能的。所以，假如把一只猫放在钢制的盒子中，那么就总是有一个版本的猫活到下一个小时，然后到再下一个。

如果这种形式的长生是可能的，我们就不会意识到我们自己遇到了残酷命运时的所有不幸的副本。我们也不会看到其他所有平行分支中的哀悼者。但是，我们的确能看到自己所爱的人死去 —— 至少在我们所在分支的视角上是这么想的。所以，对我们而言，到底这种永生是祝福还是诅咒我们不得而知。到了 20 世纪 50 年代后期，埃尔温和安妮都经受了太多疾病的折磨，两个人都开始预想没有老伴儿怎么生活。后来先走的是埃尔温，而此前安妮也有好几次差一点就走了。

1958 年，海森伯公开宣布了他自己的统一场论，在迟到很久之后也加入了统一论的舞台。与爱因斯坦和薛定谔的努力不同，他的统一场论是以标准量子力学和粒子物理学为基础的。以自旋量（如矢量，但有不同的转换）为基础，它合并了当时已知的弱核相互作用，包括杨和T. D. 李的最新发现：宇称不守恒。宇称守恒是一种属性，过程的镜像应该与原始过程对等。正如杨和李已经指出的，包含弱相互作用的过程，这种弱力解释了多种类型的放射性衰变，通常不遵守这种守恒。那时薛定谔已经退出研究界，没有公开评价海森伯的统一理论，但该理论也缺乏实验证据。

同年，泡利过世，他曾为海森伯的统一理论做出过贡献。他的过世令物理界备感震惊，毕竟他时年只有58岁，正处于思维活跃的年龄。那一年他与海森伯有点不和，这事儿缘起于一篇新闻稿，文中写他是"海森伯的助手"。[19] 他感觉受辱，开始公开攻击海森伯的理论。他在收音机里听到海森伯谈论他的理论，说只剩一些细节需要添加了，泡利给物理学家乔治·盖莫夫画了一个空的长方形寄过去，上面写着："这就是在告诉全世界，我可以画出提香一样的作品。所缺的唯有技术细节。"1 [20]

由于对泡利心怀芥蒂，海森伯没有参加他的葬礼。这对于曾经颇有成效的合作伙伴来说真是个悲伤的结局。相比泡利和海森伯，爱因斯坦和薛定谔则一直宽宏大量得多，虽然二人在报纸上也曾论战过。

薛定谔晚年的两大乐事，一个是1956年5月鲁斯与阿努尔夫·布劳恩尼泽的婚礼，一个是1957年2月鲁斯与阿努尔夫·布劳恩尼泽的第一个孩子安德里亚的出生。早在几年前，埃尔温就已经告诉鲁斯他

1.提香：意大利画家。——译者注

是她的生父了。所以，他可以公开说他要做姥爷了。可惜，鲁斯的养父亚瑟·马奇在安德里亚出生后不久就去世了。

布劳恩尼泽一家定居在阿尔巴哈，离因斯布鲁克很近，是个令人愉悦的提洛尔族山村。那里空气清幽，鲜花绽放，对薛定谔一家来说是个美妙的所在。在那儿他们可以暂时抛却维也纳的忙碌，清心静养、舒适生活。写作这本书的时候，他们依然居住在那儿。

1960 年 5 月，埃尔温收到了医生给他的严峻消息。他本以为几十年前就已经战胜的肺结核又复发了。日子一天天过去，他的呼吸变得越来越困难，直到被送入医院，他在那儿度过了圣诞假期。

他告诉安妮，自己想在家中过完最后的时刻，而不是在病房里。离开医院，她把他带回家，在其身侧照顾他，温柔地握着他的手。晚年生老病死的考验让世人看到两个人对对方矢志不渝的情感。他临终的几句话充满了对她深深的爱意。

1961 年 1 月 4 日，薛定谔离开了人世。在汉斯·瑟林的照看下，他的遗体经过验尸官尸检后，被运到阿尔巴哈，1 月 10 日埋葬在一处教堂墓地里。瑟林为他的毕生好友致了悼词。墓地上有锻铁十字架标记，与之叠加的还有一个圆环，上面蚀刻着他著名的波动方程。

许多年后，鲁斯在墓地标记前面安放了一块纪念板，上面刻着他生前写的一首诗。这首诗包括那句“所有存在皆为一”[21]，很好地总结了他的吠檀多哲学观念：一切皆相互关联，永恒不朽。石板上的诗句与十字架标记上的物理学方程融为一体，完美地记录了他的复杂心灵。

一只猫潜进文化圈

薛定谔去世时，物理学界对他的了解主要是他的波动方程，生物学家（还有生物学迷）对他的了解主要是他的《生命是什么》。但公众那时基本上不了解他的"猫的佯谬"——这个贡献最终成了他最著名的故事。这一变化是由于20世纪70年代出版的几部科幻小说，将他的"量子纠缠故事"带入公众视野。

1974年，厄休拉·勒吉恩出版的《薛定谔的猫》是最早提及这一话题的故事。据她本人说，她是从"写给农夫的物理学"一文中了解到这个有关量子的思想实验的。"对于某类科幻小说来说，很明显这是个绝妙的隐喻。"[22]

随后，其他作家也都创作出了一个又一个异想天开的量子猫的故事。许多故事集中在了平行宇宙和相关主题上。1979年，罗伯特·安东·威尔逊出版了《隔壁的宇宙》，这是关于可选择的历史这一主题的《薛定谔的猫三部曲》的第一部。罗伯特·海因莱因的《穿墙而过的猫》，1985年出版，想象了通过时间旅行看到的全新的现实。那段时间，还有几本科普书探讨了佯谬的含义。紧接着是一大堆量子动物的小说——以猫为典型，但有时是其他动物甚至是人，困在生与死的模糊环境中。

1982年作家塞西尔·亚当斯在他的"直接情报"专栏发表了一首诗，成为量子猫故事的一部分（尤其后来更是风靡网络）。诗歌描述了"文"（薛定谔）和"阿尔"（爱因斯坦）之间的一场史诗级的战斗，关乎宇宙的偶然性问题，这一问题带来了"猫佯谬"和"掷骰子"的论说。史诗的结尾是"文"在"阿尔"的葬礼上打赌，他到底会不会去天堂。

在文学中大行其道之后，这只怪异的猫又溜进了流行音乐的世界，这是"惊惧之泪"乐队的功劳。20世纪90年代早期，乐队以唱片B面单曲的形式发行了歌曲《薛定谔的猫》（后来他们又发行了《上帝的错误》，歌词中唱到"上帝不掷骰子"）。歌曲作者罗兰·奥扎宝解释说："我的歌……仅仅是在摸索看待事物的经典科学方法，摸索理性的唯物主义，研究拆开物体后却无法再重组它们的现象，研究一树障目而不见森林的现象。歌曲最后，我写道，'薛定谔的猫对世界而言已经死了'。那猫到底死了，还是只是睡着了？我喜欢这份模糊，这份不确定性。"[23]

近年来，薛定谔的猫已经成为一个流行的文化符号。它被印在T恤上，出现在卡通片里（比如网上流行的连环画Xkcd），还有电视节目里（《生活大爆炸》和《未来世界展示》）。提及这只猫的最引人注目的案例，当属谷歌于2013年8月13日，即薛定谔诞辰126周年纪念日那天，在谷歌搜索引擎页面上放上了猫实验的涂鸦。从这些不同文化中对这只猫的引用来看——即便是"薛定谔的"这个短语，也被用到各种东西上面——已经成为一种代表"模糊"的符号。

科学遗产

关于薛定谔和爱因斯坦的复杂人生，很多资料都是通过他们的档案资料获取到的。可惜，两人智慧的财富却引发了关于所有权的长期争夺战。

1963年，一位美国人拜访了安妮，他就是哲学家和科学历史学家托马斯·库恩。库恩参与了编写量子物理学史的项目。采访过后，安妮交给库恩一个大箱子，重达200多磅，里面装满了她丈夫的书信、手稿、日记及其他一些个人材料。这简直是薛定谔留下的无价之宝，在历史学家眼里的价值无法估量。

库恩小心翼翼地对大部分资料进行复制（多数是通过缩微拍摄），然后将原件捐给了维也纳大学中央图书馆。几十年来，该图书馆都用心保存着这箱资料，而世界各地的研究机构也不断有研究者寻求资料的复制品。

1965年安妮过世后，鲁斯成为薛定谔遗产的唯一继承人。然而，直到80年代她才获知这只箱子的存在。她与维也纳大学物理研究所所长沃尔特·蒂林进行了沟通，却被告知不再提供这些材料。2006年，她要求校长归还所有资料。学校咨询了法律顾问，决定提出诉讼，解决所有权的问题。布劳恩尼泽也雇了律师。双方就到底谁对这些材料拥有合法所有权对簿公堂。[24]

案子拖了很多年。2008年秋，终于有了重大进展，双方同意各让一步解决问题。[25] 双方的意见，是建立一个管理这些材料的全新的基金会。如果一切进展顺利的话，薛定谔的遗产将会让更多人受益，使公众可以了解他的成就。

爱因斯坦的一些论文也招来了法律上的冲突。他死后，纳森和杜卡斯管理他的遗产。开始由他们两个人来批准使用他的照片和材料，直到大部分的材料被转交至耶路撒冷的希伯来大学。普林斯顿建立了一套副本档案，让研究者可以看到他的论文。纳森和杜卡斯与普林斯顿大学出版社签订了一份协议，他们开始编辑爱因斯坦的著作，分卷出版。然而，20世纪70年代纳森和出版社就编辑的选择问题产生了争执，最终需要诉诸法庭进行仲裁。物理学家和科学史学家约翰·斯塔凯尔成为项目主编。

可是紧接着，出了一堆谁也没想到的事情。斯塔凯尔和另一位历史学家罗伯特·舒曼了解到，伯克利有一个保险箱，汉斯·阿尔伯特的第二任妻子伊丽莎白在里面保存了爱因斯坦和米列瓦之间的约500封信件。收藏中包括50封早期情书，这会让人了解到爱因斯坦生命中一段至今为止尚不为人知的时光。爱因斯坦的遗产管理者和普林斯顿大学出版社之间经过进一步的争议仲裁后，出版社拿到了这些情书的出版权。两人恋爱之初阿尔伯特对米列瓦表达的那份激情，离婚前表达出的鄙弃，前后反差令许多读者咋舌。

爱因斯坦和薛定谔的生平事迹告诉我们，即便是最聪明的科学家也是人。他们有时爆发出惊人的洞察力，同时也有缺乏动力和找不到方向的懈怠期。在他们的爱情故事里，有过温情脉脉，也有背叛的插曲。他们或许会追逐稍纵即逝的幻象，随后又跑回真正关心自己的人身边。

　　爱因斯坦和薛定谔之间的通信传递出相当多的温暖和互相支持。或许就像堂吉诃德和桑丘·潘沙一样，他们追逐的最终只是风车。两个人都知道他们的追求最终可能像狂想一般消散；他们的生活在外人看起来也显得古怪。但是两个伙伴彼此保持着对友谊的忠诚——媒体或许没有捕捉到，在他们彼此的内心深处始终存在着。

结语
超越爱因斯坦和薛定谔：
继续探究统一论

照相，至少有一件事值得欣喜，照完了就没事儿了，活儿就算做完了。而理论，永无止境。

——阿尔伯特·爱因斯坦（据《基督教科学箴言报》）

等待下一个爱因斯坦

谁将成为下一个爱因斯坦？他冠盖群雄的贡献能否被超越？是否会有人聪明绝伦，能完成他的自然统一论梦想？众所周知，作为物理学家，虽然曾获诺贝尔奖，成就等身且多才多艺，但薛定谔的国际名声却从未得与爱因斯坦比肩（20世纪40年代在爱尔兰另当别论）。如果有的话，就是他那只占尽风头的猫——至少成为一个文化模因。然而，他肯定不是唯一一个想去顶替爱因斯坦的人。

自1919年宣布日食测量结果，公众初尝相对论的伟大以来，就对爱因斯坦的新闻和可能的接班人产生了欲壑难填般的兴趣。我们也都看到了，当他还在世的时候，他提出的每个统一场论，媒体都会当成重大突破进行宣传。他去世后，到底谁的智商能够接近爱因斯坦并完成他的使命，类似的报道还时常成为头条。总之，爱因斯坦未完成的探求，以及谁会是他的接班人，已经在近乎一个世纪的时间里一直萦绕在人们的心头。

专职从事研究的科学家知道任何领域的进步通常都是递增的——要花费数年甚至数十年。突破性的发现极其罕见，且这样的发现往往相隔很远。通常一位科学家要足够幸运，占据天时地利才能有所突破。今天的大部分科学研究都是大团队完成的，而不是个人。

然而，孤独天才改变一切的神话依旧萦绕在我们心中。无论在哪个互联网搜索引擎上键入"下一位爱因斯坦"的字样，就会弹出一大堆搜索结果——教育成功的秘方啦，简历或个人广告中的断言啦，无所不包。下面整理了几条媒体近期构想的例子：下一位爱因斯坦会是位"冲浪者"吗？[1]他是拥有超高智商的神童吗？[2]假如下一位爱因斯坦是台计算机怎么办？[3]一款手机应用能够识别他吗？[4]或许，一款为小孩设计的老式DVD能变出魔法？2009年《纽约时报》的一篇文章标题以坚定的口吻建议道："培养不出爱因斯坦？退款！"[5]

制造出爱因斯坦的公式，是需要激进的方法的关键性的科学问题、通常会推翻大众固有认识的独特见解、邋里邋遢又很上镜的外表（谁能想象，他那身凌乱的毛衣、钢丝球似的胡须、一头不打理的灰白头发竟然能那么让人过目难忘？）与无处不在的照相机闪光灯的完美融合。他名声的崛起多多少少还赶上了好莱坞的黄金时代，电影胶片可以放映出最新时尚、宴会和名人的小缺点。像20、30、40年代的道格拉斯·费尔班克斯、玛丽·皮克福德、查理·卓别林、巴里莫尔，以及其他数不清的电影明星一样，爱因斯坦的形象也出现在遍布在大街小巷的电影屏幕上。老百姓可以看到他在闲逛的时候停下来，朝崇拜者招手示意，对当下时局发表演讲，在各种各样的慈善活动中万众瞩目，偶尔还报告一下他研究的最新进展。就像是骨瘦如柴的猫儿舔舐泼掉的牛奶一样，听到这位德国犹太科学家的任何新闻，记者们都会蜂拥而上，为的是满足读者的猎奇心。

那个公式会不会重演，我们并不确定。至少有一点，现在是出版物大爆炸的时期。许多相互竞争的理论都在争得关注——远远多于爱因斯坦和薛定谔的时代。然而，测试这些理论所需的能量不断增加，需要更加昂贵、更耗费时间的项目，比如瑞士日内瓦的大型强子对撞机。现在的实验科学不同于当年的日食观测，往往需要缓慢、谨慎地推进，而在公布结果之前也需要海量的数据。在高能物理学中，一个团队通常包括上百位研究者，而非孤身一人。同时，媒体也变得多样化了，所以大家的目光盯着的科学名人也不同。

彼得·希格斯，2013年诺贝尔物理学奖共同获奖人之一，是当今这个世界所稀缺的，能够让公众熟知的、功成名就的理论家。但他的名气远远无法与爱因斯坦相提并论。以他的名字命名的粒子——希格斯玻色子，慢慢地为大众熟知的俗名却是"上帝粒子"。于是乎，在2012年发现希格斯玻色子之后，多数有关他的新闻报道总与某个神明挂钩。（令印度失望的是，印度之子科学家玻色却很少被提及。）

标准模型的胜利

希格斯玻色子的发现填补了粒子物理学标准模型拼图中最后一

块缺失的部分 —— 标准模型是人类迄今最接近统一场论的理论。标准模型包括对电磁学和弱相互作用（合起来称作电弱相互作用）的统一解释。它还包括对强相互作用的描述。强力将质子和中子紧紧结合在一起形成原子核。出局的是奇怪的引力，它不在标准模型之内。

电弱统一的发展始于1961年，也就是薛定谔去世的那一年，物理学家谢尔顿·格拉肖（Sheldon Glashow）提出电磁学与弱相互作用可以通过一个理论统一起来，此理论涉及四个交换（传输力的）玻色子：光子；两个带电玻色子，名为 W^+ 和 W^-，代表弱衰变；第四个玻色子，后来命名为 Z^0，代表弱中性交换。那时，两个相同电荷的粒子之间的第四种相互作用尚未被观察到。格拉肖使用的拉格朗日函数（能量描述）并不十分精确，但他的四个交换粒子的观念却切中要害。

但是，整合电磁力和弱力的烦恼问题是两种力的范围和相互作用强度大相径庭。电磁力作用在极大的范围内，比如我们眼见到的星光，是从几万亿千米以外的地方发射过来的。而弱力刚好不同，仅作用在原子核范围内。除此之外，从亚原子水平来讲，电磁力比弱力要强1000万倍。如果在宇宙之初，这些力都是统一的，那为何在今天区别如此之大？

物理学家逐渐意识到，这是交换玻色子的属性，在物质粒子之间来回运动，决定了各个力的范围和强度。无质量的玻色子，如光子，产生强有力的、大范围的力。重玻色子，如 W 和 Z 交换粒子，产生较弱的、小范围的力。结果，要想解释今天电磁力和弱相互作用之间的差异，就需要理解 W 玻色子和 Z 玻色子如何获得了质量。这里我们要了解一下希格斯机制。在大爆炸后，随着宇宙冷却，多数类型的粒子获得了质量，而光子却没有。

希格斯机制是了解其中原因的绝妙方式。这一理论在1964年由几组研究人员分别独立提出，包括希格斯、弗朗斯瓦·恩格勒特（与希格斯一起获得诺贝尔奖）、罗伯特·布鲁，还有一个包括杰拉尔德·古拉尔尼克、卡尔·理查德·哈根和托马斯·基伯在内的小组。该理论想象在早期宇宙当中，弥漫着包含特定类型的规范对称的场。而在对称性自然打破的过程中，随着空间温度的降低，使得大多数粒子拥有了质量，只剩下光子无质量。

我们把规范对称想象成一种旋转的风扇，放在场内的每个点上，朝着每个方向旋转并喷出空气。随着宇宙冷却，受到外界情况的影响，希格斯场中最初的对称自然而然地打破了。所有的风扇都固定下来，全都指向同一个方向。在固定之前，风扇旋转互相抵消了，使得所有粒子可以沿任意方向自由移动。然而，一旦所有风扇固定了方向，朝同一个方向吹空气，这给绝大多数粒子带来了阻碍，缩短了它们的范围和强度。换句话说，它们获得了质量。唯有光子，没有与吹动的空气相互作用，依然保持无质量的状态。它们保持了所有的强度和长距离范围。

20世纪60年代后期，美国物理学家史蒂文·温伯格和巴基斯坦物理学家阿卜杜勒·萨拉姆独立建立的拉格朗日函数（按照之前描述的杨·米尔斯规范论），包括了希格斯场分量，还有交换玻色子和代表物质粒子的费米子场。他们设计的拉格朗日函数是为了实现特定温度下的自发对称性破缺，在这种情况下三种交换玻色子W^+，W^-和

Z^0通过希格斯机制获得质量，留下光子无质量。费米子也会获得质量。原希格斯场的一部分会保留为有质量的粒子，称为希格斯玻色子。

那时，已经发现了许多新的基本粒子，选择哪个费米子标记为基本粒子是很重要的。多数物理学家怀疑质子和中子不是基本粒子，而是由更基本的成分构成的。最初这些更基础的组成部分有不同的名字，但最终物理学界将其统一称为"夸克"，这个名字是默里·盖尔曼选定的，因为他喜欢这个词的发音。他是在乔伊斯的《芬尼根的守灵夜》里的"给马克先生叫三声夸克"中看到这个词的。由于每个质子和中子（以及所有被归类为"重子"的粒子）中都有三个夸克，这个名字看似很合适。

确定夸克这个分类后，它们看起来又属于不同的家族，称作"世代"。第一代，包括"上"和"下"，包括形成质子和中子的夸克。第二代称作"粲"和"奇"，形成质量更大的奇异粒子。第三代，更重的一代，称作"顶"和"底"；"底夸克"直到20世纪80年代才发现，"顶夸克"到90年代才发现。每一代也包含具有相同质量但电荷相反的反物质粒子，称为"反夸克子"。特定的夸克类型，如"上"和"奇"等，被称作夸克的"味"。

轻子是一种未经历过强力的粒子，同样分成三代。第一代包括电子和中微子：是极轻的、快速移动的粒子。第二代包括μ子和μ子中微子。有质量的τ子和τ子中微子组成第三类。

与爱因斯坦和薛定谔的统一论不同，电弱统一论提供了大量具体的、经受住检验的预言。其中包括弱中性流的存在（带相似电荷粒子之间的弱相互作用）、特定质量下W^+，W^-和Z^0交换玻色子的存在、以及希格斯玻色子的存在。20世纪70年代到80年代，瑞士日内瓦的欧洲核子研究中心（CERN）的粒子加速器证实了除最后一个之外的所有预言。最终，CERN 的大型强子对撞机收集的粒子碰撞数据确定了希格斯玻色子的存在。

与电弱统一论（electroweak unification）一道，标准模型也包括对强相互作用的理论描述，这种作用涉及名为胶子的交换粒子。这些粒子形成了"胶着"的状态，将夸克粘在一起，将它们限制为三个一组（在介子的情况下，是以夸克—反夸克的形式成对出现）。以正电荷和负电荷来类比，每个夸克都有一个"色荷"。此处的"颜色"与视觉上的外部表象无关，只是特定守恒量的标记。通过在不同色荷的夸克之间接连排列胶子，强力自然就出现了。量子场理论将此命名为量子色动力学（QCD），与之类比的是量子电动力学。

考虑到标准模型正逐渐成型，想想所有报纸之前称爱因斯坦和薛定谔的统一场论的提议是对宇宙的终极描述的那些报道，还是挺有趣的。近几十年所展现的自然图景与第二次世界大战时期的预测截然不同。很明显，宇宙有很多惊喜等待发掘。未来会不会出现新的发现，让标准模型也变得过时呢？

警惕差距

近年来，标准模型的预言相继得到验证，而且具有超高的精确性。

从这点看来，标准模型的理论相当成功，从厨房的电磁设备到太阳的能量来源，它都能解释。它提供了一个前所未有的统一类型，将四种自然力的其中三个力都整合起来。唯有引力被排除在外。

广义相对论也具有同等级的确定性。近来，又有无数的高精确性的实验，证实了爱因斯坦大师级的引力理论的许多预言。较近的测试包括对"惯性系拖曳"现象进行的卫星测量，该现象最初是由薛定谔的老朋友汉斯·瑟林和他的同事奥地利物理学家约瑟夫·伦泽于1918年提出的。"惯性系拖曳"涉及地球周围由于自转形成的时空扭曲。广义相对论唯一一个尚未被直接证实的重要预言就是引力波的存在，这是爱因斯坦在1918年预想到的现象。[1]

将标准模型同广义相对论整合起来，那么人类就能拥有探测自然属性的强大工具箱。但这就够了吗？假如你留意到这里面还存在两个理论都无法解释的明显遗漏，你的答案就会是否定的了：暗能量 —— 宇宙加速膨胀的代理人，暗物质 —— 一种看不见的、令星系无法飞离的存在。这两个神秘的存在是其中的代表，是对量子先驱们的挑战。我们已经提到前者看似与爱因斯坦提出的（后来又撤回）、而后重新得到薛定谔支持的宇宙常数相吻合。然而，没有人知道这种表现像是反引力的暗能量的物理源头是什么。

---

1. 在2016年2月11日，LIGO科学合作组织和Virgo合作团队宣布他们利用高级LIGO探测器，已经首次探测到了来自于双黑洞合并的引力波信号。2016年6月16日凌晨，LIGO合作组宣布：2015年12月26日03:38:53（UTC），位于美国汉福德区和路易斯安那州的利文斯顿的两台引力波探测器同时探测到了一个引力波信号；这是继LIGO 2015年9月14日探测到首个引力波信号之后，人类探测到的第二个引力波信号。——译者注

暗物质的本质更是今天的另一大难题。暗物质的存在是20世纪30年代瑞士天文学家弗里茨·兹维基研究后发星系团时第一次确定的，从引力的角度看，它包含看不到的质量，这样才能保持其天文结构的稳定。由于兹维基的断言没有得到认真对待，又过了半个世纪之后人们才真正开始搜寻暗物质。点燃导火索的是天文学家薇拉·鲁宾（Vera Rubin）和肯特·福特（Kent Ford），他们发现仙女座和其他星系中没有足够多的可见物质来保持其外部的恒星能以当前观测到的这么高的速度移动。这些星系看起来就像是旋转木马，外围的"马"转得飞快，是由看不见的机制牵引着。从20世纪80年代开始，天文学家和粒子物理学家已经开始着手搜寻具备构成暗物质的具有足够大引力的黯淡天体和/或看不见的粒子。开始，焦点集中在寒冷（移动慢）的暗物质粒子上，它们与弱力和引力有相互作用，但与电磁力不发生作用（因此它们不可见）。物理学家或是利用地下深矿井改造的隧道，或是在太空中，对这类粒子进行过搜寻研究，这样做是为了避免常见粒子的"噪声"。撰写此书时，关于暗物质粒子的决定性证据仍未找到。

如果暗能量和暗物质只是罕见的现象，或许我们可以暂时将它们放在一边，先尝试清理物理学中其他未交代清楚的情节。但刚好相反，它们加起来占太空所有内容的95%。根据近期天文学估算，宇宙68%都是暗能量，量非常大，整整27%是暗物质，只有5%是可以通过标准模型和传统的广义相对论结合起来解释的。有人建议修改广义相对论，继续沿着爱因斯坦的道路去完善它。然而，物理学界的大部分人认为，标准模型和广义相对论在描述人类实际能够观察到的东西上，取得了无可辩驳的成功。不欲篡改先人的成功的想法，使得物理学界陷入了如何前进，甚至是如何统一20世纪两大物理学成果的窘境。

即使把宇宙暗物质的问题先放在一边，标准模型依然存在很多疑惑。为什么有些粒子（夸克）能感受到强力，而其他（轻子）却不能呢？在可观测宇宙内，物质比反物质多得多，科学能否解释为什么会这样呢？为何粒子只有三代组成成分，为何它们都有特定的质量？是否有个交换费米子和玻色子的方法，能够把物质粒子和能量场连接起来？这些疑惑是当今粒子物理学面临的诸多问题中的一部分。

几何、对称和统一的梦想

近几十年来，爱因斯坦、薛定谔、爱丁顿、希耳伯特和其他人都努力通过纯粹的几何学诠释宇宙中的万物，成绩显著。似乎每次科学偏离了毕达哥拉斯"一切皆数"的理念，抽象思想家都会努力把轨道调整回来。

起先，一些理论家想象物质波（德布罗意、薛定谔等）在原子范围震荡；现在，很多人则想象是能量弦（细丝）和能量膜（表面）在更小的范围内振动。这些弦和膜是纯粹的几何结构，通过扭曲和振动产生人们已知的粒子属性。弦理论是个很大的课题，这里我简要地介绍一下。

日本物理学家南部阳一郎和其他几个物理学家在20世纪60年代后期及70年代早期（在胶子概念站住脚之前）尝试通过灵活可塑的能量串把粒子连在一起，来描述强相互作用，但最终都失败了。这是弦理论最早被提出。这些被称作"玻色子弦"的东西的行为就像狗链子一样，把一个粒子限制在一个极小的区域（原子的尺度），但是在其限制的边界内却提供了自由。

1971年法国物理学家皮埃尔·拉蒙也发现了一种将费米子描述为弦的方法。他发展出了名为"超对称性"的方法（supersymmetry，缩写为SUSY），通过在抽象空间的一种"旋转"，玻色子弦可以转化成费米子弦。他的突破启发了理论家约翰·施瓦茨（John Schwarz）和安德烈·内沃（André Neveu），二人发展出一套综合理论，使用不同方式振荡的弦产生既包括基本构成成分费米子，也包括传递力的玻色子。这类通用的弦被命名为"超弦"。超弦理论特殊的一点是它只有在10维或更高维度的数学上是完整的（没有非物理学的因子）。那年年初，物理学家克劳德·拉夫莱斯（Claud Lovelace）已经表明玻色子弦需要26维，所以省略到仅仅10维，看起来已经是很大的进步了。

截至20世纪70年代中期，物理学家重新打开讲述更高维度的卡鲁扎–克莱因理论的教科书和文章，希望能学会如何解它们。40年代伯格曼写了一本广义相对论的初级读本，引言还是爱因斯坦写的，这个读本有助于理论界重新学习对付多于4维的方法。奥斯卡·克莱因"紧化"（compactification）的旧方法——将额外维度包裹得非常紧凑，使其无法被观察到而重新受到关注。理论家找到了处理六个额外维度的方法，将其缠绕在细小、紧致的空间里，就像小线球一样。数学家欧亨尼奥·卡拉比（Eugenio Calabi）和丘成桐（Shing-Tung Yau）为这类扭曲起来的空间研究出了一个分类法，称作卡拉比–丘流形。

1975年施瓦茨和法国物理学家乔艾尔·谢尔克（Joël Scherk）提出了使用超对称解释引力的方法，激起了物理学界的关注。他们表明，引力子，即假定的传递万有引力的玻色子，通过把超对称性方法应用到其他粒子，自然地出现在他们的理论中。因此他们论证说，引力是玻色子和费米子结合的自然结果。把两者结合在一起就产生了引力子。

一些研究者，尤其是巴黎高等师范学校的法国理论家尤金·克莱默（Eugene Cremmer）、伯纳德·胡利亚（Bernard Julia）和谢尔克，与德国物理学家赫尔曼·尼克莱（Hermann Nicolai）合作的荷兰物理学家伯纳德·德维特（Bernard de Wit），斯托尼布鲁克的荷兰物理学家彼得·范纽文豪岑（Peter van Nieuwenhuizen）的团队，还有其他研究者，用一种称作"超引力"的方法，把超对称性应用在标准（非弦）量子场理论上。克莱默、胡利亚和谢尔克表明了这个理论可以理想地存在于11维的时空中，其中7维是紧密的。虽然起初看起来前景很好，但是超引力在表现粒子世界的特定方面时遇到了问题。

施瓦茨与英国物理学家迈克尔·格林一道，继续探索超弦的属性。1984年，他们宣布已经发展出了一个10维模型，没有异常现象（数学错误）。而且，不同于量子电动力学（QED）、电弱理论和其他标准量子场理论，超弦场理论产生有限的值，因此不需要通过重正化取消无限项。它们的结果被命名为"超弦革命"，有诸多值得庆祝的地方。许多物理学家认为，通过超弦，爱因斯坦的统一论梦想或许最终能够实现。

正如爱因斯坦、薛定谔和其他物理学家已经发现的，扩展广义相对论有很多方法，格林、施瓦茨和其他研究者——如杰出的理论家、普林斯顿高级研究所的爱德华·威滕证明了关键的定理 —— 也逐渐赞同多种类型的超弦理论。实际上，类型有点太多了，反而让人觉得尴尬。超弦理论很快就成了拥有大量可能性道路的迷宫。谁会提供阿里阿德涅之线，把这些理论导向一个单一的、全面的自然理论呢？[1]

　　1995年在加利福尼亚召开的会议上，威滕宣布了第二次超弦革命，这次包含了膜在内的补充弦。他把新方法命名为"M 理论"，并且神秘地说，"M"既可指"膜"（membrane），也可以代表"神奇"（magical）或"神秘"（mystery）。M 理论把几种不同的弦理论和超引力整合成了一个单一的方法论。尼玛·阿卡尼哈默得（Nima Arkani-Hamed）、塞瓦斯·季莫普洛斯（Savas Dimopoulos）、吉阿·德瓦利（Gia Dvali）、丽莎·蓝道尔（Lisa Randall）、拉曼·桑卓姆（Raman Sundrum）及其他人员，于20世纪90年代后期经过探索实现了一项创新，认为额外维度的其中一维应该很"大"（意指非微观），但除了引力子之外，其他所有类型的场都难以到达。这就解释了为何引力要比其他自然力弱得多。

　　不同于标准模型和广义相对论，还没有证据来支持超对称性、超弦理论、M 理论和额外维度。可是这些思想的背后有那么多理论家支持，这又是为何呢？这里面有数学之美、对称性和完整性等因素 —— 这跟爱因斯坦的一些标准非常相似。此外，也没有多少其他可信的替代理论。

---

1. 阿里阿德涅之线：来源于古希腊神话。英雄忒修斯在克里特公主阿里阿德涅的帮助下，用一个线团破解了迷宫，杀死了怪物弥诺陶洛斯。常用来比喻走出迷宫的方法和路径，解决复杂问题的线索。——译者注

　　阿贝·阿希提卡（Abhay Ashtekar）、卡洛·罗韦利（Carlo Rovelli）、李·斯莫林（Lee Smolin）和其他物理学家发展出了圈量子引力论，为引力量子化提供了弦理论之外最广受支持的方法。与薛定谔的"广义统一论"类似，它强调了仿射联络的主要作用，仿射联络被修改并用作一种量子变量。时空被一种几何泡沫代替。弦理论家经常指明，圈量子引力论并没有提供一种万物理论，只是引力的量子化理论。圈量子引力论的支持者反驳道，弦理论把引力既当作背景（场移动的时空度规），也当作是场（引力子），而不是统一的整体。他们的目标是首先理解量子引力，再试图将其与其他相互作用结合起来。

　　探索弦/M 理论和圈量子引力论的全部含义需要转移到极小的普朗克尺度内，量子理论和引力在此相遇。研究这一尺度所需的超大能量已经超出了目前能达到的极限。幸运的是，高能理论通常具有针对低能状态的含义。因此，使用大型强子对撞机，能探测某些粒子状态，这些状态可以为标准模型之外的物理学打开一扇窗户。其中的一个粒子就是超对称伴随子（supersymmetric companion particle）：带有玻色子属性的费米子的伴侣，或者是反过来。发现这种物质，将成为超对称性的强有力证据，同时也可能成为暗物质的候选者。虽然至今还未发现这类粒子，但许多物理学家依旧满怀希望，认为超对称伴随子会出现在对撞数据中，只要收集和分析的数据量足够大。

超光速：警世恒言

　　在标准模型之上还有什么，对此感兴趣的研究者、学生、基金会、科学迷、作家及其他群体，对于这个全新的、无法解释的现象的哪怕一丁点线索，都在翘首以盼。既然大型强子对撞机和其他"大科学"实验投入了那么多时间和金钱，也无怪乎人们期待这方面出现开创性的结果了。

然而，物理学家需要谨慎行事，对于宣布成功，无论有多么急迫，都不能操之过急。判断出希格斯玻色子的团队耐心地等待数据分析，以排除其他可能性，哪怕整个过程要花费数月的时间。他们是耐心坚韧的典范。然而，有时候也有研究者"抢跑"，在其团队还未提供决定性的证实之前就宣布了结果。

尽管爱因斯坦、薛定谔之间的龃龉发生在20世纪40年代，但那个教训在今天仍值得警醒。由于经费上的限制，有时需要科学家论证自己的研究多么重要，而且往往是通过发布新闻来证明。但是提前宣布未经证实的发现，就会给人留下长久的印象，影响该领域未来的研究。即便是声明被驳回了，公众也可能长久地把它看作是真正的突破，而非虚假报道。

举个例子，2011年9月一个研究小组声称，他们在意大利格兰萨索的设施中检测到了超光速粒子。虽然科学界大多持怀疑态度，至少是审慎的态度，但那份断言还是在国际新闻领域迅速蹿红。媒体中一场关乎爱因斯坦的狭义相对论到底需不需要修改的争论开始了。许多报道提出这样的问题：这份研究结果是否会超越标准模型，打开新物理学大门。虽然几十年来，无数的实验证实了狭义相对论的正确性和光速的极限，这份声明还是被当作了相对论的试金石，此外，还检验了任何效应都应有其诱因这一定律的试金石。比如，英国《卫报》的一篇报道说：

> 格兰萨索研究基地的科学家即将发布证据……提高了给过去发送信息的可能性，让过去与现在的界限变得模糊，并打破因果联系的基本法则。[6]

声称发现超光速粒子证据的是一个叫作OPERA（Oscillation Project with Emulsion-tRacking Apparatus）的研究小组。该小组跟踪了发自瑞士日内瓦欧洲核子研究中心加速器实验室的一束中微子。经过三年的追踪测量，团队测量出，中微子的速度比光速快了接近60纳秒（1纳秒等于十亿分之一秒）——在假设他们的实验设备精确无误的情况下。

OPERA发言人安东尼奥·埃雷迪塔托在新闻发布会中说道："这个结果完全是个惊喜。""经过数月研究和交叉检验后，我们没有发现任何能够解释测量结果的仪器效应。"[7]

新闻稿和新闻报道强调，这些发现还需要独立的验证，不能光看表象。然而，这个大发现的里程碑意义很快就引来了因特网（包括推特社交网络）的疯狂臆测和陈腐笑话的爆炸。

发布后几天，《洛杉矶时报》报道说："中微子笑话席卷推特快过光速。"还附例说明：酒保说，我们不许超光速的中微子进来。此时，一个中微子走进了一家酒吧。[8]

歌曲创作人很快也加入了这场娱乐盛宴，其中就包括爱尔兰乐队科里根兄弟和皮特·克莱顿，他们创作了一首《中微子之歌》。歌词中问道："爱因斯坦爷爷错了吗？""传说中极好的相对论正在被拆穿……"[9]

如果爱因斯坦的理论真的被撼动了，理论物理学将面临意想不到的挑战。或许它会选一位"新爱因斯坦"收拾残局，并拿出一个更耐用的理论。但实际情况往往是，关于相对论被终结的报道都是夸大其词。

2012年6月，欧洲核子研究中心发布了一篇艾米莉·利特拉风格的"不要在意"，及一篇新闻稿，声明"最初的OPERA测量要归于实验中的光纤计时系统的一个缺陷"。经过OPERA和其他三个实验验证，中微子的速度没有超过光速。欧洲核子研究中心研究主任塞尔吉奥·贝尔托卢奇说："那是我们心底都期望的。"[10]

OPERA的插曲谢幕之后，"超光速的中微子"的模因已经消失在推特圈和媒体中很长时间了。但是，毫无疑问，最初公布的结果已经给公众对科学的认识带来了不必要的混淆。举例来说，谷歌搜索引擎上，搜索中微子的问题，常见的相关词条中依然会推荐"超光速"。天知道会有多少学生在做论文的时候，搜索出来某些早期报告，然后把"超光速粒子"作为某种特殊的可能性提出来。

该事件的另一后果，是埃雷迪塔托和OPERA物理学协作人达里奥·奥蒂耶罗在一次不信任投票中遭到大多人反对，随后两人决定辞职。反对票事件和二人随后的辞职反映出，OPERA 领导的宣布有些操之过急。

未来之路

耐心不是媒体的特点，尤其在新闻快速发酵的互联网时代。只要能成为新闻，合乎大众胃口，媒体都会如恶狼般扑向该事件。未公开的报告、推测、初步结果以及其他发现，虽然尚未通过科学复审的过程，但有时候也会像"经过审慎验证"的成果一样，变得具有新闻价值。

众所周知，耐心也不是政客的特点，尤其在大选年份。我们已经看到，从某种程度上说，都柏林高级研究院和这里的其他重点项目，究竟是取得了惊天动地的成果，还是做了白烧钱的无用功，会决定德·瓦莱拉的政治前途。这点常识驱动着薛定谔，以及德·瓦莱拉的喉舌《爱尔兰新闻》，大肆宣传他的初步计算，好像这些成果是西奈山的至圣碑文一样。仅仅在完成数学计算几周后，而且在任何验证还没来得及做之前，薛定谔就急着宣布了结果。在现代社会，对科学预算经费的垂涎，给研究者更多的压力，让他们更倾向于急于宣布成果。

然而，基本物理学在抵达下一个里程碑之前，需要长时间的跋涉，在这个过程中，耐心的确是最需要的品质。谁又知道超越标准模型的首个现象的证据何时出现呢？成功的代价是什么？新物理学被证实之前，需要进行多少年的数据收集和统计分析呢？

不重视时间的检验过程而急于发布成果的后果我们已经见识过

了。这样做不仅迷惑大众，最终对科学家也不利。主观的意愿，对高度推测性的统一论假说的毫无根据的宣传，爱因斯坦和薛定谔都吃过这样做的苦头，但是当他们静下心来，都十分强调对科学研究进行深层次、反思性的、冷静的阅读。我们需要好好阅读他们的著作，还有那些启发了他们的科学家、哲学家的著作，来思考物理学当前的状态，以及未来该往哪儿走。

推荐阅读

(Technical works are marked with an asterisk)

Azcel, Amir, Present at the Creation: Discovering the Higgs Boson, (New York: Random House, 2010).

Cassidy, David C., Beyond Uncertainty:Heisenberg, Quantum Physics, and the Bomb (New York:Bellevue Literary Press, 2010).

Cassidy, David C., Einstein and Our World (Amherst, New York:Humanity Books, 2004).

Clark, Ronald W., Einstein:The Life and Times (New York:Avon Books, 1971).Crease, Robert P. and Mann, Charles C., The Second Creation:Makers of the Revolution in Twentieth-Century Physics, (New Brunswick, NJ:Rutgers University Press, 1996).

Davies, Paul, Superforce:The Search for a Grand Unified Theory of Nature (New York:Simon and Schuster, 1984).

Einstein, Albert, Autobiographical Notes.Translated and edited by Paul Arthur Schilpp, (La Salle, Illinois:Open Court, 1979).

Einstein, Albert, Ideas and Opinions.Translated by Sonja Bargmann.(New York:Bonanza Books, 1954).

Einstein, Albert, The Meaning of Relativity, (Princeton:Princeton University Press, 1956).

Einstein, Albert, Out of My Later Years, (New York:Citadel Press, 2000).

*Einstein, Albert and Bergmann, Peter, " On a Generalization of Kaluza ' s Theory of Electricity, "Annals of Mathematics, Vol. 39 (1938), pp. 683-701.

Farmelo, Graham, Churchill ' s Bomb:How the United States Overtook Britain in the First Nuclear Arms Race, (New York:Basic Books, 2013).

Farmelo, Graham, The Strangest Man:The Hidden Life of Paul Dirac, Mystic of the Atom, (New York:Basic Books, 2009).

Fine, Arthur, The Shaky Game:Einstein, Realism and the Quantum Theory.

Chicago:University of Chicago Press, 1986).

Fölsing, Albrecht, Albert Einstein:A Biography, translated by Ewald Osers.(New York:Penguin, 1997).

Frank, Philipp, Einstein:His Life and Times, (New York: 1949).

Freund, Peter, A Passion for Discovery, (Hackensack, New Jersey:World Scientific, 2007).

Gefter, Amanda, Trespassing on Einstein's Lawn:A Father, a Daughter, the Meaning of Nothing, and the Beginning of Everything, (New York: Bantam, 2014).

Goenner, Hubert, " Unified Field Theories:From Eddington and Einstein Up to Now. " In Proceedings of the Sir Arthur Eddington Centenary Symposium, Vol. 1.Edited by V. de Sabbata and T.M. Karade.(Singapore:World Scientific, 1984), pp. 176 -196.

Greene, Brian, Fabric of the Cosmos:Space, Time and the Texture of Reality, (New York:Vintage, 2005).

Gribbin, John, Erwin Schrödinger and the Quantum Revolution:(Hoboken, NJ: Wiley, 2013).

Gribbin, John, In Search of Schrödinger ' s Cat:Quantum Physics and Reality,(New York:Bantam, 1984).

Gribbin, John, Schrödinger ' s Kittens and the Search for Reality, (New York:Little Brown and Company, 1995).

Halpern, Paul, Collider:The Search for the World ' s Smallest Particles.

Hoboken, NJ:Wiley, 2009 .Halpern, Paul, Edge of the Universe:A Voyage to the Cosmic Horizon and Beyond.(Hoboken, NJ:Wiley, 2012).

Halpern, Paul, The Great Beyond:Higher Dimensions, Parallel Universes and the Extraordinary Search for a Theory of Everything, (Hoboken, NJ:Wiley, 2004).

Henderson, Linda, The Fourth Dimension and Non-Euclidean Geometry in Modern Art, (Cambridge, MA:MIT Press, 2013).

Hoffmann, Banesh with Dukas, Helen, Albert Einstein:Creator and Rebel, (New York:Viking, 1972).

Holton, Gerald and Elkana, Yehuda., editors.Albert Einstein:Historical and Cultural Perspectives, (Princeton, N.J., Princeton University Press, 1982).

Howard, Don, " Albert Einstein as a Philosopher of Science. " Physics Today, Vol. 58, (2005), pp. 34 – 40.

*Howard, Don, " Einstein on Locality and Separability. " Studies in History and Philosophy of Science, Vol. 16, (1987), pp. 171 – 201.*Howard, Don, " Who Invented the Copenhagen Interpretation?A Study in Mythology, " Philosophy of Science, Vol. 71, (2004), pp. 669 –

682.

Howard, Don and Stachel, John, eds., Einstein:The Formative Years 1879-1909, (Boston:Birkhäuser, 2000).

Isaacson, Walter, Einstein:His Life and Universe, (New York:Simon and Schuster, 2008).

Jammer, Max, The Conceptual Development of Quantum Mechanics, (New York:McGraw-Hill, 1966).

Kaku, Michio, Einstein's Cosmos:How Albert Einstein's Vision Transformed Our Understanding of Space and Time, (New York, W.W. Norton, 2005).

Kragh, Helge, Quantum Generations:A History of Physics in the Twentieth Century, (Princeton:Princeton University Press, 1999).

Mach, Ernst, The Science of Mechanics:A Critical and Historical Exposition of Its Principles. Translated by Thomas McCormack.(Chicago:Open Court, 1897).

Mach, Ernst, Space and Geometry.Translated by Thomas McCormack.(Chicago:Open Court, 1897).

Mehra, Jagesh, Erwin Schrödinger and the Rise of Wave Mechanics, Part 1:Schrödinger in Vienna and Zurich, 1887-1925 (The Historical Development of Quantum Theory, Vol. 5), (New York:Springer, 1987).

Moore, Walter, Schrödinger:Life and Thought, (New York:Cambridge University Press, 1982).

Pais, Abraham, Subtle is the Lord ⋯ :The Science and the Life of Albert Einstein, (Oxford:Oxford University Press, 1982).

Parker, Barry, Einstein's Dream:The Search for a Unified Theory of the Universe, (New York, Plenum, 1986).

Parker, Barry, Search for a Supertheory:From Atoms to Superstrings, (New York, Plenum, 1987).

*Pesic, Peter, Beyond Geometry:Classic Papers from Riemann to Einstein, (New York:Dover, 2006).

Pickover, Clifford, Surfing through Hyperspace:Understanding Higher Universes in Six Easy Lessons.(New York:Oxford University Press, 1999).

*Putnam, Hilary, A Philosopher Looks at Quantum Mechanics (Again), " British Journal for the Philosophy of Science, Vol. 26, pp. 615-634.

Sayen, Jamie, Einstein in America, (New York:Crown, 1985).

*Schrödinger, Erwin, Space-Time Structure, (Cambridge:Cambridge University Press,

1950).

Schrödinger, Erwin, What is Life?(Cambridge:Cambridge University Press, 1950).

Schrödinger, Erwin, My View of the World, Translated by Cecily Hastings, (Woodbridge, Connecticut:Ox Bow Press, 1983).

Seelig, Carl, Albert Einstein:A Documentary Biography, translated by Mervyn Savill, (London:Staples Press, 1956).

Smith, Peter D., Einstein:Life & Times, (London:Haus Publishing, 2005).

Stachel, John, Einstein from 'B' to 'Z,' (Boston:Birkhäuser, 2002).

Stachel, John, "History of Relativity." In Twentieth Century Physics, Vol. 1.Laurie Brown, et. al., editors.(New York:American Institute of Physics Press, 1995).

Thirring, Walter, Cosmic Impressions:Traces of God in the Laws of Nature, transl., Margaret A. Schellenberg, (Philadelphia:Templeton Foundation Press, 2007).

*Vizgin, Vladimir, "The Geometrical Unified Field Theory Program," In Einstein and the History of General Relativity.Edited by Don Howard and John Stachel, (Boston:Birkhäuser, 1989), pp. 300 - 314.

*Vizgin, Vladimir, Unified Field Theories: in the first third of the 20 th century, translated by J.B. Barbour, (Boston:Birkhäuser, 1994).

Weinberg, Steven, Dreams of a Final Theory:The Scientist's Search for the Ultimate Laws of Nature, (New York:Vintage, 1992).

Weyl, Hermann, Space, Time, Matter, (New York:Dover, 1950).

注释

[1]　埃尔温·薛定谔，"新的场论"。

[2]　"统一宇宙"，《纽约时报》，1947年2月16日。

[3]　艾利休·卢布金："薛定谔的猫"，《国际理论物理学杂志》，第18卷，第8期，1979年，第520页。

[4]　Hillary Putnam，与本书作者的私人通信，2013年8月4日。

[5]　沃尔特·瑟林，《宇宙印象：自然法则中上帝的痕迹》，玛格丽特·A.谢伦伯格翻译，费拉德尔菲亚：Templeton 出版社，2007年，第54页。

[6]　同上，第55页。

[7]　"爱因斯坦向薛定谔致敬"，《爱尔兰时报》，1943年6月29日，第3页。

[8]　阿尔伯特·爱因斯坦，"给报界的陈述"，1947年2月，阿尔伯特·爱因斯坦档案副本，第28盒，卷宗22—146。

[9]　阿尔伯特·爱因斯坦，引自"爱因斯坦对薛定谔理论的评价"，《爱尔兰新闻》，1943年2月27日，第1版。

[10]　Myles na gCopaleen（布赖恩·奥诺兰），"Cruiskeen Lawn"（专栏），《爱尔兰时报》1942年3月10日，第4版。

[11]　约翰·莫菲特，《爱因斯坦回信：我的物理学生涯》（多伦多：托马斯艾伦出版社，2010），第67页。

[12]　彼得·弗洛伊德，《发现的激情》，新泽西州哈肯萨克：世界科学出版社，2007年，第5—6页。

第1章

【1】　阿尔伯特·爱因斯坦,《自述注记》,第9页。

【2】　约翰·凯西,《欧几里得几何原本六册·第一册》,都柏林:Hodges, Figgis, & Co, 1885年, 第6页。

【3】　1870年,英国数学家威廉·金登·克利福德(William Kingdon Clifford)运用黎曼的曲率描述,尝试用几何模型来描述物质。这是爱因斯坦思想的雏形。克利福德还将黎曼的论述翻译成了英文,译文于1873年发表。但直到1915年爱因斯坦建立广义相对论之后,克利福德对研究物质和几何如何关联的贡献才得到广泛认可。

【4】　恩斯特·马赫,《我的科学理论知识的指导原则和我同时代人对其的接受》,第37—38页。

【5】　埃尔温·薛定谔, Antrittsrede des Herrn Schroedinger, Sitz. Ber. Preuss. Akad. Wiss. Ber. Preuss. Akad. Wiss.(柏林)1929年, Mehra所引, 第81页。

【6】　史蒂芬·鲍恩和托尼·罗思曼讨论了哈森内尔近乎错过的原因,"哈森内尔与质能等效",《欧洲物理杂志》, 2013年。

【7】　托马斯·S.库恩在奥地利维也纳采访汉斯·瑟林博士, 1963年4月4日,《量子物理学历史档案》。

【8】　阿尔伯特·爱因斯坦,《自述注记》,第15页。

【9】　《阿尔伯特·爱因斯坦致安娜·凯勒·格罗斯曼》,选自《阿尔伯特·爱因斯坦:纪实传记》,卡尔·塞里希著,默文·萨维尔译,(伦敦:斯台普斯出版社, 1956年),第208页。

【10】　马克斯·塔尔梅"小时候的爱因斯坦",《纽约时报》, 1929年2月10日, 第145页。

[11]　马克斯·冯·劳厄，卡尔·塞里希著《阿尔伯特·爱因斯坦：纪实传记》中所引，第78页。

[12]　赫尔曼·闵可夫斯基在第80界德国自然科学家及物理学家会议上的演讲，1908年9月21日。

第 2 章

[1]　《笨拙》杂志，1919年11月19日，Alistair Sponsel所印，"实现'科学革命'：推进公众接受1919年日全食的活动"，《英国科学史杂志》，第35卷，第4期，第439页。

[2]　杰格迪什·梅拉和赫尔穆特·雷兴贝格，《量子力学发展史，第五卷，埃尔温·薛定谔和量子力学的兴起》（第一版），纽约：Springer-Verlag出版社，1987，第166页。

[3]　乔治·德·赫维西致欧内斯特·卢瑟福，1913年10月14日。卢瑟福论文集，剑桥大学出版社。引自罗纳德·W.克拉克，《爱因斯坦：生平与时代》，纽约：世界出版公司，1971，第158页。

[4]　埃尔温·薛定谔，《时空结构》（剑桥：剑桥大学出版社，1963），第1页。

[5]　阿尔伯特·爱因斯坦，在日本京都的演讲，1922年12月14日，引自恩格尔伯特·舒金，尤金·索罗维茨，《爱因斯坦的苹果》，未发表手稿，2013。

[6]　阿尔伯特·爱因斯坦致阿诺德·索末菲，1912年10月29日，《阿尔伯特·爱因斯坦书信集》，第5卷，文档421。

[7]　卡尔·塞利希，《阿尔伯特·爱因斯坦：纪实传记》，第108页。

[8]　阿尔伯特·爱因斯坦致保罗·埃伦费斯特，1916年1月，卡尔·塞

利希，《阿尔伯特·爱因斯坦：纪实传记》，第156页。

[9]　理查德·费曼，《别逗了，费曼先生！》纽约：诺顿，2010，第58页。

[10]　沃尔特·摩尔，《薛定谔：生平与思想》，纽约：剑桥大学出版社，1982，第105页。

[11]　埃尔温·薛定谔，引自亚历克斯·哈维翻译之《爱因斯坦如何发现了暗能量》http://arxiv.org/abs/1211.6338。访问日期：2013年8月9日。

[12]　阿尔伯特·爱因斯坦，"Bemerkung zu Herrn Schroedingers Notiz Über ein Lösungssystem der allgemein kovarianten Gravitationsgleichungen,"《物理学期刊》第19卷，（1918），第165—166页，M.詹森等翻译并编辑，收入《阿尔伯特·爱因斯坦全集》，第7卷：《柏林岁月：作品，1918—1921，普林斯顿：普林斯顿大学出版社，（2002），文档3。

[13]　亚历克斯·哈维，《爱因斯坦如何发现了暗能量》。

[14]　本·阿尔马西，"专家的验证：1919爱丁顿日食科考及英国对相对论的反应"，《科学史及科学哲学之研究·B》第40卷，第1部（2009），第57—67页。

[15]　同上。

[16]　"日食显示引力变化"，《纽约时报》，1919年11月8日，第6版。

[17]　同上。

[18]　"科学上的革命……宇宙的新理论……牛顿学说被推翻"，《泰晤士报》，1919年11月7日，第1版。

［19］ 埃尔温·薛定谔，《时空结构》，英国剑桥：剑桥大学出版社，1963，第2页。

［20］ 阿尔伯特·爱因斯坦，"理论物理学的方法论"，（1933年在牛津大学的讲座），S.巴格曼翻译，《阿尔伯特·爱因斯坦：思想和观点》。（纽约：Bonanza书店，1954），第270—276页。

［21］ 大卫·希耳伯特，MacTutor在线传记，圣·安德鲁大学，http://www-history.mcs.st-andrews.ac.uk/Biographies/Hilbert.html。访问日期：2014年2月4日。

［22］ 阿尔伯特·爱因斯坦致赫尔曼·外尔，1918年3月8日。《阿尔伯特·爱因斯坦论文集》，第8卷。

［23］ 达尼拉·温什，《西奥多·卡鲁扎》，德国哥廷根：Göttingen, Germany:特梅索斯，2007，第66页。

［24］ 小西奥多·卡鲁扎受访于"新星：爱因斯坦未曾知道的事情"。首播于1985年10月22日。

［25］ 亚瑟·爱丁顿，"对外尔电磁场和引力场理论的泛化研究"，伦敦皇家科学学会会议发言，Ser A，99，104—122，（1921）。

第3章

［1］ 奥马·海亚姆，《鲁拜集》，爱德华·菲茨杰拉德译，纽约：多弗，2911。

［2］ Jagdish Mehra and Helmut Rechenberg, The Historical Development of Quantum Theory, Vol. 5, Erwin Schroedinger and the Rise of Quantum Mechanics, (1st edition ed.). New York: Springer-Verlag, 1987, p. 408.

〔3〕 埃尔温·薛定谔，《我的世界观》，Cecily Hastings译，康涅狄格伍德布里奇，Ox Bow出版社，1983，第7页。

〔4〕 巴鲁赫·斯宾诺莎，《伦理学》，埃德温·克里译，《斯宾诺莎文集》，第1卷，普林斯顿：普林斯顿大学出版社，1985。

〔5〕 阿尔伯特·爱因斯坦，引自"爱因斯坦信奉'斯宾诺莎的上帝'"，《纽约时报》，1929年4月25日，第1版。

〔6〕 阿尔伯特·爱因斯坦，"宗教和科学"，《纽约时报》，1930年11月9日，SM1版。

〔7〕 埃尔温·薛定谔，《我的世界观》，第21页。

〔8〕 W. 海特勒，"埃尔温·薛定谔Obituary"Roy. Soc. Obit., 7, (1961)，第223—234页。

〔9〕 沃尔夫冈·泡利，引自沃那·海森伯，《物理学及其之外》，纽约：Harper and Row出版社，1971，第25—26页。

〔10〕 彼得·弗洛伊德，《发现的热情》，第162页。

〔11〕 埃尔温·薛定谔致阿尔伯特·爱因斯坦，1925年11月3日，阿尔伯特·爱因斯坦副本档案，第28盒，卷宗22—004。

〔12〕 埃尔温·薛定谔，《我的世界观》，第54页。

〔13〕 赫尔曼·外尔，据亚伯拉罕·派斯，《内部联系：物理世界的物质和力》，纽约：牛津大学出版社，第252页。

〔14〕 阿诺德·索末菲致薛定谔，1926年2月3日，据Mehra和Rechenberg记载，《薛定谔和波动力学的兴起》，第537页。

[15] 托马斯·S.库恩在奥地利的维也纳对安妮·玛丽·薛定谔进行的采访，1963年4月5日，量子物理学发展史档案。

[16] 埃尔温·薛定谔致阿尔伯特·爱因斯坦，1926年4月23日，阿尔伯特·爱因斯坦副本档案，第28盒，卷宗22—014。

[17] 埃尔温·薛定谔致尼尔斯·玻尔，1924年5月24日，O.达瑞哥尔引用并翻译，"薛定谔的统计物理学及一些相关话题"，出自M.比特布尔和O.达瑞哥尔著，《埃尔温·薛定谔，哲学和量子力学的诞生》。

[18] 阿尔伯特·爱因斯坦致马克斯·博恩，1914年12月4日。收入《阿尔伯特·爱因斯坦与马克斯·玻恩书信集》，马克斯·玻恩编，（慕尼黑，1969），第129页。引自Alice Calaprice和Trevor Lipscombe《阿尔伯特·爱因斯坦传记》，Westport, CT：Greenwood 出版社，2005，第92页。

[19] 阿尔伯特·爱因斯坦致马克斯·玻恩，1927年5月。收录于Einstein, A., Born, H.， 和Born, M., Albert Einstein, Hedwig und Max Born, Briefwechsel: 1916–1955 / kommentiert von Max Born; Geleitwort von Bertrand Russell; Vorwort von Werner Heisenberg, (Edition Erbrich, Frankfurt am Main, 1982)，第136页。翻译并引自Hubert Goenner，"统一场理论史"，相对论评述，2004, http://relativity.livingreviews.org/Articles/lrr-2004-2/download/lrr-2004-2Color.pdf。

[20] 阿尔伯特·爱因斯坦致埃尔温·薛定谔，1928年5月31日，阿尔伯特·爱因斯坦副本档案，第28盒，卷宗22—022。G. G. Emch引用并翻译，《20世纪物理学的数学和概念基础》，第295页。

[21] 亚伯拉罕·派斯，《爱因斯坦曾在此生活》，第43页。

第 4 章

［1］ 托马斯·S.库恩对安妮玛丽·薛定谔的采访，奥地利维也纳，1963年4月5日，量子物理学历史档案。

［2］ 保罗·海尔，"什么是原子？"《科学美国人》，第139卷，1928年7月，第9—12页。

［3］ "流行杂志"，《纽约时报》，1928年7月1日。

［4］ 阿尔伯特·爱因斯坦，援引自"爱因斯坦声称这里女人统领一切"，《纽约时报》，1928年7月8日。

［5］ "一个女子威胁到爱因斯坦教授的生命，"《纽约时报》，1925年2月1日。

［6］ "疯女人恐吓了克拉辛和爱因斯坦教授"，《时代报》（澳大利亚墨尔本），1925年2月3日，第9版。

［7］ 威思·威廉姆斯，"公众的猎奇心让爱因斯坦无法专注研究"，《纽约时报》，1929年2月4日。

［8］ 爱因斯坦到赞格，1928年5月底，爱因斯坦档案馆，耶路撒冷希伯莱大学（EA），索引号40-069。提尔曼·索尔翻译并引用，"平行时空关系中的场方程：爱因斯坦针对统一场论的远程并行方法。"《国际数学史杂志》33（2006），第404—405页。

［9］ "爱因斯坦扩展了相对论"，《纽约时报》，1929年1月12日，第1版。

［10］ 阿尔伯特·爱因斯坦，援引自"爱因斯坦对搅拌理论很吃惊；令100名记者在海湾守了一周"，《纽约时报》，1929年1月19日。

［11］ 阿尔伯特·爱因斯坦，"新闻与评论"援引，《自然》杂志，1929年2月2日。重印收入休伯特·戈纳，"统一场论的历史"。

［12］ H.H. 谢尔登，引自"爱因斯坦将物理学简化成一个定律"，《纽约时报》，1929年1月25日。

［13］ "公众认为爱因斯坦近乎神人"，《纽约时报》，1929年2月4日。

［14］ 威尔·罗杰斯，"威尔·罗杰斯阅读爱因斯坦的理论"，《纽约时报》，1929年2月1日。

［15］ "副产物:平行向量"，《纽约时报》，1929年2月3日。

［16］ 沃尔夫冈·泡利，"［Besprechung von］Band 10 der Ergebnisse der exakten Naturwissenschaften"，第11卷，(1931)，第186页。休伯特·戈纳翻译并引用，"统一场论的历史。"

［17］ "爱因斯坦逃离柏林躲避宴请"，《纽约时报》，1929年3月13日。

［18］ "爱因斯坦被发现在生日当天躲了起来"，《纽约时报》，1929年3月14日。

［19］ 沃尔特·摩尔，《薛定谔:生平与思想》，纽约:剑桥大学出版社，1982，第242页。

［20］ 保罗·狄拉克，援引自"埃尔温·薛定谔"，量子物理学历史档案。

［21］ 阿尔伯特·爱因斯坦，引自"爱因斯坦重申对因果论的信念"，《纽约时报》，1931年3月16日，第1版。

［22］ "物理学家对因果关系持怀疑态度"，《基督教科学箴言报》，1931年11月13日，第8页。

［23］ "物理学家对因果论产生怀疑"，《基督教科学箴言报》，1931年11月13日，第8版。

[**24**]　摩尔,《薛定谔》,第255页。

第5章

[**1**]　召集助理　那时候,薛定谔已经清楚地知道,爱因斯坦已经成功地争取到了外国的职位。考虑到自己还在为家庭财务担忧,而且憎恶纳粹统治,牛津的职位听起来很诱人。

[**2**]　"爱因斯坦陷入相对的潮水和沙坝,他驾驶帆船搁浅",《纽约时报》,1935年8月4日,第1版。

[**3**]　唐·杜索,桑迪·费尔班克斯,《一路向北杂志》,2008年夏,http://www.apnmag.com/summer_2008/fairbanks_einstein.php.

[**4**]　爱因斯坦致比利时王后伊丽莎白,1935年秋,援引自罗纳德·克拉克,爱因斯坦:《生平和时代》,第529页。

[**5**]　阿尔伯特·爱因斯坦,援引自"爱因斯坦在卡普特的故居",http://www.einsteinsommerhaus.de。查询时间2014年6月18日。

[**6**]　沃尔特·摩尔,《薛定谔:生平与思想》,第294页。

[**7**]　埃尔温·薛定谔致阿尔伯特·爱因斯坦,1935年6月7日,唐·霍华德援引和翻译,"重温爱因斯坦和玻尔之间的谈话"《Iyyun:耶路撒冷哲学季刊》第56卷(2007年1月),第21—22页。

[**8**]　阿尔伯特·爱因斯坦致埃尔温·薛定谔,1935年6月19日,阿尔伯特·爱因斯坦档案副本,第28盒,卷宗22—047。

[**9**]　同上。

[**10**]　"爱因斯坦攻击量子力学",《纽约时报》,1935年5月4日。

[11] 阿尔伯特·爱因斯坦致埃尔温·薛定谔，1935年8月8日，阿尔伯特·爱因斯坦副本档案，第28盒，卷宗22—049。

[12] 阿尔伯特·爱因斯坦致埃尔温·薛定谔，1935年8月8日，阿尔伯特·爱因斯坦副本档案，第28盒，卷宗22—049。

[13] 埃尔温·薛定谔致阿尔伯特·爱因斯坦，1935年8月19日，阿尔伯特·爱因斯坦档案副本，第28盒，卷宗22—051。

[14] Ruth Braunizer，据Leonhard Braunizer记录，与本书作者的私人通信，2014年5月6日。

[15] 埃尔温·薛定谔致阿尔伯特·爱因斯坦，1935年9月4日，阿尔伯特·爱因斯坦档案副本，第28盒，卷宗22—052。

[16] 埃尔温·薛定谔，"量子力学的现状"，《自然科学》，第23卷（1935）。第807—812，824—828页，亚瑟·法因援引和翻译，《没有胜算的游戏：爱因斯坦、现实主义和量子理论》。芝加哥：芝加哥大学出版社，1986年，第65页。

[17] 埃尔温·薛定谔，"非决定论和自由意志"。《自然》杂志，1936年7月4日。

[18] 同上。

[19] 托马斯·S.库恩对安妮·玛丽·薛定谔的采访，奥地利维也纳，1963年4月5日，量子物理学历史档案。

[20] 黑尔格·克拉夫，《量子世代：二十世纪物理学史》，普林斯顿：普林斯顿大学出版社，第218—229页。

[21] 杰米·赛因，《爱因斯坦在美国》，纽约：王冠出版社，1985年，第147页。

[22] 吕西安·艾格纳,"可能写出了一本书、做出了一双鞋,但永远不可能完成一个理论",《基督教科学箴言报》,1940年12月14日,第3版。

[23] 内森·罗森,"回忆录"。杰拉尔德·霍尔顿和耶胡达·爱尔卡纳编辑,《历史和文化视角下的阿尔伯特·爱因斯坦》,普林斯顿:普林斯顿大学出版社,1982,第406页。

[24] 埃尔温·薛定谔,"向元首的忏悔",《格拉茨每日邮报》,1938年3月30日,沃尔特·摩尔援引和翻译,《薛定谔:生平与思想》,第337页。

[25] 埃尔温·薛定谔,援引自"都柏林高级研究院历史:1935—1940:学院的建立",《都柏林高级研究院》,www.dias.ie/index.php?option=com_content&view=article&id=804:theoreticalhistory1935-1940。

[26] 埃尔温·薛定谔,未出版的原稿,都柏林高级研究院档案,援引自沃尔特·摩尔,《薛定谔:生平与思想》,第348页。

[27] 布莱恩·法伦,《纯真年代:爱尔兰文化》,1930—1960,伦敦:帕尔格雷夫麦克米伦出版社,1998,第14页。

第6章

[1] 沃尔特·瑟林,《宇宙印象》,第55页。

[2] 尼古拉·塔兰特,"档案显示,德瓦莱拉诱使公众投资《爱尔兰新闻》,资料显示",《爱尔兰独立报》,2004年10月31日,第1页。

[3] L.马克·G.,"居家教授,"《爱尔兰新闻》,1940年11月1日,第5页。

［4］ "人与城",《爱尔兰新闻》,1942年8月11日,第2页。

［5］ "居家原子人:埃尔温·薛定谔博士请了一天假",《爱尔兰新闻》,1946年2月1日,第7页。

［6］ Gespräch mit Ruth Braunizer über Erwin Schroedinger(就埃尔温·薛定谔采访Ruth Braunizer), Österreichische Mediathek(1997)。http://www.oesterreich-am-wort.at/treffer/atom/14957620-36E-00084-00000AF8-1494EDB5/

［7］ Ruth Braunizer,"都柏林回忆录——薛定谔日记选段", Gisela Holfter编,《爱尔兰说德语的流亡者:1933—1945》(阿姆斯特丹:Rodopi,2006),第265页。

［8］ 阿尔伯特·爱因斯坦,Robert P.Crease引,伟大的公式:从毕达哥拉斯到海森伯的科学突破》,纽约:W.W.诺顿,2010年,第197页。

［9］ 利奥波德·因菲尔德,"游历都柏林",《科学美国人》,181卷,第4期,1949年10月,第11页。

［10］ 埃尔温·薛定谔,"对因果关系的一些想法,"《爱尔兰时报》,1939年11月15日,第5页。

［11］ Myles na gCopaleen(布赖恩·奥诺兰),《爱尔兰人莱希》刊登,"Myles na gCopaleen如何给薛定谔的猫装上铃铛",《爱尔兰时报》,2001年2月22日,第15页。

［12］ Myles na gCopaleen(布赖恩·奥诺兰),"Cruiskeen Lawn,"《爱尔兰时报》1942年8月3日,第3页。

［13］ 弗兰布莱恩(布赖恩·奥诺兰),《第三位警察》,芝加哥:道尔基档案出版社,2006年,第116页。

[14]　"观察者说",《爱尔兰新闻》, 1943年11月9日, 第3版。

[15]　同上。

[16]　"特种邮票纪念的伟大物理学家,"《爱尔兰新闻》, 1943年11月6日, 第1页。

[17]　阿尔伯特·爱因斯坦致汉斯·米萨母, 1942年夏初, 卡尔·齐利格引《阿尔伯特·爱因斯坦传》, 第230页。

[18]　彼得·赛法, "爱因斯坦和曼在普林斯顿颇受欢迎; 学生们作诗赞扬他们",《密尔沃基报》, 1939年8月12日。

[19]　Léon Rosenfeld to Friedrich Herneck, 1962, published in F. Herneck, Einstein und sein Weltbild, (柏　林: Buchverlag der Morgen, 1976), 第280页。

[20]　阿尔伯特·爱因斯坦, 在美国科学国会的发言, 1940年5月12日威廉·劳伦斯报道, "爱因斯坦因宇宙之谜而困惑",《纽约时报》1940年5月16日, 第23页。

[21]　高级研究院数学研究中心, 机密备忘录, 1945年4月19日, 高级研究所档案。

[22]　阿尔伯特·爱因斯坦和沃尔夫冈·泡利, "论相对论场公式常规稳态解之不存在",《数学年刊》(Annals of mathematics), 44卷(1943年4月), 第13页。

[23]　迈克尔·劳勒, "从爱因斯坦向前迈出的一步",《爱尔兰新闻》, 1943年2月1日, 第2版。

[24]　"学者盛赞他的理论",《爱尔兰新闻》, 1943年2月1日, 第2版。

[25] 《科学：薛定谔》,《时代》周刊，1943年4月5日。

[26] "爱因斯坦对薛定谔理论的评价,"《爱尔兰新闻》, 1943年4月10日，第1版。

[27] "爱因斯坦向薛定谔致敬",《爱尔兰时报》1943年，6月29日，第3章。

[28] 乔治·普莱尔·沃拉德，"北美大陆引力和磁力剖面以及它与地质结构的关系",《美国地质学会学报》，1943年6月1日，54卷，6号，第747—789页。

[29] "薛定谔的新理论得到证实",《爱尔兰新闻》,1943年6月28日，第1版 。

[30] 埃尔温·薛定谔致阿尔伯特·爱因斯坦，1943年8月13日，阿尔伯特·爱因斯坦档案副本，卷宗22—075。

[31] 埃尔温·薛定谔致阿尔伯特·爱因斯坦，1943年9月10日，阿尔伯特·爱因斯坦档案副本，卷宗22—076。

[32] 埃尔温·薛定谔致阿尔伯特·爱因斯坦，1943年10月31日，阿尔伯特·爱因斯坦档案副本，卷宗22—088。

[33] 阿尔伯特致埃尔温·薛定谔，1943年12月14日，阿尔伯特·爱因斯坦档案副本，卷宗22—090。

[34] 据沃尔特·摩尔报道，第418页。摩尔推测这是因为薛定谔想要一个儿子，他希望她怀孕，这样就有可能生下个儿子。

[35] 约翰·格里宾，《埃尔温·薛定谔和量子革命》(霍博肯，新泽西：威利，2013年)，第285页。

[36] 马修·本杰明，"搜捕者，间谍：莫·贝格"，《美国新闻和世界报道》，2003年1月27日。

第7章

[1] 沃尔特·温切尔，"科学家发现光束可以熔化钢块"，《斯帕坦堡先驱报》，1948年5月23日，第A4页。

[2] D.M.莱德，美国联邦调查局，主任备忘录，1950年2月15日。

[3] 罗宾·帕格瑞宾，"爱因斯坦的情书被拍卖"。《纽约时报》，1998年6月1日。

[4] 传记作者卡尔·塞利希报道，《阿尔伯特·爱因斯坦：纪实传记》，第115页。

[5] "爱尔兰共和党（Fianna Fáil）的个人成就被该党用于1948年的大选"，都柏林大学学院档案P150/2756，Diarmaid Ferriter重印，《评价德·瓦莱拉：对德·瓦莱拉的生平和遗产的重新评价》，都柏林，爱尔兰皇家学会出版社，2007年，第296页。

[6] 詹姆斯·狄龙，"都柏林高级研究院的选民派别——动议"，爱尔兰下议院会议记录，104卷，1947年2月13日。

[7] 沃尔夫冈·泡利，引自弗拉基米尔·维兹金（Vladimir Vizgin）《统一场理论：20世纪的前三分之一》，J.B.巴伯尔译，波士顿：Birkhauser出版公司，1994年，第218页。

[8] 阿尔伯特·爱因斯坦致埃尔温·薛定谔，1946年1月22日，阿尔伯特·爱因斯坦副本档案，第28盒，卷宗22—093。

[9] 埃尔温·薛定谔致阿尔伯特·爱因斯坦，1946年2月19日，阿尔伯特·爱因斯坦副本档案，第28盒，卷宗22—094。

[10] 埃尔温·薛定谔致阿尔伯特·爱因斯坦,1946年3月24日,阿尔伯特·爱因斯坦副本档案,第28盒,卷宗22—102。

[11] 阿尔伯特·爱因斯坦致埃尔温·薛定谔,1946年4月7日,阿尔伯特·爱因斯坦副本档案,第28盒,卷宗7—103。

[12] 埃尔温·薛定谔致阿尔伯特·爱因斯坦,1946年6月13日,阿尔伯特·爱因斯坦副本档案,第28盒,卷宗22—107。

[13] 阿尔伯特·爱因斯坦致埃尔温·薛定谔,1946年4月16日,阿尔伯特·爱因斯坦副本档案,第28盒,卷宗22—109。

[14] 阿尔伯特·爱因斯坦致埃尔温·薛定谔,1947年1月27日,阿尔伯特·爱因斯坦副本档案,第28盒,卷宗22—136。

[15] 威廉·罗恩·汉密尔顿,引自罗伯特·珀西瓦尔·格雷夫斯《威廉·罗恩·汉密尔顿爵士生平》。

[16] 埃尔温·薛定谔,"最后的仿射场律",在爱尔兰皇家学会的发言,1947年1月27日,阿尔伯特·爱因斯坦副本档案,第28盒,卷宗22—143。

[17] 埃尔温·薛定谔,"最后的仿射场律",在爱尔兰皇家学会的发言,1947年1月27日,阿尔伯特·爱因斯坦副本档案,第28盒,卷宗22—143。

[18] 埃尔温·薛定谔,引自"薛定谔博士:爱因斯坦的相对论",《爱尔兰新闻》,1947年1月28日,第5页。

[19] "都柏林人超越爱因斯坦",《基督教科学箴言报》,1947年1月31日,第13页。

[20] 阿尔伯特·爱因斯坦致埃尔温·薛定谔,1947年2月3日,阿尔伯

特·爱因斯坦副本档案，第28盒，卷宗22—138。

【21】 "科学：爱因斯坦在此止步"，《时代》周刊1947年2月10日。

【22】 约翰·莱顿·辛格，"写给编辑的信"，《时代》周刊，1947年3月3日。

【23】 佩特罗斯·S.弗洛莱兹，"约翰·莱顿·辛格"，《皇家学会成员传记回忆录》，54卷，2008年12月，第401页。

【24】 尼切沃（R.M.斯迈利），"高等数学"，《爱尔兰时报》1947年3月22日，第7页。

【25】 S.McC.，"现代宇宙物理学"，Tuam Herald，1947年4月12日。

【26】 威廉·劳伦斯致阿尔伯特·爱因斯坦，1947年2月7日，阿尔伯特·爱因斯坦档案副本，第28盒，卷宗22—141。

【27】 "爱因斯坦拒绝置评"，《纽约时报》，1947年1月30日。

【28】 "据报爱因斯坦理论得到了扩展"，《纽约时报》，1947年1月30日。

【29】 "统一宇宙"，《纽约时报》，1947年2月16日。

【30】 雅各布·兰道致阿尔伯特·爱因斯坦，1947年2月18日，阿尔伯特·爱因斯坦档案副本，第28盒，卷宗22—149。

【31】 阿尔伯特·爱因斯坦，"给报界的陈述"，1947年2月，阿尔伯特·爱因斯坦档案副本，第28盒，卷宗22—146。

【32】 埃尔温·薛定谔，引自"薛定谔给爱因斯坦的回信"，《爱尔兰新闻》，1947年3月1日，第7页。

［33］　彼得·弗罗因德，《发现的渴望》，新泽西哈肯萨克：世界科学，2007年，第5页。

［34］　Myles na gCopaleen（布赖恩·奥诺兰），"Cruiskeen Lawn"（专栏），《爱尔兰时报》，1942年3月10日，第4版。

［35］　约翰·阿奇博尔德·惠勒，作者对其进行的采访，普林斯顿，2002年11月5日。

［36］　"爱因斯坦离开医院"，《纽约时报》，1947年1月14日。

［37］　威廉·劳伦斯，"世界科学家祝贺爱因斯坦70岁寿辰"，《纽约时报》，1949年3月13日。

第8章　　［1］　林肯·巴奈特，"美国科学界紧搂最大腕儿，发现有新的爱因斯坦理论要考虑 —— 爱因斯坦新理论的意义"，《生活》，1950年1月9日。

［2］　达特斯·史密斯致林肯·巴奈特，1950年1月6日，普林斯顿大学出版社档案7号箱，普林斯顿大学图书馆林肯·巴奈特致达特斯·史密斯，1950年1月18日，普林斯顿大学出版社档案7号箱，普林斯顿大学图书馆。

［3］　达特斯·史密斯致林肯·巴奈特，1950年1月23日，普林斯顿大学出版社档案7号箱，普林斯顿大学图书馆。

［4］　弗朗西斯·哈格曼致阿尔伯特·爱因斯坦（抄送至赫伯特·贝利），1950年1月14日，普林斯顿大学出版社档案7号箱，普林斯顿大学图书馆。

［5］　赫伯特·贝利致弗朗西斯·哈格曼，1950年1月18日，普林斯顿大

学出版社档案7号箱，普林斯顿大学图书馆。

[6]　弗朗西斯·哈格曼致阿尔伯特·爱因斯坦（抄送至赫伯特·贝利），1950年1月26日，普林斯顿大学出版社档案7号箱，普林斯顿大学图书馆。

[7]　《爱尔兰时报》，1950年1月2日，第5版。

[8]　威廉·L·劳伦斯"爱因斯坦发表其'大师理论'"，《纽约时报》，1950年2月15日。

[9]　罗伯特·奥本海默，"谈爱因斯坦"，《纽约时报书评》，1966年3月17日。

[10]　埃尔温·薛定谔，在"爱因斯坦引力定律的全新理论"报道中接受采访，《爱尔兰新闻》，1949年12月26日，第1版。

[11]　埃尔温·薛定谔，《时空结构》，英国剑桥：剑桥大学出版社，1963年，第114页。

[12]　埃尔温·薛定谔，《时空结构》，第116页。

[13]　阿尔伯特·爱因斯坦致埃尔温·薛定谔，1950年9月3日，爱因斯坦档案副本，卷宗22—171。

[14]　埃尔温·薛定谔致阿尔伯特·爱因斯坦，1953年5月15日，阿尔伯特·爱因斯坦档案副本，28号箱，卷宗22—210。

[15]　阿尔伯特·爱因斯坦致埃尔温·薛定谔，1953年6月9日，爱因斯坦档案副本，卷宗22—212。

[16]　罗伯特·罗默，"我与爱因斯坦的半小时"，《物理学教师》，第43卷，2005年，第35页。

［17］ 阿尔伯特·爱因斯坦，《得遇爱因斯坦》所引，作者沃纳·海森伯，第121页。

［18］ Eugene Shikhovtsev，"休·埃弗雷特三世的生平速写"，肯尼思·W·福特编辑，http://space.mit.edu/home/tegmark/everett/everett.html。

［19］ 亚瑟·I·米勒，《揭秘宇宙数字：沃尔夫冈·泡利与卡尔·荣格的奇异友谊》（纽约：诺顿，2010年），第269页。

［20］ 沃尔夫冈·泡利致乔治·盖莫夫，1958年3月1日。见于亚瑟·I·米勒著《揭秘宇宙数字：沃尔夫冈·泡利与卡尔·荣格的奇异友谊》（纽约：诺顿，2010年），第263页。

［21］ 埃尔温·薛定谔，1942诗歌，阿努尔夫·布劳恩尼泽译。收入埃米尔·阿泽尔，《创世亲历记：寻找希格斯玻色子》，（纽约：兰登书屋，2010年），第33页。

［22］ 厄夫·布劳顿采访厄休拉·勒吉恩，《对话厄休拉·勒吉恩》，密西西比大学出版社，第59页。

［23］ 同上。

［24］ Klaus Taschwer，"关于薛定谔的盒子的争论"，《标准报》，2007年12月19日。

［25］ "薛定谔的埃尔贝：Gerichtlicher Streit beigelegt"，Österreichischen Rundfunk，2009年5月13日。

结语

［1］ "悠闲的弄潮儿或许是下一位爱因斯坦"FoxNews.com，2007年11月16日，http://www.foxnews.com/story/2007/11/16/laid-backsurfer-dude-may-be-next-einstein/，查询日期2013年12月1日。

［2］ "12岁的自闭症男孩，智商比爱因斯坦还高，发展了自己的相对
论"，《每日邮报》，2011年3月24日，http://www.dailymail.co.uk/
news/article-1369595/Jacob-Barnett-12-higher-IQ-Einstein-
develops-theory-relativity.html，上次访问日期2013年12月1日。

［3］ "下一位爱因斯坦是台计算机吗？"KitGuru在线论坛http://www.
kitguru.net/channel/science/jules/will-the-next-einstein-be-a-
computer/，上次访问日期2013年12月1日。

［4］ 凯恩·富尔顿，"安卓搭载乌班图可助于寻找下一位爱因斯坦"，
TechRadar，2013年6月18日，http://www.techradar.com/us/
news/software/operating-systems/-ubuntu-on-android-may-help-
find-next-einstein--1159142，上次访问日期2013年12月1日。

［5］ 他玛·卢因"培养不出爱因斯坦？退款！"《纽约时报》，2009年
10月24日，A1版。

［6］ 伊恩·桑普尔，"科学家称发现了比光还快的粒子"，《卫报》，
2011年9月22日。

［7］ 安东尼奥·埃雷迪塔托，新闻稿，OPERA实验，2011年9月23日。

［8］ "中微子笑话席卷推特快过光速"，《洛杉矶时报》，2011年9月24
日，http://latimesblogs.latimes.com/nationnow/2011/09/faster-
than-the-speed-of-light-neutrino-jokes-light-up-twittersphere.html，
访问时间2013年9月6日。

［9］ Corrigan Brothers和Pete Creighton，"中微子之歌"2011年10月10
日，www.youtube.com/watch?v-vpMY84T8WY0。

［10］ 塞尔吉奥·贝尔托卢奇新闻稿，欧洲核子研究中心，2012年6月8日。